普通高等教育"十三五"规划教材

# 化学师范生项目化学习的设计与实践

吴晓红  刘万毅  李文婷  主编

北 京

冶金工业出版社

2016

## 内 容 提 要

　　本书是根据教育部对高等院校化学教育专业师范生的教学能力培养要求而编写的教材。全书共分为七章，内容包括项目化学习概述、项目化学习的发展和项目化学习设计与实施（化学教学论实验、化学微格教学、化学教学设计、教育实习、信息化教学 5 个项目化学习案例），涵盖了化学师范专业发展教学能力（中学化学实验教学与研究技能、化学微格教学技能、化学教学设计技能、教育实践技能、信息化教学技能）训练的基本内容。

　　本书可适用于师范院校、综合院校师范专业的本专科、硕士研究生或本专科函授师范生的教学教材，也可作为课程与教学论（化学）、教育硕士（化学）和从事化学教育相关工作的教师、研究者的参考教材。

## 图书在版编目（CIP）数据

化学师范生项目化学习的设计与实践／吴晓红，刘万毅，李文婷主编 . —北京：冶金工业出版社，2016. 5
普通高等教育"十三五"规划教材
ISBN 978-7-5024-7231-3

Ⅰ. ①化… Ⅱ. ①吴… ②刘… ③李… Ⅲ. ①化学—高等师范院校—教材 Ⅳ. ①O6

中国版本图书馆 CIP 数据核字（2016）第 090323 号

出 版 人　谭学余
地　　　址　北京市东城区嵩祝院北巷 39 号　邮编　100009　电话　（010）64027926
网　　　址　www. cnmip. com. cn　电子信箱　yjcbs@ cnmip. com. cn
责任编辑　李　臻　于昕蕾　美术编辑　吕欣童　版式设计　吕欣童
责任校对　禹　蕊　责任印制　牛晓波
ISBN 978-7-5024-7231-3
冶金工业出版社出版发行；各地新华书店经销；固安华明印业有限公司印刷
2016 年 5 月第 1 版，2016 年 5 月第 1 次印刷
169mm×239mm；13.75 印张；266 千字；208 页
29.00 元

冶金工业出版社　投稿电话　（010）64027932　投稿信箱　tougao@cnmip. com. cn
冶金工业出版社营销中心　电话　（010）64044283　传真　（010）64027893
冶金书店　地址　北京市东四西大街 46 号（100010）　电话　（010）65289081（兼传真）
冶金工业出版社天猫旗舰店　yjgycbs. tmall. com
（本书如有印装质量问题，本社营销中心负责退换）

# 前　言

项目化学习是在学科知识背景下，教师指导师范生围绕一个具体的项目，完成一系列复杂的任务和问题的过程。本教材的编写秉承"设计方案科学化、实施过程可视化、评价体系过程化、案例选取典型化"的宗旨，详细介绍化学师范专业项目化学习模式的设计思路以及实践过程，总结在实施项目化学习中取得的成果和师生的反馈，旨在为高师院校项目化学习提供理论和实践的参考。

本教材立足于教学实践，以《化学教学论实验》等5门课程为载体，从内容设置到形式呈现，从设计理念到实践方案，从评价体系到案例选取等多个方面有了全新的突破。其主要特点体现为以下几个方面：

其一，设计方案明确。本书以提高化学师范生教学能力为着眼点，以提高中学化学实验教学与研究技能、化学微格教学技能、化学教学设计技能、教育实践技能、信息化教学技能为教学目标，结合教师教育标准和课程教学大纲，在分析项目化学习的设计目的和意义的基础上，构建项目化学习方案，并进行方案解读。力求做到方案设计科学化、项目设计系统化。

其二，实施方案具体。本书立足于教学实践，遵循行为落实参与式、互动式、体验式的原则，设计项目化学习的实施框架、实施流程、实施计划。借助可视化工具，运用流程图呈现实施框架和实施流程，并依次做具体说明，便于读者理解和借鉴。力求做到实施方案可视化、具体化和可操作性强。

其三，评价体系完善。主要从基于水平维度的过程性评价和基于垂直维度的总结性评价两个维度进行阐述。水平维度主要用以考察项目实施某一时间点上的实时状态，如师范生的技能水平、认知程度、情感状态等。垂直维度则用以考察在一段时间内的变化情况，如师范生技能的发展、态度的变化、自我的进步、项目进程等。强调评价内容、评价方式和评价参与者的多元化。保证每一次行动、每一种能力培养都有切实可行的操作性强的评价细则，开发不同项目、不同任务、不同阶段、不同技能的评价细则，帮助师范生熟练掌握项目化学习方法和实践过程以及评价要求。

　　本教材共分为七章。第一章项目化学习概述，从高等师范教育理念入手，阐述了项目化学习的内涵、目的、意义、理论模式、行动程序和评价体系等。第二章项目化学习的发展，综述了国内外项目化学习的发展过程和研究进展，在分析了6个国内外项目化学习案例的基础上，详细介绍了宁夏大学项目化学习构建方法、思路和方案，实施方案和策略。第三～七章对化学教学论实验、化学微格教学、化学教学设计、教育实习、信息化教学等5个项目化学习的设计方案、实施方案、评价体系进行了系统的阐述，并提供项目化学习成果便于读者参考。

　　本教材在编写过程中参考了部分院校的教材和专著，以及国内外相关资料和文献，在此表示诚挚的谢意。同时，选取宁夏大学化学化工学院任斌、肖敏、郝楠、杨倩、温宁红、孙婕、黑晓霞、张亚茹、陈思彤、黄茹霞、祁龙、黄金莎、姚慧等同学的项目化学习成果作为案例，一并表示感谢。

　　由于时间和水平有限，书中不足之处在所难免，敬请广大师生给予批评指正。

作　者

2015 年 11 月于宁夏银川

# 目　　录

# 第一章　项目化学习概述

本章通过对国内外相关资料的分析和研究，阐述了"何为项目化学习"，即项目化学习的内涵；进而分析"为何项目化学习"，即项目化学习的目的和意义；将项目化学习与基于问题的学习作对比，结合项目化学习的设计要素和特征，提出"如何项目化学习"，即项目化学习的理论模式、行动程序和评价体系等。

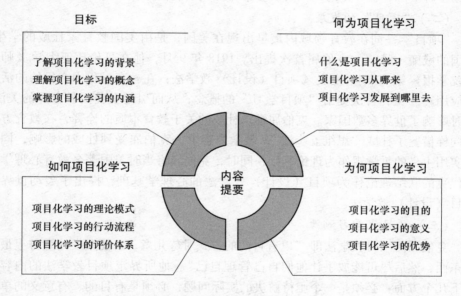

| 目标 | 何为项目化学习 |
| --- | --- |
| 了解项目化学习的背景<br>理解项目化学习的概念<br>掌握项目化学习的内涵 | 什么是项目化学习<br>项目化学习从哪来<br>项目化学习发展到哪里去 |
| 如何项目化学习 | 为何项目化学习 |
| 项目化学习的理论模式<br>项目化学习的行动流程<br>项目化学习的评价体系 | 项目化学习的目的<br>项目化学习的意义<br>项目化学习的优势 |

（中心：内容提要）

## 第一节　项目化学习内涵

本节主要围绕项目化学习的背景，从"项目""项目化学习"的概念界定、发展和演变过程进行阐述。通过对国内外学者给出的多种定义进行对比和分析，总结出项目化学习的内涵，将项目化学习与基于问题的学习从理论基础和学习过程两方面进行辨析，从而明确项目化学习的理论和要素。

### 一、项目化学习的背景

#### （一）"项目"的溯源

"项目"（Project），《英汉辞海》给出了如下三个相关解释：具体的计划或设计；规划好的事业（如明确陈述的一项研究工作、研究项目）；课外自修项目，通常由一组学生作为课堂学习内容的补充和应用来研究的问题，往往包括学生最感兴趣的各式各样的智力和体力活动。

"项目"在《现代汉语词典》和《古今汉语词典》中给出的解释为"事物分成的门类：如科研项目、体育运动项目、服务项目、工程项目"。国内学者将"Project"译成"项目"主要取自《英汉辞海》给出的第二个解释，即"规划好的事业（如明确陈述的一项研究工作、研究项目）"。

"项目"原是管理学科领域的一个概念。《管理学》中"项目"的含义为："一个特殊的被完成的有限任务，它是在一定时间内，满足一系列特定目标的多项相关工作的总称"。可见，项目就是以制作作品并将作品推销给客户为目的，借助多种资源，在一定时间内解决多个相互关联的任务。

（二）"项目"的发展

"项目"一词在教育领域内最早出现在美国，是由美国教育家杜威的学生，美国的威廉·赫德·克伯屈首次提出。1918 年 9 月，他在哥伦比亚大学《师范学院学报》第 19 期上发表《项目（设计）教学法：在教育过程中有目的的活动的应用》一文，首次提出"项目学习"的概念，从而引起全美国教育界的关注，同时影响了世界多数国家。克伯屈继承杜威的关于教育本质的诠释，在教育方法上同样借鉴了杜威"思维五步法"，教学内容上，克伯屈受到杜威的影响，同样以实用主义的哲学观作为理论基础；同时，克伯屈将当时美国著名教育心理学家桑代克的联结理论作为项目（设计）教学法的心理学基础，提出了轰动世界的项目（设计）教学法。

（三）项目化学习溯源

克伯屈的项目教学法即"以有目的的方式对待儿童，以便激发儿童身上最好的东西，然后尽可能放手让他们自己管理自己"。他所界定项目教学法的内容有如下几个方面：必须是一个亟待解决的实际问题；必须是有目的、有意义的单元活动；必须由学生负责计划和实施的一种有始有终、可以增长经验的活动，使学生通过项目获得发展。克伯屈提出的项目教学法，主要受建构主义理论、杜威的实用主义教育思想和多元智能理论思想的影响。

建构主义者提出，知识并不能绝对准确无误地概括世界法则，而是需要针对具体情境进行再创造。学习不是由教师把知识简单地传递给学生，而是由学生自己建构知识的过程。项目化学习就是通过创建真实的学习情境，每个学习者以自己原有的知识经验为基础，对新信息进行重新认识和编码，教师利用情境、协作、会话等学习环境充分发挥学生的主动性、积极性和创新精神，最终使学生有效地实现对当前所学知识和技能的建构。

杜威的实用主义教育理论是"项目化学习"的另一个理论基础。杜威针对

"以课堂为中心、以教科书为中心、以教师为中心，注重强制性的纪律和教师的权威作用"的传统教育，在美国哲学家皮尔斯、詹姆斯等人的实用主义哲学基础上，提出了实用主义的教育理论。杜威教育理论体系的核心部分是他的教学理论，而"从做中学"又是他全部教学理论的基本原则。他指出教学的基本原则和最有效的方法是"从做中学"。他提出在课程中占中心位置的应是各种形式的活动作业，如木工、铁工、烹调、缝纫以及各种服务性的活动。在教学方法上杜威最根本的要求是在活动中进行教学。杜威的"从做中学"思想对我国 20 世纪 20 年代的教学方法改革产生了重大影响。凡符合"从做中学"原则的各种新的教学方法都被学校广泛实践，其中项目教学法最为突出，它注重学生动手能力的培养，强调"经验""学生"和"活动"这三个中心。学生通过各种探究活动，通过制作作品来完成知识的学习。

多元智能理论强调了每个人都有不同的智能类型，都有不同的智能强项和优势。学生在完成一个学习项目时，他会运用自身的智能优势创造性地解决问题。同时，教师在项目学习活动中，将综合各种教与学的策略，帮助学生开发各自的智能。项目化学习注重学习和实际生活的结合，能帮助学生将学习变成生活的一部分，能够不断地使学生积累学习经验，发挥各自的智能优势。

### （四）项目化学习的发展

当今世界，教育正呈现出一系列新的变革趋势。新的教学方法、模式、手段、媒体层出不穷，当前的教育改革，对人才的培养提出了更高的要求，对高等教育提出了新的挑战。当前高校的教学模式亟待得到优化和更新，从而使之更符合教育的本质，更符合社会对高校人才的需求。项目化学习作为一种新型学习模式，得到了越来越广泛的关注，在美国被广泛使用，随后引入中国香港受到国内教育界的关注，目前，项目化学习普及率高达 80%，通常用于年级较高的学生，比如高中、高职院校、高等院校的学生学习。设计和实施适应学生认知能力和职业发展的项目化学习，是高校教育改革的一个发展方向。

### 二、项目化学习的内涵

#### （一）什么是项目化学习

项目化学习即基于项目的学习（Project – based Learning），简称 PBL，不同学者给出不同定义：

定义一：Project – based learning is an innovative model for teaching and learning. It focuses on the central concepts and principles of a discipline, involves students in problem – solving investigations and other meaningful tasks , allow students to work autonomously to construct their own knowledge and culminates in realistic in products. （项目化学习是一种革新的教学模式，基于现实世界的探究活动，以学科的核心

概念和原理为核心，以学生进行问题解决为目的，进行的一系列有意义的活动。它要求学生主动学习并最终通过制作作品的形式来自主地完成知识构建。）

定义二：Project - based learning：An instructional method that uses complex, real life projects to motivate learning and provide learning experiences; the projects are authentic, yet adhere to a curricular framework. （项目化学习是运用复杂、真实的生活项目——项目必须真实，同时又要紧密联系课程，达到共同促进和提供学习经验的一种教学方法。）

定义三：Project - based learning is an instructional strategy that is intended to engage students in authentic, "real world" tasks to enhance learning. （项目化学习是使学生在真实环境中进行活动从而促进学习的一种教学策略。）

定义四：项目化学习是以学习学科的核心概念和原理为中心，通过学生参与项目的调查和研究来解决问题，以构建自己的知识体系，并能运用到现实社会当中去。

定义五：项目化学习是学生通过亲自调研，查阅文献、资料、分析研究、撰写论文等，将学到的理论知识和现实生活中的实际问题紧密结合，得到综合训练和提高。最后，学生还要在课堂上介绍自己的研究情况，互相交流，并训练表达能力等。

定义六：项目化学习是以学科的概念和原理为中心，以制作作品并将作品推销给客户为目的，在真实世界中借助多种资源开展探究活动，并在一定时间内解决一系列相互关联的问题的一种新型探究性学习模式。

通过对以上各位学者给出的定义进行分析与对比，不同学者对项目化学习定义不同，国外学者将项目化学习理解为是一种教学模式、一种教学方法、一种教学策略。国内学者更倾向于项目化学习是一种学习方法、学习模式。国内学者普遍将学生作为学习的主体地位，重在激发学生学习的内在动机，通过让学生在真实的情境中运用学科知识，在解决实际问题的过程中达到知识的构建。

国内学者对项目化学习的理解与克伯屈提出的项目教学法的内涵解释如出一辙，尤其是"项目"的涵义，其一是项目具有一定不确定性，不同的时间、过程、项目成员做的结果可能完全不同，其周期、过程、结果是不可复制的，独一无二的，具有创新性；其二是具有目的性地完成一系列相关任务；其三是有计划完成相应任务；其四是需要多种资源的辅助、寻求各种不同能力的伙伴协助，才能完成各个任务；其五是每一个项目都需要一个特定的客户，任务完成的好坏需要达到一定标准，即项目完成不是一帆风顺的，需要不断进行计划、实施、反思循环，直到达到标准。

项目化学习是具体发挥建构主义学习理念的一种学习方式，即通过设计一个可行的、具有挑战性的、多学科交叉的项目，让学生在完成项目过程中运用多种认知工具和信息资源，通过小组协作、探究活动，完成一个具有实际意义或具有一定社会效益的作品。通过项目化学习可以培养学生完成实际工作、解决问题、与他人协作、合作探究的能力，可以使学生更好更快地适应社会，成为一个适应时代发展的创新型人才。

项目化学习的概念界定，可以分别从宏观和微观两个不同的角度来认识和实践，在宏观上关注学生经验、问题解决与探究活动等要素，而且在具体的实践教学活动中，又具有其特定的指向与目标。从课程学习的过程来讲，项目学习是指教师依据课程标准或教学大纲，综合考虑学生的相关因素设计驱动任务，学生运用已有知识经验，浏览相关资料，确定项目和任务，开展主题探究活动，通过合作学习，最终展示学习成果。在整个项目学习的实施活动过程中，教师、学生形成学习共同体，从而帮助学生获得有关知识与技能，培养问题解决的能力，提高综合素质，最终达到知识建构和能力的提高。

（二）什么是"PBL"

"基于项目的学习"（Project – based Learning）和"基于问题的学习"（Problem – based Learning），两者在英文缩写上都是 PBL，在形式上具有共同性，因此这两个概念往往容易被人们混淆。要全面理解基于项目的学习的内涵，掌握这种学习方式的应用原则，需要将两者加以比较，具体见表 1 – 1。

**表 1 – 1　基于项目的学习和基于问题的学习的比较**

| 角度 | | 基于问题的学习 | 基于项目的学习 |
|---|---|---|---|
| 理论基础 | | 建构主义 | 建构主义、实用教育主义、多元智能理论 |
| 源、流 | | 20 世纪 50 年代的美国神经病学教授巴罗斯 | 20 世纪 20 年代的美国教育家克伯屈 |
| 国内发展 | | 1985 年第二军医大学、西安医科大学，1994 年台湾，1997 年香港发展 | 1927 年广东、上海、北京、沈阳发展 |
| 含义 | | 把学习设置于复杂的、有意义的问题情境中，通过让学习以小组合作的形式共同解决复杂的真实问题，来学习隐含于问题背后的科学知识，形成解决问题的能力 | 学生通过亲自调研，查阅文献、资料，分析研究，撰写论文等，将学到的理论知识和现实生活中的实际问题紧密结合，得到综合训练和提高。最后，学生还要在课堂上介绍自己的研究情况，互相交流，并训练表达能力等 |
| 相同点 | 知识观 | 真实情境中的问题或项目进行积极的探究，实现对知识的主动构建 | |
| | 学生观 | 以学生为中心，以便学生实现自主学习为目标 | |
| | 教师观 | 反对传统的讲授式教学，提倡教师扮演"引导者""指导者"的角色 | |

| 角度 | | 基于问题的学习 | 基于项目的学习 |
|---|---|---|---|
| 不同点 | 要素 | 问题—假设—验证—结论 | 情境—内容—活动—结果 |
| | 步骤 | 确定问题—分析问题—形成假设—搜集证据—整合信息—得出结论 | 选定项目—制订计划—活动探究—作品制作—成果交流—活动评价 |

从理论基础来看，基于问题的学习和基于项目的学习，都是建构主义思想的实践模式。从知识观来看，都强调学生在团队合作的过程中，通过对真实情境中的问题或项目进行积极的探究，实现对知识的主动建构。从学生观来看，都主张以学生为中心，以使学生实现自主学习为目标。从教师观来看，都反对传统的讲授式教学，而倡导教师对学生的学习过程进行积极的引导与促进作用。

从学习过程来看，基于项目的学习模式需经过"选定项目—制订计划—活动探究—作品制作—成果交流—活动评价"等步骤，基于问题的学习需经过"确定问题—分析问题—形成假设—确定已知—搜集证据—整合信息—得出结论"等步骤。从学习时间长短来看，基于项目的学习不受时间的限制，有些项目学习长达一个学期甚至一年；基于问题的学习是为了掌握某个学科知识，因此解决问题持续的时间不能也不应该过长。

（三）"项目化学习"的含义

1. 项目化学习是一种教学模式

通过设置真实的情境，让学生自主利用相关学习资源，从而培养学生的信息素养。这种教学模式把学生置于真实的情境中，并让学生成为"项目"的管理者，让学生自己去计划、分工、实施。教师把实际生活中的"项目"作为教学材料，让学生主动参与其中，达到知识建构和能力培养的目的。

2. 项目化学习是一种教学策略

在学生学习知识和培养能力过程中，教师创设有意义的情境，并为学习提供资源，给予引导和指导。项目化学习是一种以"项目"为起点，在教师引导下，学生从项目立项到完成任务，通过小组合作和活动探究，提高实践能力，实现知识的深层理解和建构教学策略。

3. 项目化学习是一种课程

把课程转化成项目来学习，通过项目完成过程来进行职业化整合，使理论学习与能力培养更紧密地结合起来，变知识本位学习为能力本位学习。在项目完成过程中学习理论知识，学到的知识才是真正实用的知识、高效的知识、建构性的知识，而不是仅仅获得一些枯燥无味的抽象知识。

**4. 项目化学习是一种学习模式**

学生亲自来经历项目的全过程，教师只是扮演观察者、引导者、辅助者，甚至可以是同伴的角色。并不意味着教师可以脱离这个过程，相反，对教师的要求会很高。教师需要利用丰富的教学经验和创新的眼光，设计令学生感兴趣的项目，保持时刻学习的劲头。学生对项目越感兴趣，就会主动查阅相关书籍和文献，对相关领域了解越深入。长此以往，学生会发现自己要学的知识或技能还很多，要提高的能力也越来越明确，这时也会发现自身的不足，学会欣赏他人的优点，并学习他人思考的方式。学生利用课下时间，每天学习一点，每天进步一点，日积月累，一学期下来就会有很大的进步与收获。

由于不同学者所研究的视角不同，对于项目化学习的定义众说纷纭，但是从中都较一致的认为项目不只是简单的问题，而是复杂的、真实的、有意义的问题情境。把学生置于这种问题情境之中，以小组合作的形式共同来解决问题，在解决问题的过程中学习问题背后的学科知识，构建综合、系统的知识基础，培养学生的问题解决能力，激发学生的内部学习动机，培养学生自主学习能力。项目化学习是以具体经验和实践为基础，因此，很难将一个已有的项目化学习模式照搬到另一个不同的情境中。在设计项目化学习模式中，需要根据实际条件和特色创新性地构建并实施项目化学习。

### 三、项目化学习的要素

项目化学习是在学科知识背景下，在教师的指导下，学生围绕一个具体的项目，完成和解决一系列复杂的任务和问题。需要充分利用和选择各种学习资源，创造性地构思设计、实践探索，以团队合作形式获得发展的学习过程。综合项目化学习模式的理论背景，开展项目化学习模式应当遵循以下 6 大要素：项目、学习目标、学习共同体、学习活动、学习情境、学习成果。

（1）项目。项目来源于现实生活中的问题，需要以当前学科知识为背景，综合运用多种学科知识来理解和分析。可以是一项社会研究项目、应用技术项目、科学研究项目、语言表达项目。

（2）学习目标。必须建立在学科的学习目标基础上，既强调学科知识的掌握，又满足于培养学生解决问题的能力，使其形成自主合作的学习态度和终身学习的习惯。

（3）学习共同体。项目化学习是一个复杂的过程，需要进行搜集资料、问卷调查等，强调学习活动中教师、学生以及参与人员形成学习共同体，相互合作。教师处于"导"的地位，一方面负责基础知识的重点讲授，另一方面要为学生学习提供引导和组织学习进程等，保证任务的顺利完成。学生处于"主体"地位，学生依据个人兴趣，自主选择学习资料、把握学习进程和学习结果。

（4）学习活动。指学生采用一定的技术工具、学习方法、研究方法解决所面临的问题所采取的探究活动。包括对学生培训如何开展项目化学习、如何参与到合作性学习中，如何收集和整理学习资源；学会使用各种认知工具和信息资源来陈述、表达、展示学习成果；如何利用项目化学习评价体系进行自我管理和评价等。

（5）学习情境。支持学生进行项目的学习环境，既可以是物质实体的学习环境，如实验室、图书资料室、多功能录播室等，也可以是借助信息技术条件所形成的虚拟环境，如学习网站、社交软件、电子邮件、思维导图、印象笔记等多媒体和信息网络技术的支持。

（6）学习成果。学生在学习结束后提交学习成果。学习成果的形式可以包括作品设计、项目计划、实践报告、评价表、反思日志等。而且各小组间要进行交流和讨论，相互评价，最终提交反思日志。

# 第二节　项目化学习的意义

本节讨论开展项目化学习的目的和意义，即以学生为主体，要求学生在教师创设的特定情境中自主学习和合作探究，有利于学生自主构建知识和技能；以实践为导向，鼓励学生自主合作探究，有利于培养学生认知、实践、合作、生存四大能力；以多元化评价为手段，注重良好学习能力的养成，有利于学生个性发展。应当充分发挥项目化学习模式所具备的参与式学习、体验式学习、探究式学习和自主式学习四大优势，激发学生学习动机，培养学生学习兴趣以及提高学习能力。

## 一、项目化学习的目的

### （一）关注学生主体性发展

素质教育是我国教育的历史使命，强调关注学生的主体性发展，表现为能够提供开放的学习环境，充分激发学生的自主性、创造性、适应性和自律性，从而实现学生是学习的主体这一最终目标。项目化学习是强调以学生为主体，要求学生在特定创设的情境中自主探究，使学生不拘泥于对学习材料的记忆和推理，而能够从实际工作需要的层面、社会角度、文化角度出发，化信息为知识，化知识为智慧，化智慧为能力。

### （二）激发学生创新潜能

国际 21 世纪教育委员会向联合国教科文组织提交的报告《教育——财富蕴藏其中》把"学会做事、学会认知、学会合作、学会做人"看做是四大教育支柱，并迅速成为教育改革关注的热点。项目化学习强调在实践中学习，学生自主选择项目，并将项目化解为一系列任务，让学生尝试去做，边做边想，最终达到能力的提升。以多个交叉学科为背景，完成一个项目是非常复杂的过程，学生现有的知识往往不能满足，需要不断搜集资料进行学习。开发学生的创新潜能，鼓励学生主动参与探究活动，开发项目产品，通过多次头脑风暴，激发学生创新潜能。

（三）构建良好的师生关系

项目化学习需要师生结成学习共同体，建立一种相互学习、相互尊重、相互信任的新型师生关系。教师作为一份子加入到小组讨论中，相互合作，充分交流互动，尊重学生个性化想法。学生敢于发表自己的见解，积极准备，表现出强烈的求知欲和创造力。

（四）构建完整的评价体系

教育过程中的评价具有导向、诊断、激励、交流和管理功能。项目化学习的评价应注重总结性评价和形成性评价并重，教师评价和学生评价相结合，定性评价和定量评价相结合。基于多元智能理论根据不同智能采用不同的评价标准，研究适合项目学习过程的评价体系，制定具有很强实用性和操作性的评价工具用于评价和管理学生学习。

## 二、项目化学习的意义

（一）有利于知识的整合

由于高校传统的教学体系将基础知识安排在前两年，这些知识直到第三、四学年才有机会与专业知识相结合。不少学生此时已经淡忘了基础知识，原因是没有机会对其进行回顾与应用。牢固记忆知识的前提条件是这些知识是否能够反复使用以及与原有知识紧密结合。而项目化学习则针对具体的实际问题，对专业知识与基础知识加以综合利用，对于知识的记忆和掌握是大有裨益的。项目化学习模式强调教师从学生认知基础和生活经验出发，依照教学内容设计出项目，同时，在整个学习过程中，学生始终处于主体地位。

（二）有利于培养解决问题的能力

专业问题的分析和解决，需要在对专业的原理和概念牢固掌握的基础上，具备对学科新信息搜集和获取的能力，还要能够围绕具体问题进行分析推理和逻辑思维。由于在真实活动中学生了解自己所要解决的问题，有主人翁意识，加之任务本身的整体性、挑战性，因此，解决问题就是奖励，容易激发起内部动机，而活动具有必要的复杂性，比起简化了的课堂环境更容易培养学生的探索精神和问题解决能力。

（三）有利于培养探究精神

传统高校课程中，教师主要讲授，学生被动接受知识，无法积极地发挥其智能优势。项目化学习注重培养探究问题的能力，注重学生在解决问题过程中进行知识获取，创设与学生生活经验密切联系、富有挑战性的情境，引导学生参与到项目中去发现并提出问题，在解决问题的过程中，使学生获得最基本的知识、技能和方法。激发学生的创造性，使学生善于学习、善于应用，发挥学生的主体作用，培养学生的自学能力和探究精神。

### 三、项目化学习的优势

项目化学习的优势具体如下：

（1）参与式学习。强调学习者已有的经验，与同伴合作、交流、共同分析和解决问题的途径，力图使每个学生都能投入到学习活动中，都有表达和交流的计划，在平等对话中产生新的思想和认识，丰富个人体验和经历，进而提高自己改变现状的自信心和自主能力。学生参与到教学的各个环节。提供多种学习方式以满足不同层次的学生学习。融合基于具体问题、情境、任务、设计的教学，教师则起到引导的作用，发挥学生的学习自主性，使学生主动地获取知识、解决问题，从而培养学生的综合素质与创新能力。

（2）体验式学习。是指学生作为学习的主体，亲自参与或置身于某种情景，投入全部的心智去感受、关注、欣赏、经历、评价某一事物或过程，从而获得某种知识、技能、情感，加深对原有知识、技能、情感的认识。学生设计并体验的过程。注重对学生基础知识的综合运用，情境的所有要点均需要学生主动调用相关知识。

（3）探究式学习。是指在教学中创设问题情景，学生围绕一定的问题、文本、材料，在教师的帮助和引导下，自主寻求或建构答案或理解的过程，通过学生自主发现问题、搜集与处理信息、表达与交流等探究活动，获得知识、技能、情感的发展。学生探究关于项目的各种问题，通过引入一个具体情境作为项目背景，将学生以 6~8 名分为小组。小组在得到案例和具体任务后，要通过多种途径寻找文献资源和现实事例，并通过向专家咨询以及网络查询等方式，获取解决案例所需的学习资源。

（4）自主式学习。学生围绕感兴趣的项目进行自主活动。教师的主要作用由知识的传授转换为组织者与协作者，其身份由主导地位转换为引导地位。强调学生之间的共同协作。组内每名成员的任务完成情况都将对全组的成果产生影响。鼓励学生培养自主能力和沟通合作意识，养成终生学习的习惯。

项目化学习具备参与式学习、体验式学习、探究式学习、自主式学习的优势，在教师角色、学生角色、学习材料的来源、短期和长期学习目标的制定等方面均不同于传统教学方式，具体见表 1 – 2。

**表 1 – 2　项目化学习与传统教学方式比较**

| 角度 | 项目化学习 | 传统教学方式 |
|---|---|---|
| 教师角色 | 资源的提供者和学习活动的参与者、指导者 | 讲授者、专家 |
| 学生角色 | 主动设计和完成学习任务 | 完成学校或教师规定的学习任务 |
| | 观点的发现者、综合者和陈述者 | 记忆、回答、练习 |
| | 主动与他人合作交流，展示自己的学习成果，在学习活动中担任一定的责任和扮演一定的角色 | 被动听教师讲解 |
| 学习材料 | 教材、书籍、文献、网络资料 | 教材、讲义 |
| | 学生自主开发的资料 | 教师开发的练习册和学案 |
| 学习氛围 | 小组合作学习 | 独立学习，竞争学习 |
| 短期目标 | 理解和运用复杂的观念和过程 | 学会事实性知识、术语、内容 |
| | 掌握综合技能 | 掌握单项技能 |
| 长期目标 | 知识和技能的深度 | 知识和技能的广度 |
| | 培养具备决策和规划的、自觉和持续的进行终生学习的学生 | 培养在标准成绩测试中获得成功的学生 |

# 第三节　项目化学习的构建

　　本节主要通过论述项目化学习的必要性，阐释了如何设计项目化学习；在设计中如何体现项目化学习的要素；如何实施项目化学习，在实施中如何组织和管理学生学习活动；如何构建科学系统的评价体系；如何设计可操作性强的评价细则。

## 一、项目化学习的理论模式

　　项目化学习是在共同愿景的引导下，以整体教育规划出发，以团队学习为核心，在知识与技能、情感、行动和文化各个层面建立联动机制，实现从知识、行动、情感和文化的协同发展。其目标在于促进学生手脑并用，知行合一。

　　（一）确定共同愿景，引导合作小组

　　共同愿景是项目化学习目标构建的核心，对于项目化学习具有导向性作用，只有共同愿景导向下的学习活动才能使这种学习共同体的合作关系牢靠。约翰逊认为："共同愿景是唯一最有力的、最具有激励导向的因素，它可把不同的人联结在一起。"因此，共同愿景是学习任务产生的前提条件，为学习任务提供指导和方向。

（二）建立学习共同体，任务互依

教师、专家和学生等组成学习共同体可以将各自所掌握的知识、能力和技术、学习心得向大家推广，进而在团体中建立起合作学习的良好氛围，迸发出创造性思维。在完成任务或解决问题过程中，学习共同体之间协同和交互能力的程度，即是对完成任务的相互依赖的程度。团体成员对任务不明确时，集体合作的倾向程度较低；当团体成员明确任务时，团队成员之间的依赖性就较强，团体的合作性就比较高。总的任务是根据项目学习目标设计的，由于学生的知识水平差别，造成总的任务的生成相对比较复杂。同时要考虑的因素还有：第一，依据愿景，学生现有的知识水平和学习能力，分别形成相适应的学生个体初始任务集。第二，把团体中各成员的初任务集进行合并，生成团体学习任务。团体任务生成集合，其实也是知识水平最低和知识水平最高学生的目标达成所包含的知识序列的集合。第三，根据团体任务，各团体任务整合后经过多次协商，最终形成分布式学习共同体学习任务。

（三）迭代反思，全面提升

贯穿于整个学习过程并进行多次反思。迭代反思呈现两个方面：一方面是对自己当前的认知和学习过程中的反思，另一个方面是对自己当前的认知和来自同伴的反馈的反思。目的是鼓励每个人都有所思考，提出的意见更有深度。通过多次反思可以及时了解遇到了哪些困惑，并将这些阻碍和困惑分享，形成大家都认同的改进行动。学生可以依据个人兴趣和特长独立完成一些任务，从以往的学习经验中找到适合自己，并能够推动任务完成的学习方法，找出有价值的学习内容与同伴分享。自主学习的评价主要集中自我学习思维过程、学习效果。在合作学习中，通过表达、倾听、互动等多种方式，彼此建立信任和尊重，在交往中重拾和改变自己。合作学习的评价集中在创意程度以及作品制作和展示。

**二、项目化学习的行动程序**

项目化学习是一种革新传统教学的学习理念，要求学生对现实生活中的真实性问题进行探究。通常其操作程序分为选定项目、制订计划、活动探究、作品制作、成果交流和活动评价等六个步骤。

（1）选定项目。所选择的项目应该和学生日常的经历相关，至少要部分学生对该项目初步有所了解和兴趣，项目应融合多门学科知识，可以进行至少为期一周的活动探究。所选择的项目也应该符合现有条件下能够进行。充分考虑学生现有的知识储备和能力水平，以及学生通过努力是否有可能达到项目学习的目标，预先考虑到学生在解决项目中可能遇到的各类无法逾越的障碍和难以解决的问题，教师要提供相应指导，帮助学生对选定的主题进行评估，即选定的主题是否具有研究价值，以及学生是否有能力对该项目进行研究等。

（2）制订计划。项目计划包括学习时间和活动的详细安排。时间安排是学生对项目学习列出具体日期作总体规划，做出一个详细的时间安排。活动设计是指对项目中所涉及的活动预先进行详细安排。具体可参考表1-3。

表1-3　项目行动计划表

| 项目开始前 | | |
|---|---|---|
| 时间 | 教师 | 学生 |
| | | |
| 项目进行中 | | |
| | | |
| 项目结束后 | | |
| | | |

（3）活动探究。活动探究是项目学习的核心部分，学生大部分的知识、经验、技能、技巧是在此过程中获得的。它是由项目小组直接深入学习和研究构成，需要借助一定的研究方法和技术工具。此过程中，学生的研究方法和技术工具相当重要，恰当的研究方法有助于学生对收集到的信息进行处理和分析，对开始提出的假设进行验证或推翻开始的假设，最终得出问题解决的方案或结果。

（4）作品制作。学生运用在学习过程中所获得的知识和技能来完成作品的制作。作品的形式不拘一格，如研究报告、实物模型、图片、录音、录像、电子幻灯片、网页等。项目小组对所研究的项目进行描述，并且展示研究成果。通过作品反映在项目学习中所获得的知识和掌握的技能。

（5）成果交流。各个项目小组要相互进行交流，交流学习过程中的经验和体会，分享作品制作的成功和喜悦。成果交流的形式也多种多样，如作品展示、报告论坛、辩论会、小型比赛等。

（6）活动评价。评价方式采取定量评价和定性评价、形成性评价和终结性评价、对个人的评价和对小组的评价、自我评价和他人评价几者之间的良好结合。评价内容包括课题的选择、学生个人表现和合作学习中的贡献、项目计划达成、成果展示等方面。

**三、项目化学习的评价体系**

评价不仅是对学习结果的一个总结，也是对学习过程的反思，评价标准的制定成为影响学习活动的重要因素，因此，制定合理的、科学的评价体系对项目化学习成效至关重要。项目化学习评价体系应具备激励、导向、诊断、监督、管理等功能。

（一）理论基础

学习评价作为项目化学习的重要环节，成为指导学生有效学习的依据。要达到评价的初衷，就必须完善评价体系。以建构主义学习理论、多元智能理论和发展评价观作为项目化学习的评价体系理论。

建构主义学习理论强调形成性评价，提出评价最主要的作用是促进教师的"教"和学生的"学"，注重评价对象的自我评价和反思。评价不是纯粹的等级划分，而是在鼓励中促进学生的发展，帮助学生对存在的问题进行质性研究。量化的成分只是为了更好地帮助学生意识到技能训练过程中存在的不足之处，对症下药。

多元智能理论强调评价内容的多元化、评价方式的多元化和评价参与者的多元化，实质是全面、客观地评价项目化学习中的行为，以促进教学技能的提高，促进学生的全面发展。

发展性评价强调评价对象是在不断发展的，评价者要以促进评价对象的发展为根本目的，评价的重点不在于甄选鉴别，不在于分数，而是促使评价者积极参与评价，主动反思，获得发展。评价体系的构建必须以学生的发展为依据，并做到评价内容全面性、评价方式多样化、评价类别合理性和评价操作简约化。

（二）基本原则

1. 科学性原则

项目化学习的评价体系要符合教师教育课程标准对学生的要求，评价指标完善，权重系数科学、客观。以评价指标的描述既不重叠也不矛盾为原则，提高评价的效度。

2. 导向性原则

项目化学习评价标准是培养目标的具体化，作为项目化学习的行动指南，具有很强的导向性，指引学生精益求精地完成项目。

3. 诊断性原则

项目划分为多个子项目，每个子项目侧重培养不同的能力，依次由低阶能力到高阶能力。基于发展性评价理论，每个子项目应设计相应评价指标和评价细则用于对学习行为作出判断，诊断出需要改进的地方，提出完善和修改建议。

4. 鼓励性原则

评价体系强调量化评价和质性评价相结合，不强调等级划分，以保护学生学习的积极性。质性评价有助于及时发现存在的问题并提出针对性的优化建议，促进师生和谐相处的关系，调动学生的学习动机，提高学习效率。

（三）评价方式

1. 自我评价

学习的过程也是一个学习者对自己学习策略和学习过程不断反思的过程，因此，帮助学生不断进行自我评价不仅是教学评价体系的一部分，更应该成为学习活动的一部分。通过对自己学习活动的反思，学生可以及时调整自己的学习策略，调整项目计划，这也是对所学内容的一次深化和升华。当然，指导教师应该积极帮助和引导学生的自我评价，正如自主学习不是自己学习，自我评价也不应该是简单的自己评价。

2. 同伴评价

组内评价和组间评价也同样是评价体系中的重要内容。处于同一项目小组的学生，由于互相之间比较了解，所以互相之间善意的批评和评价是协作学习的组成部分之一。同理，组间评价对于加强项目小组之间的交流，促使各小组学生对个人的学习和小组的学习进行反思是很有帮助的。

3. 专家评价

涉及尽可能有不同领域的专家参与到教学的设计、组织与指导活动中，由指导教师、中学一线教师、研究生助教等组成的专家指导团队，参与到小组讨论、认真听取项目汇报，以激发学生学习兴趣为目的，从理论指导实践的的角度，发现学生设计中存在的问题，以便帮助学生更出色地完成项目。

（四）评价维度

在项目化学习中，主要有基于水平维度的过程性评价和基于垂直维度的终结性评价两个评价维度。水平维度主要用以考察项目实施某一时间点上的实时状态，如学生的技能水平、认知程度、情感状态等。垂直维度则用以考察在一段时间内的变化情况，如学生技能的发展、态度的变化、自我的进步、项目进程等。从水平和垂直两个维度出发，才能全面而不孤立地评价每个学生。

1. 基于水平维度的过程性评价

从水平维度展开的过程性评价，一般在某个学习项目结束后进行，主要考察学习者对于学习目标和任务的达成情况和发展状态。现代认知心理学的研究表明：学生对学习内容的认知和学习，与其所发生的情景有密切的联系，因此学生在整个学习过程中的表现都应纳入评价范围，过程性评价不仅关注最终结果与预定目标的符合程度，更强调评价者与被评价者、具体情境的交互作用，强调过程本身的价值。因此凡是有教育价值的结果，都应该受到过程性评价的支持与肯定。在项目化学习中，过程性评价主要是基于师范生的自我表现。这种表现是多方面的，学生在解决某种新问题或完成项目任务的过程中，所表现出来的知识与技能的掌握程度、实践、问题解决、交流合作以及批判性思考等多种复杂能力都是评价的内容。

（1）思维导图评价法。思维导图为教师和学生架起沟通的桥梁，学生在项目化学习中，经历头脑风暴，构建思维图示，反映任务信息、解决途径、次序、经历时间等，能够反映不同思维下的独特性和发展过程。思维导图以其直观性，教师一眼看出学生是否从总体上把握实验设计合理性和可操作性。还显示联想链中因为某种原因而发生断裂的区域。这样就可以使教师对学生的设计思路有一个清晰客观的全景认识，了解症结所在。

（2）网盘评价法。要求学生在网盘上反映自己的学习过程，上传学习作品、学习日志、相关学习资料等，这些都可以成为对学生进行评价的依据。通过观察网盘学习资源的数量和质量，以及其他同学的关注度对网盘进行评价，不仅可以由教师完成，也可以鼓励让学生参与。

（3）报告册评价法。学生能够清晰地看到自己成长足迹，感受自己持续的进步，教师对学生报告册记录作出相应评定并给予反馈，学生能够及时调整方案，尊重和发扬学生主体意识，建立信任与互助师生关系。

2. 基于垂直维度展开的过程性评价

考察的是学生在连续时间内学习状态的变化情况，以此来了解学生在项目实施各个阶段的学习、发展、成长情况，获得及时反馈，从而有效调控项目活动进程。具体分为项目实施前、中、后三个阶段。

项目实施前的评价。以诊断性评价为主，教师可以通过调查问卷和学生访谈，更好地了解学生的状态，以便对项目活动的实施做出最有效的安排。评价主要包括对活动前学生信息的收集，包括能力水平、学习风格、性格特点等。设计项目任务的数量和难度，进行合理的小组分工等准备工作，以使项目活动有效顺利地展开。

项目实施中的评价。以形成性评价为主。项目的实际实施过程，并不是一种理想的状态，可能需要根据实际情况逐步改进实施方案。形成性评价的目的便是为了收集这些信息来调控整个项目进程。教师利用这些信息，可以掌握学生在项目活动中出现的问题、完成进度，有针对性地调整教学策略，并及时对项目的相关内容进行调整；学生利用评价的信息，可以检测自己的学习效果、反思自身的学习状态，还可以获得相应的指导；协作小组利用评价信息，则可以发现小组内存在的问题，并及时调整活动进程等。

项目实施后的评价。在项目完成后，学习评价的过程并没有结束。项目化课程中的项目并不是完全独立的任务活动，项目与项目之间都存在内在的逻辑联系。在项目完成后进行评价的作用在于收集教师以及学生在项目活动进行的过程中的表现、体会以及建议，评价整个项目活动的效果，获取相关经验，同时为下一个项目活动更有效地进行提供借鉴。教师可以通过问卷调查和学生访谈的方式了解学生对项目化学习的感受，还可以从学生的学习日志中了解学生的学习过程。

# 第二章　项目化学习的发展

本章通过对国内外相关资料的分析和研究，挖掘出项目化学习蕴含着建构主义学习理论、布鲁纳的发现学习理论、杜威的实用教育理论和多元智能理论等理论基础，并对这些教育理论进行较为详细的阐述和分析。给出 6 个国内外项目化学习设计案例，进行详细分析。基于以上案例，依据项目化学习模式构成要素和内涵，构建了化学师范生项目化学习构建方法和思路，给出具体的构建方案，包括专业化培养目标的设计、一体化课程体系的设计、主体化教学方式的设计、信息化教学环境的设计、多元化评价体系的设计等。

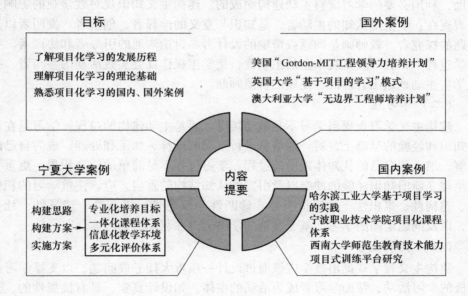

目标

了解项目化学习的发展历程
理解项目化学习的理论基础
熟悉项目化学习的国内、国外案例

国外案例

美国"Gordon-MIT工程领导力培养计划"
英国大学"基于项目的学习"模式
澳大利亚大学"无边界工程师培养计划"

宁夏大学案例

构建思路　专业化培养目标
构建方案　一体化课程体系
实施方案　信息化教学环境
　　　　　多元化评价体系

内容提要

国内案例

哈尔滨工业大学基于项目学习的实践
宁波职业技术学院项目化课程体系
西南大学师范生教育技术能力项目式训练平台研究

## 第一节　项目化学习的理论基础

教育心理学认为，人的一生中，概括起来主要从事两类活动：一是改造客观世界的活动；二是改造主观世界的活动。前一类活动可以看做是"实践"，后一类活动可以看做是"学习"，而架起这两者间的桥梁正是项目化学习。本节主要阐述项目化学习的理论基础，包括建构主义学习理论、布鲁纳的发现学习理论、杜威的实用教育理论和多元智能理论。

## 一、建构主义学习理论

建构主义也称作结构主义，其最早的提出者可追溯到瑞士的皮亚杰。建构主义者提出，知识并不能绝对准确无误地概括世界法则，而是需要针对具体情境进行再创造。建构主义者认为，学习不是由教师把知识简单地传递给学生，而是由学生自己建构知识的过程。学习不是被动接受信息刺激，而是主动地建构意义，是根据自己的经验背景，对外部信息进行主动地选择、加工和处理，从而获得知识的意义。在整个教学过程中，教师起组织者、指导者、帮助者和促进者的作用。教师利用情境、协作、会话等学习环境要素充分发挥学生的主动性、积极性和创新精神，最终使学生有效地实现对当前所学知识有意义的建构。

### （一）知识观

建构主义知识观提出知识不是通过传授获得的，而是由具有不同认知能力的学习者基于自己的经验以及所处的社会文化历史背景，借助教育者和学习伙伴的帮助，利用必要的学习资料主动建构而成的。建构主义知识观对教学观的影响主要表现在：学生是认知的主动者，是知识与意义的诠释者、创造者、发明者以及问题的探究者。教师则是问题或情境的设计者、讨论沟通的引导者和协调者。在教学过程中，教师应重视学生的主动性，把学生视作社会实践活动的参与者，指导学生主动地做出合理的、正确的价值判断。

### （二）学习观

建构主义学习观提出学习不是被动接受，而是主动建构的过程。学习是在已有知识和经验的基础上，对外部信息进行主动的选择、加工和处理，成为自己的理解，纳入到自己的认知体系中的过程。学习过程不是简单的信息积累，更重要的是建立新旧知识经验的冲突以及引发的认知结构的重组。应该注重学习的积极性、建构性、累积性、目标指引性、诊断性与反思性、探究性、情景性、社会性，以及问题定向的学习、基于案例的学习、内在驱动的学习等。

### （三）教学观

建构主义教学观提出教学应该通过设计一项重大任务或问题，以支撑学习者积极的学习活动，帮助学习者成为活动的主体，如设计真实、具有挑战性的、开放的学习环境与问题情境，驱动并支撑学习者探索、思考与问题解决的活动。

项目化学习是基于建构主义学习理论的探究性学习模式。建构主义强调教学应该通过设计一项任务或问题，以支撑学习者积极的学习活动，正是项目化学习构成要素中的活动和情境。项目化学习与建构主义学习理论均强调活动建构性，强调学习应在合作中学习，在不断解决疑难问题中完成对知识的有意义的建构。

## 二、布鲁纳的发现学习理论

美国著名教育家布鲁纳提出发现学习理论。发现学习是指学生在学习情境中，经过探索获得问题答案的一种学习方法。布鲁纳认为，教学过程就是教师引导学生发现的过程，学生能够在教师创设的情境中，利用提供的材料或线索探索得出结论。发现学习的程序如下：提出问题—创设问题情境—提出假设—验证假设—得出结论。

提出问题是指教师选定一个或几个一般的原理，学生的任务是带着问题去学习，提出弄不清的问题或疑难。创设问题情境是指情境中的问题既适合学生已有的知识能力，又需要经过一番努力才能解决，从而促使学生形成对未知事物进行探究的兴趣。提出假设是指学生利用所掌握的资料，对问题提出各种可能性。检验假设和得出结论是指对各种可能性进行反复的求证、讨论、寻求答案。

项目化学习的实施程序是以发现学习理论的实施程序为基础，结合项目实施要素和管理策略演化而来的学习过程。通过选定项目—制订计划—设计方案—制作作品—交流评价构成学习程序。在学习开始，学生就项目解决成立小组，进行构思，制订计划，提出完成项目的方案，然后通过各种途径搜集资料，进行探究活动。

### 三、加德纳的多元智能理论

美国哈佛大学心理学家加德纳提出多元智能理论。多元智能理论强调了每个人都有不同的智能类型，有不同的智能强项和优势。学生在完成学习项目过程中，运用自身的智能优势创造性地解决问题。同时，教师在项目学习活动中，将综合各种教与学的策略，帮助学生开发各自的智能。加德纳认为，学生学习应以"解决问题或制造产品"为特征的项目化学习来弥补"测验本位学习"对个体发展的不利影响。

项目化学习为发展学生的多元智能提供机会，通过制订项目计划、记录活动情况、撰写项目报告、汇报项目成果等发展学生的语言智能。通过小组合作、社区讨论、社会调查、项目推广发展人际关系智能。通过借助工具和技术整理、分析数据，发展学生的逻辑分析智能。通过自我反思和评价发展自我认识智能。

项目化学习注重的是综合能力的培养，强调学生在交流合作中发展。多元智能理论认为，教师应创新教育环境，创造性地运用多种教学策略，开发和培养学生的多元智能。进行项目学习，可以摆脱过去以分数至上、考试为主的教学，在项目学习中促使每个学生发展自己的智能强项。

### 四、杜威的实用主义教育理论

杜威针对"以课堂为中心、以教科书为中心、以教师为中心，注重强制性的纪律和教师的权威作用"的传统教育，在美国哲学家皮尔斯、詹姆斯等人的实用主义哲学基础上，提出了实用主义的教育理论。

　　杜威指出教学的基本原则和最有效的方法是"从做中学"。在教材与课程的问题上，杜威强烈反对传统教育所使用的以既有知识为中心的教材和由这种教材所组成的学科课程。他认为把这种"早已准备好了的教材"强加给儿童，是违反儿童天性的。他提出在课程中占中心位置的应是各种形式的活动作业，例如木工、铁工、烹调、缝纫以及各种服务性的活动。在教学方法上杜威最根本的要求是在活动中进行教学。他认为传统的班级授课是学生没有活动的情境，只能"单纯地学习书本上的课文"却无从发展学生的制造与思维的能力。因此，杜威提出，在以学生主动活动为中心的教学过程中，教师在教学中就不再起主导作用，而只是一种从旁协助学生活动的指导者和引导者的角色。

　　杜威的实用主义教育理论是项目化学习的另一理论基础。项目化学习注重学生动手能力的培养，强调"经验""学生"和"活动"三个中心。同时它也基本上采用的是"从做中学"的教学理念，学生通过各种探究活动、作品设计来完成知识的学习。项目化学习是以现实生活中的问题为载体，以活动为中心，让学生通过自主探究、作品制作、方案设计等方式学习知识和技能，并把学到的知识用于解决生活中的实际问题，这与杜威的实用主义教育思想是一致的。

# 第二节　项目化学习的研究历程

　　本节主要阐述了项目化学习的发展、演变过程等，详细阐述了教育领域中项目化学习理论经历了 5 个时期，包括萌芽期、发展期、形成期、低迷期和复苏期。综述了国外、国内项目化学习的研究进展和研究领域。在分析国外、国内 6 个项目化学习设计案例的基础上，提出宁夏大学项目化学习构建的方法和思路、实施方案和策略，供各位学者和同行参考。

## 一、项目化学习发展历程

### （一）第一阶段：16 世纪晚期至 18 世纪中叶——萌芽期

#### 1. 实践萌芽

　　教育领域中的"项目"是由意大利罗马的建筑师学院首次提出，将开展的建筑设计竞赛称为项目，旨在培养优秀的建筑师。要求参赛者在规定时间内完成建筑设计，最后由评审委员会统一评判优劣。直到 1671 年，法国巴黎建筑师学院也频频开展这种竞赛，这时的竞赛规模也空前庞大，要想拥有建筑师资格就需要获得竞赛的证书，使得人们开始关注通过"项目"开展的学习活动，也标志着"项目"成为一种公认的教学方法。

#### 2. 思想萌芽

　　项目化学习方法的思想萌芽可以追溯至 18～19 世纪自然主义教育家的教育

思想，以卢梭、裴斯泰洛齐为代表的自然主义教育家意识到传统教学忽略学生的自我发展，教育与生活相脱离等弊病后，从不同的角度提出了以学生为本的教育主张。

卢梭主张回归自然，发展天性，以儿童自然生长的需求为中心组织教学，让儿童自由地参与以生活为目的的探究性活动。自然主义教育家强调实现儿童自我发展的重要性，强调儿童自主活动的重要性，强调学校教育与生活教育的密切联系，这些思想都成为"项目化学习"重要的理论源泉。

约翰·亨利希·裴斯泰洛齐是19世纪瑞士著名的民主主义教育家。他提出了和谐发展的教育思想，研究了教育要素理论，奠定了各种教学法的基础。他与福禄培尔和赫尔巴特并列被誉为19世纪欧洲出现的三个"伟大教育巨匠"。他的教育理论主要来自其教育实践，其核心是能力训练，其目的在于全面和谐地发展人的一切天赋力量和能力，其策略的本质在于唤起各种天赋最内在的能力，其教育思想主要为：（1）通过教育改良社会和帮助人民，使他们获得自由与独立，指出每个人生来都具有道德、智慧和身体各方面和谐发展的潜在能力，只有通过教育才能使之得以发展。（2）批评当时瑞士教育落后于时代需要，提出教育民主化和心理学化的要求，认为瑞士教育必须革新。（3）提出将教学与生产劳动相结合的要求，强调使儿童的学习与手工劳动相联系，让每个儿童参加农业和手工劳动。

（二）第二阶段：18世纪中叶至20世纪初——发展期

1. 实践发展

18世纪末，工程学向着专业化的方向发展，欧洲各国以及美国，都纷纷设立了工业学校和职业学校。于是，"项目方法"从欧洲传播到了美国，从建筑学衍用到工程学，对"项目方法"的理论发展有重要的影响。

美国华盛顿大学工业学院把"项目"当作了一种"综合练习"，教学不仅仅是原则性知识的系统介绍，而是应该与实践应用相联系的，"教学"成为"产品制造"。在设立的手工训练学校中实践着这些理念。"综合练习"和"项目"在18世纪90年代被广泛应用于中小学教育中。

2. 理论发展

以美国哲学家、教育实用主义代表杜威为领导的教育变革研究者们认识到不应只是为了工作或是研究的需要而开展相关的手工训练，手工训练应当是以学生的兴趣和经验为基础。创造性和技术都非常重要，教学内容不仅仅只是学科内容的系统规划，还应当使学生的心理需要朝着学科逻辑方向发展。

杜威吸取了卢梭等人的教育思想，创建了经验主义的课程理论体系，为项目课程的形成奠定了理论基础。杜威在1915年所著的《明日之学校》一书中描述了对项目教学的各种尝试。如在教学中采用了丰富多样的形式，在教学中纳入了技术、实践、社会和艺术等多方面的内容。

（三）第三阶段：20世纪初至30年代——形成期

1910年，美国教育署逐渐开始推广的，研究者们以及从事学科教育的教师也逐渐开始关注"项目方法"的理念，开始在工艺美术及手工训练领域之外应用"项目方法"。"项目方法"符合新的教育心理学的发展，并成为进步教育的一种象征。

美国哥伦比亚大学教师学院教授、教育哲学家克伯屈于1918年9月在哥伦比亚大学《师范学院学报》第19期上发表了文章《The Project Method》，赋予"项目"新的定义。在20世纪二三十年代，克伯屈的项目教学法在美国的初等学校和中学的低年级里得到了广泛的应用。

克伯屈说："采用项目（设计）这个术语，就是专为表明有目的的行动，并且特别注重'目的'这个名词"。为此，他提出了四种设计：其一"生产者之设计"，其目的在于生产，即包含着一个观念与一种计划，以实现某一观念或计划为目的。比如造一只船，写一封信，或演一出戏。其二"消费者之设计"，其目的在消费，即是享受某种美的经验，以享乐为目的。比如听一个故事，或一种音乐，与欣赏一幅画。其三"问题设计"，其目的在解答智力上的困难，即是训练智力上的能力去解决某种问题，以解决某一问题为目的。比如探索露水是否从天上落下的问题。其四"熟练设计"，目的在获得某种知识或技能，即在使知识或技能达到某种程度，以获得知识、技能为目的。比如书法希望达到第十四级之类。

克伯屈认为学校的课程可以组成四种主要的设计类型创造性的或建构性的设计、问题的设计、具体的学习设计和鉴赏性的设计。克伯屈的课程设计思想为学校实施"项目"提供了一种模式。但克伯屈夸大了项目学习中学生中心的作用，认为整个学校的教学都应该依赖于学生已有的兴趣和经验，并成为极端儿童中心教育理论的坚决捍卫者之一。杜威反对单纯以学生为中心的课程，他认为学生无法自行制订项目活动计划，也不能完全独立地进行活动，他们需要教师的帮助，从而得到连续的学习和成长。他强调教师要为学生提供指导，项目不仅仅是学生单独参与的，而应该是教师和学生共同参与，他认为教学计划内的知识传授活动与项目活动并不是对立的，而应该让两者互补。

（四）第四阶段：20世纪30年代至60年代——低迷期

从20世纪30年代开始，杜威教育理论遭到来自各方面的批判，特别是50~60年代，随着苏联人造卫星的上天，杜威的教育理论被美国资产阶级教育界视作导致美国教育质量下降、科技水平落后于别国的重要根源。以美国为首的资本主义国家开始呼吁教育应该追求卓越，要重视科学教育和英才教育，而加强学科教育是实施儿童科学教育和英才教育的最佳途径。

这一阶段，学科主义课程成为热点，而包括项目课程在内的以学生为中心的活动课程遭到猛烈抨击，在"学科结构化""回归基础"的口号下，学科专家成为了学校课程开发和设计的主力军。美国认为苏联科学发达，乃是数学和科学教育内容高深的缘故，于是美国国会于1958年通过了《国防教育法》，大幅度改革中小学的数学和科学课程，数学改动的幅度特别大——世称"新数学运动"，前后实行了将近十年，总体上归于失败。因为学科专家所设计的课程没有充分考虑到学生的学习愿望、生活经验和学习能力，使学生迷惑和惶恐，学习兴趣遭到严重破坏，学业水平根本没有像专家预计的那样增高，反而大幅度下降。

（五）第五阶段：20世纪60年代至今——复苏期

20世纪60~70年代的欧美国家纷纷要求教育改革。许多中欧和北欧国家的教育改革运动都会应用"项目方法"。在国外，项目化学习既是教育理论研究的热点，又是教育改革实践的亮点。许多北欧和中欧国家的教育改革运动，只要进入实施阶段，一定会提及项目化学习。国外的许多教育工作者根据自己的教学实践纷纷开发了项目化学习课程，这些课程对于培养学生的多元智力起到了积极的作用。

## 二、项目化学习研究进展

（一）国外研究进展

从20世纪60~70年代开始，新实用主义在美国哲学界乃至整个思想界的影响越来越大。项目化学习成为中小学教学广泛采用的一种学习模式，教师根据课程标准设计了各种紧扣学科（单学科或多学科）的项目。例如，坎贝尔的学习中心、阿姆斯特朗的活动中心、拉泽尔的全年课程机会、萨莉·伯曼和卡茨等人设计的项目化学习。项目方法作为一种课程理念，它具有丰富的内涵，融合许多教育理念，在教育改革中具有重要的地位和影响。

萨莉·伯曼是美国从事多元智力研究和实践的专家，她以多元智能理论为指导，开发了多元智能课堂教学中的项目学习。她设计出很多项目，并根据主题领域和学习者的年龄阶段去描述项目的各个方面，主要引导学生去解决问题。在萨莉·伯曼所设计的项目学习中，分为结构式项目、主题式项目、体裁式项目、模板式项目和开放式项目这五种类型，但往往一个独立的项目也许融合了这其中的两类或更多。

1971年，项目课程作为一门"新型"课程被列入了德国某些学校的课表中。在德国，项目课程实施类型有多种。从教学组织形式来看，项目课程可分为以单元课时为教学时间的"项目课"、集中一天进行教学的"项目日"、集中一周时间（或一个月）进行教学的"项目周"（或"项目月"）、以课外兴趣组为组织形式的"项目兴趣课"以及连续一学期或几学期的"项目教程"等。从教学内容类型来分，项目课程又可分成专业内项目课程及跨专业项目课程两大类型。由于项目教学在培养公民基本行为能力（包括专业能力、方法能力、社会能力、个人能力）方面所表现出的独特优势，使项目教学几乎成为当前德国教育界讨论得最热、研究得最多的课题。人们在制订各类教学计划时，也越来越重视在学校课程体系中设置项目课程。

（二）国内研究进展

国内现有的"项目学习"理论实践来源于普通教育的研究性学习和职业教育的行动导向教学理念。关于"项目"的研究最早传入中国是在1919年，五四运动爆发，新文化运动进入高潮时期。那时，中国知识界对于西方现代文化和科学、民主思想如饥似渴，教育界批判封建传统教育的呼声异常强烈。因此，杜威的理论，以及他本人从1919年5月到1921年7月长达两年的时间内，在中国十三个省市所做的演讲，无疑为中国知识界和教育界提供了反封建、反传统的强有力的理论武器。

当时的一些中国教育界有影响的人物，如胡适、陶行知、张伯苓、蒋梦麟、郭秉文等都是杜威的学生，他们的学术思想和教育实践都不同程度地受到杜威思想的影响，并为教育理论在中国的传播和实践做出了巨大贡献。当时，杜威的思想在南京高师附小试行，其教室被称为"杜威院"，有游戏室、音乐谈话室、读书室和工作室，为的是营造特殊的学习环境和学习气氛，开展的是典型的项目课程。

1927年，克伯屈应邀来华讲学，掀起了有关项目教学法（设计教学法）实践的又一次高潮，项目教学法（设计教学法）也成为当时师范学校师范生必学的内容。张伯苓受项目教学法的启发，在南开小学试行；陶行知在他的试验乡村师范学校——晓庄学校实施着项目教学。

2001年始，我国进行了新一轮的基础教育改革，新的高中课程体系不再把考试置于课程的核心，而是把每一个学生发展的独特性置于核心——"为了每一个学生的发展"。使每一所学校成功，使每一个学生成功，这是本次课程改革的基本理念。新课程改革的目标特别强调"形成积极主动的学习态度"，"倡导学生主动参与、乐于探索、勤于动手"，"培养学生收集和处理信息的能力，获取新知识的能力，分析和解决问题的能力以及交流与合作的能力"。这些内容，与多元智力理论以及它指导下的项目学习不谋而合。

2001年4月，教育部印发《普通高中"研究性学习"实施指南（试行）》的通知（教基〔2001〕6号），该通知不仅在理论上为研究性学习提供了指导，而且在实施层面上将"项目活动设计"作为研究性学习课程内容之一，倡导操作和实践活动。同年6月，教育部颁布《基础教育课程改革纲要（试行）》（教基〔2001〕17号），将综合实践活动作为国家规定的必修课，其中包括研究性学习，主要目的是让学生通过操作实践掌握方法，提高问题解决能力。项目学习作为研究性学习方式之一逐步引入我国中小学的教学实践。

2007年，在联合国儿童基金会的资助下，中央电教馆先后启动了中国和联合国儿童基金会爱生远程教育项目、远程协作学习项目、技术启迪智慧项目等，采用网络远程协作技术与项目学习相结合的方法，创建了基于网络的教育环境，倡导学生在学习过程中主动参与，培养学生多种能力。这些项目通过网络学习社区来实现资源互联，开展项目学习教学实践，在积累近两年和多所学校的研究经验的基础上构建了"特酷"项目学习社区，此时项目化学习方式在实践中得到进一步应用与发展。

项目学习提出后，在世界各国都得到了广泛的实践和应用，政府、研究人员与教育实践者充分认识到其重要意义。为了将国外的先进理念有效引入我国的教学实践，培养学生各方面综合能力，在相关政策的指引和学习理论的支持下，我国的各级各类学校在各个实践领域广泛开展了项目学习，其中很多研究人员和教学实践者针对各级各类学校、各类课程提出了如何计划与实施项目化学习的具体流程。

1. 项目化学习的实践性研究

此类研究以硕士、博士学位论文居多。以从事项目化学习的应用为主要目标的教学实践者强调从自身的教学实践中获得相关经验，总结出项目化学习的设计与实施的具体流程，以期改善教学，并得到更大范围的推广。例如就项目化学习的教学而言，有人提出在项目教学法中穿插传统教学法，完成项目之后，教师和学生一起对知识点进行系统总结。也有人研究了项目教学的阶段，提出"选择项目、拟定计划、开展活动、形成作品、汇报成果"等五个基本的实施阶段。在此基础上，对项目化学习的研究案例、学科课程、研究与实践内容等进行了具体的划分。还有人提出了学习平台的软件、硬件配置与系统设计方案，以便有效促进项目化学习。更具体的研究则是某个学科项目化学习的应用研究，例如就大学物理实验的项目化学习提出了具体的操作环节，提出大学物理实验项目化学习实施的一般过程包括准备工作、活动探究和活动评价三大环节。此外，还有对项目化学习中师生角色与能力的研究，分析项目学习流程以及各阶段中师生扮演的不同角色，验证项目化学习能够提高学生的信息素养和协作能力。

2. 项目化学习的理论性研究

这类研究注重对项目化学习的内涵、流程、意义与价值等作理论上的定性总结与验证，其中包括利用项目化学习激发学习成就动机、发展学习能力、构建信息素质、实践能力与计算机应用能力等。项目化学习强调的是以学生为中心的合作探究，例如刘景福、钟志贤等人提出项目化学习的流程或实施步骤分为选定项目、制订计划、活动探究、作品制作、成果交流和活动评价等六个基本步骤。

刘云生在《项目学习——信息时代重要的学习方式》一文中提出项目学习的设计与实施一般包括设计项目、规划学习、实践操作、总结提炼等环节，并总结出项目学习的操作模式。中央电教馆国际交流与合作处的章雪梅以微软"携手助学"创新应用主题活动为例分析并提出运用 VCT 设计项目学习教学过程与策略，用 VCT 的六大设计环节包括学习目标分析、教学内容分析、教学活动设计、教学实施与反思、教学资源整合、教学评价设计等实现项目学习的内容设计的项目背景、项目目标、项目任务、活动流程、活动作品、评价方法等信息。此外，就项目化学习具体教学步骤的理论研究结果提出项目学习应该包括教师操作示范和学生独立探索、确定项目和制订计划、协作学习、归档和成果展示、学习评价。同时，提出以学生为主体、教师引导监控的原则为指导，在信息教育中实施项目教学模式，即基于项目学习的信息素质教育过程模式，整个流程大致可分为八个基本步骤：探究、提问、搜索、评价、综合、创造、交流与评估。

对项目学习的评价的研究，郑大伟、柯清超教授在《信息技术支持的项目学习》一书中采用四层评价模型构建了项目学习评价的模型，包括学习者反应层、知识迁移层、行为改变层和结果层四个评估层次，并且提出了项目学习评价量规的特征与设计方法。刘云生提出项目学习的评价"重过程、重方法、重体验、重规律、重创新"。具体说，可从过程和结果两个方面来评价，坚持宜粗不宜细、多鼓励少批评、多启发少代替的原则。丁燕华认为应该用多元评价标准，综合评价学生的学习要自我评价、小组评价、班级评价和教师评价有机结合，体现评价主体的多元性，注重教育性评价和发展性评价，开展持续、动态的评价，采用形式多样的评价方法，借鉴文件夹评价，创立学生电子作品集。杨洁在其学位论文中提出项目学习评价应采用真实性评价，包括表现评价和档案袋评价。总体看来，目前已有的关于项目学习的评价研究分别涉及评价的内容、标准、模式等方面，考虑到评价主体、评价内容与评价方式的多元化等。

（三）研究领域发展

目前，已有的项目化学习设计与实施的研究从理论与实践两个层面，对项目学习的理论、流程以及整个环节进行了初步的探索与思考，为更好地开展项目化学习积累了经验。无论是学科整合还是单学科教学，都应当进一步探索项目化学习的实质与培养目标，应当关注在课程标准的基础上从日常的学习内容中挖掘合适的项目，逐渐积累成为大项目，各个项目之间形成螺旋循环的项目化学习。从研究领域可分为职业教育和普通教育两大领域，这方面的研究从 2003 年开始非常多，尤其在职业教育领域。因为教育领域关于"项目"的研究最早就是源于职业教育且成效显著，项目课程可以建立起富有职业特色，能够有效培养学生的职业能力，其价值已获得教育行政部门与职业教育院校的普遍认可，其开发与实施也正在进行中，所以关于项目课程的构建和实施方面的研究众多。

华东师范大学的徐国庆教授，进行了"基于工作任务的职业教育项目课程理论与开发研究"为题的全国教育科学"十五"规划教育部青年专项课题，对项目课程的理论基础、设计方法等相关问题进行了大量的研究，并已取得一定的成果。他将职业教育项目课程定义为"以基于典型产品或服务所设计的项目活动为逻辑主线展开课程，让学生学会完成完整工作过程的课程模式"。即其项目课程的设计原则为：以生涯发展为目标定位专业；以工作过程为线索设置课程；以典型产品或服务为载体设计学习项目；以职业能力形成为依据选择课程内容。

目前已有的项目学习设计与实施的研究从理论与实践两个层面，对项目学习的理论、流程以及整个环节进行了初步的探索与思考，为更好地开展项目学习积累了经验。作者认为无论是学科整合还是单学科教学，都应当进一步探索项目学习的实质与培养目标，应当关注在课程标准的基础上从日常的学习内容中挖掘合适的项目主题，逐渐积累成为系列项目，各个项目之间形成螺旋循环。

因此，将项目学习日常化、标准化将是项目学习应用与发展的大趋势，在这个基础上，项目化学习才能得到更好的发展，也能更好地适应我国教育教学的现状要求，在实践中发展成为一种新的、有效的教与学的方法。

### 三、国外项目化学习模式案例

#### （一）美国"Gordon - MIT 工程领导力培养计划"

2007 年，美国麻省理工学院（MIT）发起了一项新的工科本科生教学改革项目："Gordon - MIT 工程领导力培养计划"，该计划旨在运用新的教学方法培养师范生的领导力、提高 MIT 工程和科技教育的质量。其目标是通过培养工程发明、创新和实践的领袖，提高工程教育的质量，最终增强美国工程领域的国家实力。Gordon - MIT 计划并不是一个独立的工科教育专业培养方案，而是结合 MIT 工程学院各专业的教学计划，设计了一个完整的工程活动。它以领导力为导向，以学科为基础，以工程项目时间为支持，训练学生实际问题求解能力，为理解和解决现实生活中重大的工程问题奠定基础。Gordon - MIT 计划为本科生完成学业提供了经历更丰富的途径，加上 MIT 已经有的工学院各系的专业培养方案，Gordon - MIT 计划为本科生提供 3 条学习途径：

第一条学习途径：MIT 所有的工程专业的培养方案中包括以项目为基础的学习课程，让学生亲自动手参与工程项目。大学一年级的学生不分专业，完成基础课程。这些基础课程中有一部分工程学院开设的项目课程，学生需要组成团队，完成教师指定或者自选的项目。大一结束后，学生确定自己的专业，从大学二年级到四年级每一年都有至少一门围绕本专业基础知识的项目课程，训练学生解决专业相关问题的能力。有的课程跨度为 2~3 个学期，使学生有充分的实践完成相对较大的工程项目。这是每个 MIT 的学生在本科 4 年里必须完成的学习任务，学生在完成各个专业 4 年的课程和实践项目后，获得工学学士学位。

第二条学习途径：通过高级的课程和跨学科的项目，让大部分 MIT 工科学生对工程发明、创新和实践有实质性的认识。在各专业的课程之外，工程学院大学二年级的学生要参加"本科生实践机会"项目，通过 1 年的培训、辅导、参观以及暑期的实习，使学生在课程以外的实验室和企业实践课堂内学到知识。在大学三、四年级时，学生要从 4 门短期项目（工程领导力、组织理论、产品生产和工程项目）中至少参加 2 门短期项目。这些项目课程包括以课堂教学和团队项目为主的高级课程以及暑假实验的要求，学生完成了"本科生实践机会"项目、两个短期项目、一次工程实习以及领导力评估报告，获得"Gordon 工程师"资格证。

第三条途径：只有少数工科学生参与的核心项目，旨在培养他们成为未来工程发明、创新和实践的领袖。学生不仅要完成前两条途径的所有内容，还要参加工程实践项目（包括跨学科的项目和国际化项目），进入"工程领导力实验室"，选修领导力课程，接受工业界导师的指导，完成额外的企业实习。通过这一系列的活动，学生在毕业时能够具备比较全面的工程领导能力，获得"Gordon 工程领袖"资格证书。

总体来说，Gordon – MIT 计划对本科生的能力提出很高的要求。一方面，已获得工学学位所必需的基础课程、专业课程、项目实验、实习等为基础，培养学生坚实的学科知识和工程思维；另一方面，通过强化训练充分利用本科 4 年的实践，通过额外的课程和实习使毕业生了解团队和企业领导的工作和责任，对工程生产流程也有切身的体验，在进入职场以后，可以比较容易地适应新的环境，发挥领导力的作用。

（二）英国大学"基于项目的学习"案例

2009 年，英国在拉夫堡大学专门组织了"工科教育中基于项目学习的国际研讨会"。英国各工科大学或工学院都在积极实行"基于项目学习"，特别重视大学一年级和四年级的项目化学习，并把基于项目学习作为其本科教育的重要内容。在推行过程中，最受关注的因素有：教师的经历和精力、指导者训练、项目选题、项目实施效率及效果、项目学习资源、实施计划管理要求、项目学习环境等。

在英国，近几年在推行工科教育改革和项目学习方式方面最具代表性和典型性的是考文垂大学和伦敦大学学院。考文垂大学校长和工程与计算学部主任高度重视项目化学习，并在工程与计算学部提出了新式基于活动的课程体系，在每学年初开展为期 6 周的项目。一些学院率先在许多课程模块中采用面向问题求解的项目学习方式，并把项目化学习贯穿于全部教学过程。

（三）澳大利亚大学"无边界工程师培养计划"

2003 年，澳大利亚发起"无边界工程师培养计划 EWB（Engineers Without Borders）"。该计划用于训练大学生（特别是一年级学生）的工程问题求解能力。该计划将工科学生、研究生、工程师组成团队，解决一些人们经常面对的、基本的、小规模的工程项目问题，使学生通过真实的和令人兴奋的可持续发展项目学习和提高项目设计、可持续发展、团队合作与沟通等能力。该项目既注重加强学生工程实践，同时也致力于培养工程领导人。计划的项目多为 1 个学期。在项目中，要求学生团队不仅完成产品设计与实现，还要在学期末提交详细的设计报告；既要描述其产品结构、设计与实现、运行与维护，又要说明产品的应用环境和可持续发展性等。

**四、国内项目化学习模式案例**

（一）哈尔滨工业大学基于项目学习的实践经验

哈尔滨工业大学的教育模式源于前苏联的工科教育模式，又融合了中国研究型重点大学近年来教育创新与改革的实践探索，秉承"规格严格，功夫到家"的校训，历来重视对大学生的问题求解能力和工程实践能力的教育和训练。在本科教学的过程中，始终贯穿工程能力培养和创新项目训练，如创新研修课、创新实验课程、课堂大作业、专业课程设计、综合课程设计、学生创新项目计划、企业工厂实习、毕业设计、大学生科技竞赛等。自 2008 年起，开始实施大一年度项目计划，旨在从大一新生开始就培养学生的求知、探索新事物和从事科技研究的兴趣，提高学生观察、思考和发现问题的能力、团队合作和查阅文献的能力、自主学习和解决问题的能力、理论联系实际和创新实践的能力。通过项目的自我组队、自由选导师、自主选题、竞赛开题、系统设计、实现调试、过程管理、中检报告、项目总结、结题答辩等为期一年的过程，完成了对学生的观察和发现问题能力的训练、表达与自我推销能力的训练、合作交流与表达能力的训练，使学生在能力、知识、素质等方面得到了全面提高。

（二）宁波职业技术学院项目化课程体系

2000 年以来，宁波职业技术学院对项目课程化课程体系模式进行了探索并尝试项目课程的不同实施模式，这种课程模式以项目课程为主体。项目课程以职业能力的培养为目标，以岗位需求为依据，以工作结构为框架，以项目为载体和形式，以工作过程为基础组织教学过程，突出"任务中心"和"情境中心"。项目课程综合运用相关的操作知识、理论知识来完成工作任务，以工作任务整合理论和实践，加强了课程内容和工作之间的联系，有利于学生形成在复杂工作情境中进行判断并解决问题的能力，提高综合职业能力。

（三）西南大学学生教育技术能力项目式训练平台研究

西南大学从信息化环境下的项目式学习模式构建和学生信息技术能力项目式训练平台的开发两个方面来培养学生的信息技术能力。其中，项目式学习模式的构建包括构建情景、辅助管理、资源提供、工具支持、交流协作、评价反思等模块。学生信息技术能力项目式训练平台的开发包括学习支持模块、管理模块和评价模块。信息化环境下的项目式学习适用于学生信息技术能力训练，在一定程度上能够改善学生信息技术能力训练效果，促进学生知识的理解和技能的提高，有助于培养学生的创新精神和团队意识，有助于培养学生解决实际问题的能力，提高学生运用技术进行教育教学的能力。

# 第三节　宁夏大学项目化学习案例

本节介绍了宁夏大学化学师范生项目化学习的构建方法、构建思路、构建方案、实施方案和实施策略。在借鉴国内外项目化学习案例和化学师范专业教学改革的基础上，以框架图的形式展示项目化学习设计模版，该设计模版具有可视化和结构化特点。

## 一、构建方法

项目化学习的构建需要对以下模块进行分析，包括学习需求分析、学习目标分析、学习项目设计、学习项目实施、学习评价设计和学习汇总与反思六大模块。其中由学习需求分析可以得出项目设计目的和意义，最终确定项目设计方案。学习目标分析可以从知识目标、能力目标、情感目标三方面考虑，最终确定项目化学习目标。学习项目设计可以依次确定项目内容和项目框架，从子项目内容、子项目任务、培养活动等方面，逐步丰富项目框架。学习项目实施从实施框架、实施流程、实施计划三方面确立。学习评价设计从评价体系、评价原则、评价方式、评级细则四个方面确立。学习汇报和反思从成果汇编内容和汇报形式等方面考虑。具体可参考图2－1。

学习需求分析是对教学大纲和培养目标的解读，作为项目设计的依据，引出项目的设计目的和意义，最终演变成项目设计方案。可以采取对学习者进行问卷调查，了解学生学习需求，再通过专家访谈的方式，对学习需求进行反复论证。

学习目标分析是对学习者通过学习后应该表现出来的可见行为的具体的、明确的表述。它主要包括学习者通过学习后应具备的知识、完成项目获得的能力、情感态度和价值观的变化等。

学习项目设计要以整个学习目标为基础，明确项目和子项目的任务和各部分

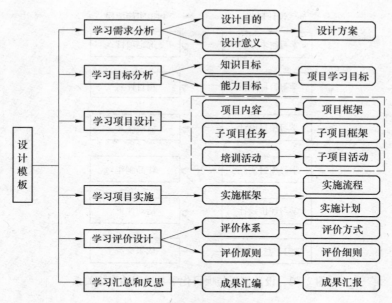

图 2 - 1 项目化学习的设计模板

之间的联系和框架，依据项目任务确定相关学习活动，包括培训和讲座以及讨论，以期达到项目设计的最优化。

学习项目实施是为完成特定的项目学习目标而进行的师生操作的总和，它包括实施框架、实施流程、实施计划等。项目实施是对制定的实施计划的执行过程，其流程可以使用概念图工具进行绘制。

学习评价设计起到项目化学习全过程的评价和管理作用，评价原则是制定评价体系的依据，评价方式是评价体系的具体化，制定相应的评价细则提供项目行动和反思的模板，它采用表格形式，便于师生对已开展的项目活动进行评价和反思。

学习汇总和反思是指项目学习过程中查找和生成的学习资源的总和，包括各种数字化素材、教学设计、教学课件、研究性学习、拓展学习资料、学习作品等。

该设计模版体现出项目化学习是融知识获取、能力培养与素质教育于一体的学习方式，符合新课程改革的精神，是实现创新教育、培养创新型人才的核心所在。同时，也为项目化学习方法的实施和传播提供了交流和借鉴的范式。不但具有理论上的可行性，在实践中也逐渐得到教师和师范生普遍认同，框架中的六大环节与项目化学习的选定项目、项目计划、活动探究、作品制作、活动评价和成果交流等流程相互对应，具体可参考图 2 - 2。

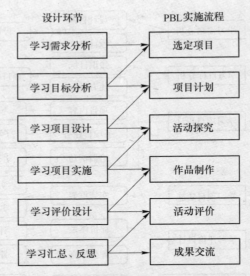

图 2－2　设计模板与项目化学习流程的对应关系

## 二、构建思路

　　高等院校师范专业的培养目标是要培养面向基础教育的专业化教育人才，实现这一目标的关键是构建科学的、系统化的培养方案。项目化学习是以建构主义理论、布鲁纳的发现学习理论、加德纳的多元智能理论、杜威的实用主义教育理论为基础，以化学师范生学习需要分析为依据，依次确立项目化学习理论方案、实施方案和评价方案，用于科学、系统地指导项目化学习。以化学师范生教育能力的培养目标为指挥棒，将化学师范生所具备的能力划分为实验教学和研究能力、化学教学设计能力等六大能力，以每一项能力的培养作为一个项目，构建出符合能力观、结构观、联系观、综合观 4 个理念的项目化学习行动方案。践行以项目为导向，在制订计划、活动探究等五个过程设计不同的任务，鼓励师范生采取自主学习和合作探究的方式，达到能力提高的目的。具体可参考图 2－3。

　　借鉴国内外先进师范教育理念，积极探索基于"三段五维一体化卓越发展"项目化学习。首先将化学师范生从教所具备的能力确定为化学实验教学能力、微格教学基本能力、教学设计能力、说课和有效课堂教学能力、研究性学习和教育科研能力、教师基本素质等六大能力。其次以专业课程教学为平台，以实践为导向，以项目为载体，以探究学习为驱动力，分别以大三上学期、大三下学期、大四上学期共三个学期为时间段，开展化学教学论、化学教学论实验、化学微格教学技能、化学教学设计、教学实习、教育科研等 6 个项目化学习。构建理论实践一体化、本硕互动一体化、生生互助一体化、评价标准一体化、教学模拟一体化等五维一体化学习。具体可参考图 2－4。

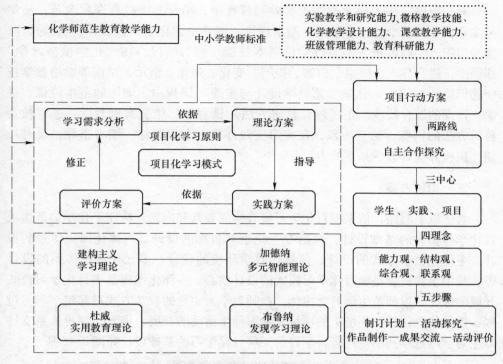

图 2-3　化学师范生项目化学习流程的对应关系构建思路

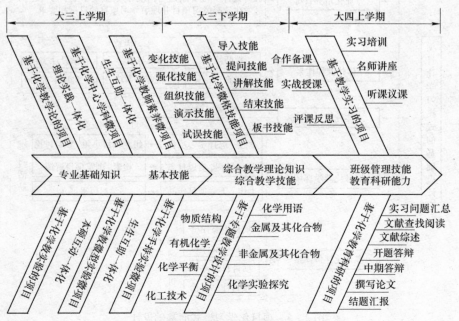

图 2-4　化学师范专业项目化学习构建思路

第一阶段，在"化学教学论实验"课程中，结合基础教育课程改革，使师范生掌握化学教学的基本理论、基本规律，培养中学化学实验设计、实验操作、实验组织、实验改进、实验教学的基本技能。第二阶段，在"化学微格教学"课程中，进行导入、结束、讲解、提问、变化、强化、演示、试误等微格教学技能的训练；在"中学化学专题教学设计与实践"课程中，训练师范生说课、讲课、评课的综合技能。在《教育科研方法》课程中，结合案例教学，进行教育科研方法的训练。第三阶段，在实习实践环节，全程跟踪、细心指导、及时反馈，检验并提升教学基本能力。

**三、构建方案**

基于以上思路，依据项目化学习模式构成要素和内涵，构建了化学师范生项目化学习模式的基础设计，包括专业化培养目标的设计、一体化课程体系的设计、主体化教学方式的设计、信息化教学环境的设计、多元化评价体系的设计等。其中培养目标是项目化学习模式的设计核心，一体化课程是项目化学习模式开展的保证，以师范生学习为主体，教师教学为主导的教学方式贯穿整个学习过程，指导信息化教学环境下的项目化学习师生活动的开展。多元化评价体系支持师生对学习过程和结果进行科学评价。项目化学习的基础设计如图2-5所示。

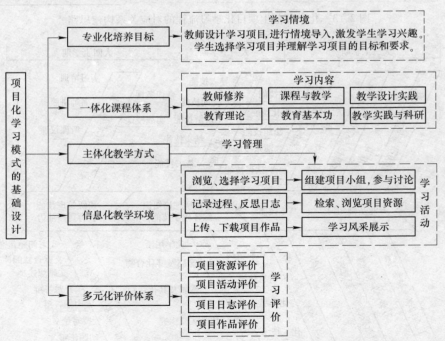

图2-5　项目化学习模式的基础设计

（一）专业化培养目标的设计

在高等院校化学师范专业培养目标中，要求化学师范生系统扎实地掌握化学专业的基本知识、基本理论和基本实验技能与方法。通过对教育理论课程的学习和教学实践的锻炼，具备较强的化学教学和研究能力。本专业着重培养具有崇高的教师职业理想、先进的教学理念，有坚实的化学基础知识和较强的实验技能，熟悉化学教学活动的程序和方法，初步具备化学教学设计与实施技能，具有一定创新意识和研究能力的中学化学教师及其高层次人才。化学教师所具备的能力可参考图 2 - 6。

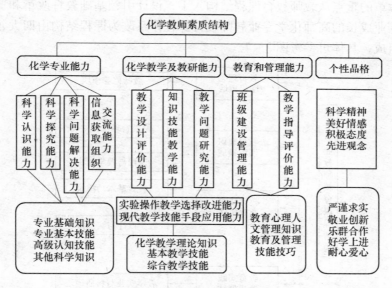

图 2 - 6　化学教师素质结构

围绕培养造就优秀教师和教育家的目标，迅速提升师范生教学设计能力，制订师范生教学设计能力培养计划，教学设计技能发展的目标具体为：掌握教学设计的概念、原理和方法；掌握教学设计的理论基础知识，清楚化学教学设计的基本环节；掌握化学教学设计的基本层次中课程教学设计、学年或学期教学设计、单元教学设计、课时教学设计等方法和策略；能够根据课程标准确定课程教学的任务、目的和要求；规划、组织和调整教学内容；构思课程教学的总策略和方法系统；确定课程教学评价的目的、标准、模式和方法等；制订课程教学计划；能够根据选择的教学内容进行简单的教学设计；具备进行教学设计、实施教学设计、反思教学设计，评价教学设计的能力。

（二）一体化课程体系的设计

课程建设是项目化学习的中心环节，是人才培养的基础和关键。根据教师教育类课程设置理论依据，重新构建了化学师范专业人才培养方案。以更新教育思想和观念为先导，以改革公共基础课和专业基础课为重点，以教学研究为动力，以精品课程建设为龙头，构建与高等院校培养目标和基础教育发展相适应的课程结构，充分体现现代教育理念和化学学科特征，形成多层次、立体化课程结构。通过有计划、有步骤、有目的地进行课程建设，形成一批教学质量高、特色鲜明的优质课程。使课程设置更加系统，形成一体化的教师教育类课程群体系。

经过优化课程设置，已完善"公共基础课程、通识教育课程、专业课程、教师教育课程、自选课程、创新实践课程、素质教育课程"七大板块构成的课程体系。将改革的重点从教师教育课程结构入手，设计引领基础教育改革和奠基化学师范生专业成长的高师化学专业教师教育课程体系改为课程结构由四大领域、六大模块组成，具体可参考图2-7。

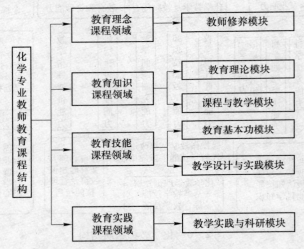

图2-7　化学师范专业课程结构

根据教师专业发展的思想，将高等院校化学师范专业课程由四大领域构成，即理念性课程领域、知识型课程领域、技能型课程领域和实践型课程领域。高等院校化学专业教师教育课程的每一个学习领域采用模块的形式，模块是对学习领域的进一步细化，每一模块是围绕某一主题来设置课程，是一个相对完整的学习单元，模块和模块之间既相互独立又有内在的逻辑关系，通过分阶段实施、全程渗透的方式来培养师范生的职业素质。模块包括教师修养模块、教育理论模块、课程与教学理论模块、教学基本功模块、教学设计与实施模块以及教学实践和科研等。同时，还包括14门必修课程，13门选修课程，10门网络课程，具体可参考图2-8。

课程设置着力体现：夯实专业基础，加强教师教育类系列课程，突出教师教育特色；注重实践环节教学，强化实践技能培训；确保通识教育课程比例，以化学学科为本，设置灵活、开放、多层次的系列课程，加强与中学化学教学实践的联系。借助网络课程资源，采用典型案例分析、问题解决、经验分享和合作讨论等多种形式的培训，拓展师范生知识视野。

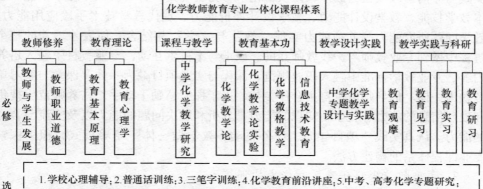

图2-8　化学师范专业一体化课程设计

## （三）主体化教学方式的设计

### 1. 推进教学方法与手段改革

采取化整为零法，将全班分成4~6人项目小组，便于教师分组、分人指导，提供组内师范生充分探研交流的机会；采取全程推进法，将理论学习、模拟教学、教学研究，贯穿于项目学习中，由易到难全程推进；采取以老带新法，聘请中学骨干教师进行示范课，化学教学论研究生和大四实习生共同对师范生进行教材分析、教学设计、说课试讲等一对一辅导；采取以点带面法，抓好第一轮训练中的第一组，树立样板标准；采取尝试指导法，个人备课和集体备课结合，教学相长；采取因人制宜法，项目分为师范生自主选择和教师拟定，教师根据中学教学的实际需要，精选项目内容，师范生根据训练技能及个人特点、实习学校和职业发展规划选定项目；采取评估检验法，通过个人自评、小组评议、教师讲评结合，实现每一个项目、每一种能力培养都有切实可行的操作性强的评价体系；采取反思实践法，每一子项目或任务完成后，结合同学、教师的评议，写出反思和项目学习报告册。

## 2. 课堂讲授和实践性教学相结合

强化实践教学环节，实行实习、实训、专业工作室开放制度，充分提高教学资源有效利用率，保证师范生辅导的时间和场地；在专业理论学习的基础上，以实践为导向，以项目为载体，以项目化学习为驱动力，将实验操作教学技能、基本教学技能、教学设计能力、教学设计评价能力、现代教学技术手段应用能力、教学问题研究能力等五项能力实现"教"与"学"相结合，使人才培养的整个过程中做到专业教师与一线教师互助、硕士与本科生互动、专业教材中融入培养内容、专业教学标准中融入职业规范、课程与实践项目融为一体、课堂与实习单位融为一体。倡导师范生自主合作参与、乐于探究、勤于动手，培养师范生搜集和处理信息的能力、获取新知识的能力、分析和解决问题的能力以及交流与合作的能力。认真实践"项目导向、任务驱动、教学做一体"培养模式，积极探索专业课程体系的构建方法。

## 3. 注重师范生科研素质和能力的训练

师范生科研素质和能力的训练，更是提高师范生素质的重要方面，特别是对学有余力的师范生。为此可以采取以下做法：指导师范生就某个专题，查文献，写分析报告，针对理论课或实验课中遇到的感兴趣的问题，在教师指导下查阅文献，并撰写综述。不但满足师范生对相关知识的了解，还使他们初步学会文献检索与利用方法，尝试科技写作的过程。指导师范生参加教师科研项目，利用课余或寒、暑假期吸收师范生参加教师科研课题中实验周期短，又可以说明问题的部分实验，或就师范生兴趣和能力单独为他们设计可以完成的课题，以达到对其进行科研训练的目的。

## （四）信息化教学环境的设计

在教学手段的改革上，积极鼓励和推动教师利用多媒体手段辅助教学，要求所有教师尽快掌握多媒体教学手段。逐步建立了一套与现代化教学手段相适应的教学体系和教学方法。包括：将详细的讲授大纲在网站上公布，通过布置思考题作为平时成绩，注意督促师范生的平时学习。将课程要点、参考书目、复习资料与思考题等内容放在网站，供师范生浏览和下载。

充分利用网络、多媒体、微格教室、仿真实验室等信息技术对师范生进行教学技能的培训。突破了教学在时间、空间、地域的限制，提供丰富的资源，有利于师范生进行自我反思、改进和项目小组共同讨论，师范生学会设计形式多样、内容丰富的多媒体课件，开展在线讨论，利用公共邮箱交流心得体会协作学习，受到师范生的广泛关注。组织师范生学习思维导图、Flash 动画制作、Photoshop 照片处理、会声会影、格式工厂等软件，极大地调动师范生的学习兴趣，增强动手操作能力。

## 1. 建设配套实验室

化学中教法实验室：配置可能用到的基本实验药品、仪器与相关设备，为师范生进行科学探究活动奠定物质基础；在实验室安全管理条例的基础上，建立开放实验室机制，为师范生能自主开展探究活动创设良好条件。

微格教学实验室：配置电子白板、投影、录像机、液晶电视等电教设备，用于师范生微格教学技能训练，在微格教室进行教学活动后，回放教学录像，通过自评、小组评议和指导教师综合评价，及时反馈授课人教学技能训练中的情况，进一步改进教学，以促进师范生教学能力的提高。

教学工作室：配置电子白板，投影、台式电脑，对每个师范生进行一对一辅导，形成教案初稿，师范生进行试讲，反复修改形成最终教案电子版。进行公开课试讲。通过对师范生建立概念的教学模型、概念图、概念在运用过程中的强化训练，锻炼师范生的科学思维能力，带动师范生的可视化教学设计能力，以中学化学专题教学设计为载体，转化为以整合教学设计思路与教学过程的深化教学理念的思维过程训练。

2. 建设化学实验平台

化学仿真实验平台：利用计算机来预习和完成基础化学实验，模拟实验过程是当前化学实验教学的一种新模式，一种非常理想的实验教学手段。金华科仿真化学实验室是国产的一款化学实验模拟软件，它包括化学仿真实验平台、三维化学分子模型和化学资料中心。

手持技术实验平台：选择了恰当的实验内容，分别设计了"讲—练—讲"、"指导—探究"和"自主—探究"项目化学习模式，培训手持技术相关的基本知识，师范生尽快熟练掌握各种传感器的使用方法、工作原理及维护方法，能利用手持技术进行简单的化学实验。除了让师范生进一步熟悉手持技术的操作外，进行较复杂实验。更主要的是以手持技术为工具的探究，体验手持技术与化学教学的整合，突出手持技术在解决化学教学中的重难点问题时的优势。在教学过程中能较快地掌握手持技术的使用方法，理解手持技术的工作原理以及仪器的维护。他们不仅了解了一种现代化实验手段，认可其在化学教学中的独特优势，愿意在条件许可时使用手持技术进行教学，而且能够与初、高中化学课程整合，开发实验，提高科学探究能力。

3. 建设项目化学习网站

项目化学习网站：网站建设包括师资队伍、项目课程、项目培训、项目成果、竞赛专栏等栏目。其中项目课程包含学习讲义、教学课件、教学实录和学习案例等，用于指导师范生如何开展项目化学习；项目培训主要包含可视化教学设计、手持技术实验技术等信息化教学技术培训，用于强化师范生项目化学习的方式；项目成果包含应届和往届师范生项目化学习成果，如开题报告、中期自查报告、结题报告、研究性学习成果汇编及其附件等，用于下一届师范生作为参考和资料共享。竞赛专栏包括指导师范生参加多次教学技能大赛和实验创新大赛的参赛作品和多年指导大赛的指导手册、各种竞赛发布的通知公告，便于师范生及时关注竞赛信息，积极准备。网站运用信息技术手段（多媒体课件、录像）支持课堂教学的直观感、信息量大等特点，以实现自主管理、更新，使用方便。

（五）多元化评价体系的设计

在项目化学习中，以建构主义学习理论、多元智能理论和发展评价观作为项目化学习的评价体系理论。强调评价内容、评价方式和评价参与者的多元化，实质是全面、客观地评价教师的课堂教学行为，以促进教学技能的提高，促进师范生的全面发展。主要从基于水平维度的过程性评价和基于垂直维度的终结性评价两个维度评价。水平维度主要用以考察项目实施某一时间点上的实时状态，如师范生的技能水平、认知程度、情感状态等。垂直维度则用以考察在一段时间内的变化情况，如师范生技能的发展、态度的变化、自我的进步、项目进程等。从水平和垂直两个维度出发，才能全面而不孤立地评价每个师范生。采取个人自评、小组评议、教师讲评结合；保证每一次行动、每一种能力培养都有切实可行的操作性强的评价体系。

在化学师范生模拟中学课堂教学训练中，引入"课堂观察"技术。从教师维度、师范生维度、课堂文化、课程性质等多角度进行课堂教学的观察评价。通过课前会议，课堂观察，课后辩课等三个环节，主要针对教师教学这一维度不断提高师范生教学设计技能（制定课程授课计划技能、撰写教案技能、教学媒体的使用技能、了解师范生技能）、课堂教学技能（组织教学和导入新课技能、运用教学语言技能、设疑和提问技能、板书技能、讲授技能和总结结束技能），对提高师范生的课堂教学能力发挥了重要作用。目前有"化学教学论实验"评价表、"化学微格教学"课堂观察评价表、化学微课程设计评价表、项目化学习评价体系等。

**四、实施方案**

本专业培养德、智、体全面发展，具有扎实的化学专业理论基础及较强的教学实践能力，具备先进的教育理念和较强的教学科研能力，能适应教育改革和发展需要，能熟练掌握现代的教育技术和教学基本技能，在中学、中专及其他院校均可进行化学教学和研究工作的专门性人才。基于"三段五维一体化卓越发展"项目化学习的实施方案如下。

（一）第一阶段：了解选择，体验基于项目的学习模式

在教师和往届师范生的指导下，以学科知识为载体，学会提出问题，尝试运用基本的研究方法，体验项目化学习，以小组合作的形式完成简单的微项目。

1. 提出课题、了解选择

在教师的指导下，基于化学教学论课程理论教学的基础知识，让师范生学会

发现问题，进而提出可研究的问题。各个小组师范生的研究项目提出以后，教师再指导师范生细化项目内容，找准项目实施的切入口，设计实施或行动方案，分阶段、分步骤地了解项目化学习。

2. 体验项目化学习

按照项目方案，使师范生体验项目化学习的全过程，包括选题、开题、收集资料、分析利用资料、形成结果、产生自己见解、撰写结题报告、分享交流等，从而了解基本的科学研究方法，逐步培养科学探究精神，形成创新思维。

3. 反思项目化学习

在汇报交流的过程中，教师、研究生团队及其他小组为项目组提出质疑，然后从中选择几个问题进行集中讨论，切实为项目组讨论出改进意见或解决方案，由教师监督，项目组进行改进。

（二）第二阶段：深入项目，精心细润

1. 自主选择，学会运用研究性学习方法

在大三学科问题探究的基础上，在师范生比较了解研究性学习方法和项目化学习方法的前提下，给师范生创设探究空间，拓展研究课题的选择范围，引导师范生关注理论联系实际的多元应用型专题或项目，进一步引导师范生从自己的学习生活和实习经历中提出可研究的课题，自主聘请指导教师，以同一组实习学校的实习生为一组，或是联合其他实习点的同学共同调研，有选择有目的地开展基于项目的研究性学习。

2. 学会选择，自主开展综合学科问题研究

为把研究性学习落到实处，必须结合大三和大四所做过的研究性课题，使研究性学习与现今的毕业课题结合起来。同时考虑大四是选择决定职业发展方向的特殊阶段，所以将大四的研究性学习回归至综合性问题的探究。在深入探究综合性问题的过程中，使师范生形成自主学习的能力，为今后走向职场打下基础。

（三）第三阶段：反思项目化学习历程

从完成大三到大四的"从学科研究出发、再回到学科研究"的学习内容上的回归，反思经历各个项目。通过推行有效的行动计划，使师范生在教学设计能力、实验操作和探究性实验教学能力、说课和有效课堂教学能力、研究性学习和教育科研能力、微格教学基本技能等方面得到有效的训练，为未来从事教学工作奠定坚实基础，培养实用人才。相比于传统教学模式，实施项目化学习思维创新点体现在：学习内容项目化，将理论知识和技能实践紧密联系，全面培养实用型人才；学习方式多样化，激发师范生的自主学习积极性与合作探究意识；学习目标明确化，以项目任务和项目要求推动学习目标达成；学习评价层次化，师范生有独立进行计划工作的机会，在一定的时间范围内可以自行组织、安排自己的学习行为，充分体现因材施教的教学理念。学习成果个性化，充分挖掘师范生的教

学潜能；学习过程自主化，培养师范生在项目工作中进行自主管理、监督、指导；学习活动竞赛化，提倡以赛促学、以赛促干、以赛促思。学习情境真实化，紧密联系中学教学现状，模拟真实教学环境，为师范生就业打下基础。

### 五、实施策略

实施策略具体如下：

（1）以培养师范生的创新精神和实践能力为宗旨，精心策划项目。根据问题发生的情境，对选择的项目进行系统的精心策划，明确呈现项目学习目标和开展此项目需要的学习资源。在项目设计中，要设计有驱动性的项目任务，用以激发学习兴趣，调动师范生的参与性。

（2）合理调动资源，提供真实情境，强化知识技能学习。项目化学习的过程中需要运用多种认知工具和信息资源，师范生要会使用各种认知工具和信息资源来陈述他们的观点，支持其学习进程。其中最常用的有文献阅读管理软件、思维导图软件等。

（3）加强师范生自主学习和合作学习的能力培养。项目化学习为师范生自主学习和合作学习的实施提供有效方式，将传统教学中的师范生学习活动进行更新和重组，师范生根据提供的资源可以自由地选择自己感兴趣的项目，进行自主学习；与其他同学和教师组成学习共同体，进行密切的合作学习，从而提高其学习能力和团队合作精神。

（4）改革传统考核评价方式，提高教育教学质量。在项目化学习中，整个学习活动和任务是以项目为中心展开和进行的，对项目活动过程中用到的知识和技能通过多种方式提供支持，教师适时地进行辅导，师范生学习过程中可以自主学习、开展小组讨论、网络协作学习等获取知识、解决问题，并不断地对项目进行评价和反思。在此过程中，项目评价作为指挥棒和准则，起到监督、管理和评价的作用，师范生的综合素质和自身能力的提高有赖于评价方式的选择和评价细则的制定。项目小组成员的团队协作可以照顾到更多的师范生，从而有利于提高整体教学质量。

# 第三章　化学教学论实验项目化学习

"化学教学论实验"课程是高等院校化学师范专业的一门专业必修课，着重培养化学师范生独立从事中学化学实验教学工作的基本技能和研究实验教学的能力。新课程中不仅增加了化学实验的数量，而且在实验技能的训练上也明显提高，这就对师范生提出更大的挑战和要求，因此，亟待对"化学教学论实验"课程进行教学改革以适应新课程对化学师范生提出的要求。

项目化学习是以师范生的自主探究、合作学习为基础，通过师生共同实施一个完整的项目而进行的教学活动。师范生需要亲自调研，查阅资料，分析研究、撰写论文和制作作品。基于"化学教学论实验"课程的培养目标和项目化学习的要素存在一定契合点，因此，在"化学教学论实验"课程开展项目化学习具有可行性。以强化师范生实验设计和教学技能为目的，进行化学教学论实验项目化学习探索。以基础教育课程改革对中学化学教师实验技能提出的新要求作为总的设计原则，结合项目化学习模式的内涵、要素和实施，分别从设计原则、设计思路、项目学习活动、实施框架、实施过程、实施计划等对"化学教学论实验"项目化学习模式进行探索。以期能对培养高校师范生化学实验技能、中学化学实验教学和中学化学实验研究能力起到重要作用，培养出适应新时期要求的教师，促进高等师范教育和中学教育的发展。

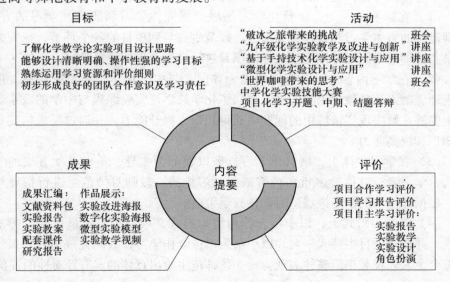

# 第一节　化学教学论实验项目化学习设计

为更好地培养师范生的创新意识和实践能力，适应基础教育新课改理念，本节以构建化学教学论实验项目化学习设计方案为目的，主要从明确项目化学习设计目的和意义、确定项目学习目标、精心预设学习活动等三方面着手设计。以期该设计方案具有探究性、自主性、过程性和开放性等特点，对师范生培养起到一定影响。

## 一、方案构建

"化学教学论实验"课程是高校师范化学专业的一门必修课，也是体现高等院校化学专业特色的主要课程之一，其教学质量的高低将直接影响所培养的未来中学化学教师的素质。通过本课程的学习，使化学师范生掌握中学化学教学中典型实验的教学方法和典型化学仪器在中学化学实验教学中的应用。训练化学师范生准备化学演示实验和师范生实验以及进行化学实验教学的初步能力。培养化学师范生设计和改进中学化学实验、改装实验仪器的初步能力，不仅要在实验操作技能上达到熟练水平，而且在实验教学能力上有所提高，为走上中学化学教学岗位打下坚实的基础。

（一）设计目的

通过对"化学教学论实验"课程教学大纲的解读，得出具体的项目化学习目标，找到项目化学习设计和突破点，目的在于从学习方法、学习内容、学习主体、学习形式等方面全面改革，为培养优秀的中学化学教师打下良好的基础。

（1）在学习方法上，项目化学习是融合探究性学习和研究性学习的方法，以师范生的自主学习和合作探究为主。师范生参与到项目的各个环节，探究关于中学实验的疑难问题，围绕感兴趣的项目进行自主合作探究性学习。

（2）在学习内容上，以真实情境为导向，与中学化学教学紧密联系，把新课程理念融入化学教学论实验中，加强了化学教学论实验课程与中学的联系。师范生能够在解决现实情境中的问题中获得知识、提升能力，并通过反思构建自己的知识和提高能力。

（3）在学习主体上，项目化学习打破以教师为主导、单一教学方法的学习模式，学习者能够体验多重角色带来的学习挑战，教师对师范生进行指导与评价，根据师范生的学习进展适时调整教学策略。

（4）在学习形式上，以小组合作为组织形式，项目小组成员由四个师范生构成，并设立项目主持人一名，以小组为单位合作学习，共同完成项目，最终教师综合个人表现和小组整体表现为每一位师范生给出具体的、有针对性的评价。

如何构建基于化学师范生教学能力培养的项目化学习模式成为重中之重。怎样才能更全面把握，考虑周全呢？带着这些问题，采用美国政治学家拉斯维尔提出的 5W1H 分析法逐步对问题进行分解、分析和决策的思路。具体参考图 3－1。

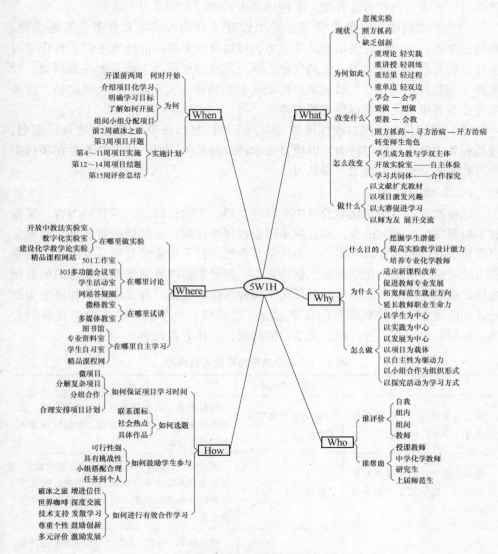

图 3－1　化学教学论实验项目化学习思维架构

## （二）设计意义

将项目化学习应用于"化学教学论实验"课程，依据教学大纲，本着以全面提高师范生实验能力的原则，通过对整个教学过程的分析与设计，得到项目化学习的设计方案、实施流程和评价体系。全面推动师范生的实践学习，改变目前师范生被动接受知识的局面，构建以师范生为中心的教学模式。

（1）在设计上，为化学师范生学习构建一种新的学习方案，丰富和发展探究性学习模式的理论体系，以项目内容激发学习兴趣，以提高师范生从师技能为着眼点，力求过程与方法并重，促使师范生转变原有的学习方法。

（2）在实践中，项目化学习方案中设计项目内容、项目任务、实施步骤、评价标准等，以项目任务培养从教能力，可以有效解决当前师范生自主合作学习中存在的问题，实现培养方案的优化。解决教学过程师范生培养中"重理论，轻实践"的传统培养途径，找到培养师范生创新精神和实践能力的有效途径，为师范专业开展项目化学习提供实践参考。

（3）在评价中，以过程性评价为主，全程监督和评价，通过制定评价细则，规范和要求师范生学习行为。以项目要求评价师范生学习，使得师范生在项目中学习和进步，让学习真正充满活力。

（三）设计依据

课程改革以后中学化学教材中实验的类型、实验的数量、实验的内容、实验的手段等发生了很大改变，而且越来越重视科学探究。在这样的背景下，就需要提高化学教师的实验教学能力，为化学有效教学打下坚实的基础。提高实验教学能力的关键在于培养化学师范生创新意识，拓展实验内容是培养创新意识的最佳途径，也就是对中学化学内容进行化学实验深化、挖掘。为了使化学师范生实践新课程的理念，体验新课程的教学过程，需要结合化学教学论实验课程教学大纲，规划教学内容，进行项目化学习的构思，具体分析见表3-1。

表3-1　化学教学论实验项目构思

| 教学大纲 | 实验内容改革 | 项目构思 |
|---|---|---|
| 掌握实验室安全、实验操作规范及仪器的基本使用方法 | 强化实验室安全训练 | 实验准备：认真研究教材和文献资料，选定实验方案，明确实验原理、实验仪器及正确的使用方法 |
| 要求师范生进行化学探究实验的设计，组织化学实验课或活动课 | 加强研究性学习 | 实验设计：依据预习报告，进行实验预试。详细记录实验中存在的问题和现象。探究实验条件、装置、步骤、现象，汇报实验进展及结果 |
| 熟练掌握中学化学演示实验的基本操作和中学化学实验教学技能 | 规范演示实验教学技能 | 模拟教学：由项目小组成员作为教师设计教案、制作教学课件、试讲、准备师范生实验。讲解实验原理并演示规范实验操作，强调操作要点和实验注意事项。组织师范生实验，指导师范生操作，处理师范生实验中出现的问题；如实记录师范生实验，纠正师范生操作错误。收集、批改预习报告和实验报告成绩 |

续表 3 – 1

| 教 学 大 纲 | 实验内容改革 | 项 目 构 思 |
|---|---|---|
| 培养师范生利用简易材料动手自制微型实验仪器，并进行微型实验设计和操作的训练加强探究性实验 | 增加绿色化实验 | 微型实验设计：观看微型实验录像，利用生活中废弃的、价廉易得的物品进行组装和设计实验，并作为课堂实验教学的补充。使得实验装置达到小型化、简洁化、绿色化 |
| 初步掌握用数字化手持技术进行中学化学实验教学设计与探究 | 增加手持技术实验 | 手持技术实验：对一些难以理解的科学概念和原理，借助数字化实验变得容易认知。利用仪器自动显示给师范生清晰的实验结果，对实验原理进行解释 |
| 初步掌握用中学化学仿真实验软件进行化学实验设计 | 增加仿真实验 | 仿真实验设计：实现实验原理的动画演示到大型仪器的操作规范，以及实验过程的微观分析等。运用化学知识与技能自主选择化学实验仪器、设计组装实验装置、模拟实验过程及现象 |
| 学会从认知心理、环境保护、科学素养等角度综合考虑实验改进、实验设计基本方法 | 增加综合实验 | 综合实验设计：将有关元素化合物的制备、性质和应用有机地综合起来，既能有助于师范生知识建构，还能为考察师范生基础实验操作技能掌握情况 |
| 具备现代教育理念、教学评价观念和评价能力 | 增加实验评价 | 项目评价：由项目小组自主编制师范生实验报告评分准则（预习报告、实验操作、实验报告）。对师范生实验中预习、实验操作等进行分析和反思 |

项目构思基本满足师范生实验教学能力的发展，为化学师范生创造多做实验的机会，师范生自主设计实验和讲解实验；开设与生活联系密切的实验、趣味性实验、探究性实验、研究型实验和综合性实验；增加研究型实验的难度，增加实验的趣味性、实验原理的训练，增加实验教学次数、实验教学的课时；在实验过程中，严格遵守实验操作，注意实验安全，培养基本实验操作技能和安全知识；多使用各类实验仪器，严格要求师范生要有严谨的科学态度；通过具体的实验设计，训练设计实验的能力；应注重培养师范生改进实验的能力，提高师范生的创新实验能力；鼓励大四师范生担任中教法实验助教；举办实验技能大赛，让师范生在竞技中提高实验技能，提升自信；建立实验研究活动室，定时开组会；在实验教学中多反思，阅读与实验相关的文献和书籍，与教师、同学多交流，寻找实验中的问题，最终解决问题。

（四）设计方案

开展项目化学习，使师范生成为项目活动中"教"与"学"的双主体，项目化学习以化学师范生能力培养为中心，以实践为中心，以综合能力发展为中心，以学习项目为载体，以师范生学习自主性为驱动力，以小组合作为组织形式，以探究活动为学习方式的本硕互动教学模式。项目实施包括师生拟定项目—制订计划—活动探究—作品制作—成果交流—活动评价。形成以文献扩充教材，以科研促进学习，以大赛促进发展的高效、高质的学习情境，有助于师范生教学能力提高和综合素质发展。

这里的"项目"指的是能引起师范生学习兴趣、对中学化学实验深入学习并进行设计和开发的活动。具体表现为构想、完善、制作中学实验教具，甚至是开发些探究实验和综合实验，例如微型实验设计与开发、手持技术实验的设计与开发、仿真实验与中学实验的整合应用等。师范生的培养不再只是要求掌握中学化学实验操作，而是从项目的立项、项目范围的确定、项目的管理与实施，到项目的完成，时间跨度可以是几周甚至一个学期，都要求师范生能在教师的指导下进行研究性学习。化学教学论实验项目化学习的设计思路具体见图3-2。

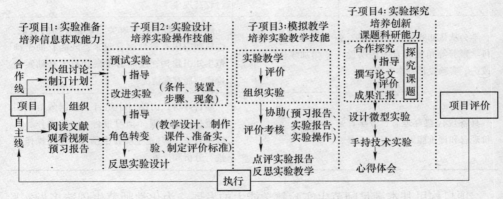

图3-2  化学教学论实验项目化学习的设计思路

**（五）方案解读**

**1. 一个基本点**

2011年国家教育部关于大力推进教师教育课程改革，围绕培养高素质专业化教师的目标，坚持育人为本、实践取向、终身学习的理念，实施《教师教育课程标准（试行）》。提出创新教师培养模式，强化实践环节，加强教育教学能力训练，着力培养师范生的创新精神和实践能力，本项目着力培养化学师范生从教所具备的化学实验教学能力。

**2. 两条主线**

在化学教学论实验项目化学习中，学习活动可分为师范生自主探究和合作学习两条主线，自主线即每个师范生需要就自己主负责的子项目进行探究性学习，包括文献资料的整理，实验设计，把探讨出的实验设计思路分享给全班同学，进行反思和评价。要求小组成员适当担任一定的角色，如实干家、推动者等，各自承担一定项目任务，分头研究和解决不同任务，促进师范者对某些复杂事物的思考深度。合作线即小组成员互相评价实验设计方案，反复进行实验预试，针对实验主讲人在实验演示、讲解、组织过程中存在的主要问题进行评价，最终四人小组将各自的项目成果进行汇编，共同分享。师范生在项目实施过程中，不懂的地方可以互帮互学，相互指导，发现问题相互纠正，碰到难题集中讨论，有利于培养师范生的团队协作精神。

3. 三个基本中心

三个基本中心具体如下：

（1）项目化学习以师范生为中心。在项目学习活动中，教师根据教学内容，结合专业特点，设计一个或多个师范生能用所学知识和技能解决的项目。在整个项目活动过程中，师范生根据自己的兴趣，凭借自己对已有知识和技能的理解掌握情况，自行设计方案，教师给予适当的指导，师范生运用自己认为合适的、有效的方式去完成项目，最终进行展示和交流。项目结果通常呈现个性化，不存在整齐划一的标准答案，只要达到教师提出的项目要求即可，充分体现因材施教的教学理念。

（2）项目化学习以实践为中心。在项目完成的过程中，师范生在项目活动中通常需要一边查阅文献学习一边实践练习，能够达到对相关理论知识和技能的学习，体验到追求成功的艰辛与乐趣，培养师范生探索知识的能力、自主学习的能力以及分析和解决问题的能力。

（3）项目化学习以综合素质发展为中心。项目化学习的最终结果不是师范生单纯的知识和技能的掌握，而是师范生从教职业能力的提高。这种综合的能力不是靠教师教会的，而是师范生在实践中逐渐养成的。这就要求教师在项目中为师范生创设一定的职业情景，置身于模拟的工作环境中学习，有身临其境的感觉。

4. 四项基本观念

四项基本观念为能力观、联系观、结构观和综合观。能力观即以培养师范生能够完成实际的工作任务的职业能力为目标。联系观即项目任务与教学大纲的联系是非常重要的，另外还要注意多学科之间的相互联系。结构观即要求项目教学中的课程结构与实际工作结构基本相符。综合观即强调知识与知识、知识与项目任务、项目任务间呈现一体化。

5. 五步走战略

项目化学习是一种新型探究性学习，强调以师范生为中心，强调小组合作学习，要求师范生对具体中学化学实验进行探究。具体流程包括：实验准备、实验设计、模拟教学、实验探究和实验评价等五个步骤。具体见本章第二节化学教学论实验项目化学习实施。

## 二、项目学习目标制定

本项目学习目标是在分析化学师范生实验教学所需的知识目标、能力目标、学习能力的发展、解决问题能力的提高、情感目标等基础上构建的，这与传统学习目标强调师范生对知识的掌握、能力的培养等是有差异的，前者具有更大的开放性与综合性，更合乎现代社会对教育的要求。

（1）知识目标。中学化学实验知识主要包括以下三方面内容：其一是化学实验事实知识，主要指师范生通过化学实验所获得的直接实验事实和通过上网查阅等其他方式获得的间接实验事实；其二是有关化学实验仪器和药品方面的知识，主要指常见化学药品的颜色、状态、浓度、化学性质以及存放、取用等知识，常见化学仪器的名称、构造、规格、用途、操作等知识；其三是化学实验安全方面的知识，主要包括化学实验中易燃、易爆、安全操作和防止事故发生的知识，有毒和腐蚀性的药品的使用、储存的知识。

（2）能力目标。对化学教学论实验培养内容进行重构，整个内容体系由中学化学基础实验、探究性实验、微型化学实验、手持技术基础实验组成。中学化学基础实验着重培养师范生实验教学能力，师范生经历实验准备、实验操作、实验讲解、实验组织、批改实验报告、反思实验的过程，逐步提高化学师范生实验教学技能。由反思实验开始就实验内容本身值得探究的问题设计探究实验，培养探究性、创新性能力。能力目标体系划分为 7 个一级指标和 34 个二级指标，具体见表 3 - 2。

表 3 - 2　化学教学论实验项目化学习目标

| 一级指标 | 二级指标 |
|---|---|
| 准备实验能力 | 1. 理解并掌握实验原理 |
| | 2. 设计合理、可行的实验方案 |
| | 3. 准备实验药品及仪器 |
| | 4. 写出实验讲稿及实验教案 |
| | 5. 设计合理的实验操作评分标准和评分量表 |
| | 6. 反复练讲 |
| | 7. 熟练演示实验操作 |
| | 8. 熟知讲解实验教学 |
| 操作实验能力 | 9. 认识实验所需的各类药品及仪器 |
| | 10. 配制实验常用试剂和溶液 |
| | 11. 熟练操作实验 |
| | 12. 掌握拆分实验装置的步骤 |

续表 3 – 2

| 一级指标 | 二级指标 |
|---|---|
| 实验教学能力 | 13. 熟练讲解实验 |
| | 14. 运用多种教学技能优化教学结构 |
| | 15. 调动师范生的积极性，与师范生频繁互动 |
| | 16. 讲解配合演示 |
| 组织师范生实验能力 | 17. 组织、协调师范生分组实验 |
| | 18. 记录师范生实验情况，并纠正师范生操作错误 |
| | 19. 处理师范生实验时遇到的突发情况 |
| | 20. 引导师范生在实验过程中讨论解决新发现的问题 |
| | 21. 鼓励师范生积极探索实验，研究创新小实验 |
| 批改实验报告能力 | 22. 设计实验报告评分标准 |
| | 23. 设计实验报告评分量表 |
| | 24. 及时收集、批改预习报告和实验报告并记录成绩 |
| | 25. 分析预习报告、实验过程及实验报告状况等 |
| | 26. 总结师范生实验中存在的问题 |
| | 27. 及时反思实验教学的优缺点，改进完善 |
| 改进创新实验能力 | 28. 通过实验教学反思，积极探究改进实验 |
| | 29. 通过实验教学反思，寻找创新小实验 |
| | 30. 反思实验设计 |
| | 31. 设计创新实验 |
| 实验考核 | 32. 熟练掌握实验基本操作 |
| | 33. 设计并操作微型实验 |
| | 34. 设计探究性实验 |

（3）项目学习目标。教师必须确立总体的学习目标，学习目标是项目化学习的内在动机，它有助于形成一种精神并鼓励师范生们彼此帮助。教师要根据教学要求和师范生的认知基础，制定项目化学习的总目标，确定师范生应该达到的水平或获得的能力，其中包括专业教学目标和与探究性学习能力养成有关的目标。然后根据总目标制定学习的分步目标，各分步目标也可以由师范生自己制定，这样做可以训练师范生制订学习计划的能力。化学教学论实验项目化学习目标的构建过程如图 3 – 3 所示。

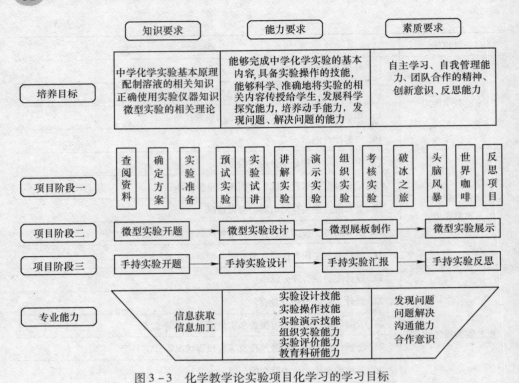

图 3 - 3　化学教学论实验项目化学习的学习目标

### 三、项目学习活动设计

　　学习活动是指学习者为了完成特定的学习目标而进行的操作总和，学习活动的设计是学习模式设计的核心内容。学习活动包括专题讲座、汇报交流、主题研讨等，这些学习活动可以交叉进行，可以由教师组织也可以由师范生根据项目需要自发开展。通过形式多样的学习活动，循序渐进地扩展师范生的知识结构，开阔师范生的知识视野，培养师范生的创新意识，启迪师范生的创新思维，加强师范生的合作意识，提高师范生的综合素质。

　　（一）专题讲座

　　专题讲座是利用教师提供的学习资源和必要的实物、认知工具、交互工具，动手操作、动脑思考，形成对问题独特的见解。可以邀请在某领域有独特见解和深入学习的专家和学者、一线教育工作者进行面对面的交流，师范生和报告人讨论交流，实现共同学习的良好学习氛围。也可以通过观看网络视频资源进行学习后，组织师生激烈讨论的形式。也可以鼓励师范生按照自己的兴趣和项目的需要定制专题讲座，以一种潜移默化形式优化项目化学习效果。

　　（二）汇报交流

　　汇报交流是根据学习目标，对师范生项目作品进行展示，并组织评委团进行评价，运用多种评价方式总结学习过程和结果的优缺点，为后续学习积累经验。通常也可以采取竞赛的方式，促使项目小组投入更多精心和充分准备，提高作品的质量。评委团对于表现良好的给予一定奖励，针对存在的不足给予意见，以便进行修改和提升。

（三）主题研讨

主题研讨是专门针对某一具体主题在集中场地进行研究、讨论交流的会议。参与者就收集的资料、自主探究得到的成果与其他成员交流，进行协商讨论，解决问题，达成共识。它是以问题为引子，集合多元化的观点，集思广益的过程。主题研讨的形式有头脑风暴、案例研讨、世界咖啡等。

1. 头脑风暴

头脑风暴是一个由团体或个人共同创造或发展观点的技术，通过短时间内让参与者围绕一个具体问题，提出各类创新或可行方法，而激荡出多元优质方案的过程。头脑风暴更适合寻求多种解决方案或者对一件事需要不同创意。

2. 案例研讨

案例研讨是团队共同学习新知识或技能后，需要师范生主动参与和讨论，在一个相对短的时间内研讨典型案例，借用案例中实际经验，解决问题的有效途径。

3. 世界咖啡

世界咖啡作为新型研讨方式，在一种开放的、愉悦的气氛中相互交换意见，相互分享和沟通，最后达成共识。它是一种提高参与度的方法，是联结多元思维的有效途径。适用于创造共识和发现问题，强调尊重和鼓励每个参与者发表意见。

为了让"化学教学论实验"项目学习更顺利地进行，在项目进展的不同阶段，设计一系列体现师范生主体性的学习活动，教师尽可能多地把学习的主动权交给师范生，引导师范生正确地对信息进行检索，随时掌握其学习进展，及时调整教学进程。教师引导师范生进行深层次思维活动，学会理解他人的观点，并对各种观点进行系统整理，激发师范生学习兴趣，反复尝试多种设计方案。化学教学论实验项目化学习活动设计具体可参考表 3 - 3。

表 3 - 3 化学教学论实验项目化学习活动设计

| 序号 | 项目 | 学习活动 | 具 体 内 容 |
|------|------|----------|-------------|
| 兴趣引导 | 破冰之旅 | 活动 1 项目启动 | 介绍微型化学实验项目化学习的目的、实施任务、学习要求、评价量规 |
| | | 活动 2 组建团队 | 成立 6 人小组，讨论队名、队呼、承诺；进行角色分工，包括评选出实干家、凝聚者、推动者、监督者、智多星、协调员等 |

续表 3 - 3

| 序号 | 项目 | 学习活动 | 具 体 内 容 |
|---|---|---|---|
| 兴趣引导 | 破冰之旅 | 活动 3 破冰活动 | 一个队名：永不磨灭的番号；一个队呼：最最响亮的口号 |
| | | 活动 4 成果展示 | 集体上台进行队名、队员角色介绍，展示队呼，队形合影 |
| | | 活动 5 破冰精神 | 推广"破冰号"精神，作为项目化学习的行动准则 |
| | | 活动 6 行动者宣言 | 全体进行项目化学习"行动者宣言" |
| 能力开发 | 培训学习 | 活动 1 文献资料途径 | 指导师范生利用中国知网查找文献资料、用 PDF 阅读器阅读管理文献资料 |
| | | 活动 2 微型化学实验讲座 | 组织师范生观看微型化学实验视频，了解微型化学实验，邀请专家进行相关讲座，介绍微型化学仪器的使用和经典的微型化学实验，让师范生有更进一步的认识和兴趣 |
| | | 活动 3 项目化学习报告册填写 | 师范生在教师的指导下，记录学习计划的完成、学习活动的实施、学习成果的汇总、学习目标的达成，并及时反思 |
| | | 活动 4 微型化学实验开题 | 确定选题，对查阅资料情况进行汇报。阐述要解决的问题、研究目的、设计思路、研究计划、创新点简介、预期成果等。根据汇报情况，组织专家进行评价和指导 |
| 思维创新 | 世界咖啡 | 活动 1 确定汇谈内容 | 主持人介绍世界咖啡的意义、活动流程，汇谈内容围绕微型化学实验设计，围绕微型化学实验知识的具体内容，创设有助于合作学习的情景，使师范生可以围绕主题主动地收集信息、选择信息、加工处理信息，并学习应用微型化学的知识解决问题。学会选择使用不同仪器达到实验意图 |
| | | 活动 2 建立"圆桌讨论" | 每个圆桌共计七人，一名为桌长，桌长组织成员讨论。 |
| | | 活动 3 咖啡上桌 | 找到自己的咖啡桌，桌长组织讨论，每人发言不得超出 1min，桌长针对研讨问题提出 5 个主要观点，绘制思维导图 |
| | | 活动 4 再来一杯，如何？ | 桌长留下，其他成员分散到另外不同咖啡厅，桌长热情介绍本桌首轮观点，来宾对新到咖啡厅发表观点，桌长记录、补充、完善上述 5 条观点，准备 5min 的汇报内容 |
| | | 活动 5 联结多元的观点 | 各桌集合，汇聚本桌观点，桌长代表汇报（每桌时限 10min） |
| | | 活动 6 鼓励大家发表 | 主持人及学员点评讨论结果 |

| 序号 | 项目 | 学习活动 | 具 体 内 容 |
|------|------|---------|------------|
| 拓展平台 | 项目汇报 | 活动 1 结题报告撰写 | 结题报告包括主要研究内容和成果以及项目效果评价 |
| | | 活动 2 汇报 PPT 制作 | 如何表述或者展示最终的研究结果 |
| | | 活动 3 结题汇报 | 对学习成果进行交流，组织同学把有新意的实验编写入实验讲义 |

# 第二节　化学教学论实验项目化学习实施

教师教学行为的转变是师范生学习方式转变的指挥棒，本节重点分析项目化学习在"化学教学论实验"课程的运用与效果，主要讨论如何设计合理的实施流程，项目选定后如何实施，实施过程中如何记录师范生学习过程。

## 一、实施框架

项目化学习是以学科的概念和原理为中心，通过组织各项目小组扮演特定的角色，师生共同实施一个完整的项目而进行的教学活动。"化学教学论实验"课程实施项目化学习，从《化学教学论实验》教材中选择 10 个中学化学教学中的经典实验作为"学习项目"，师范生依次经历确定项目—实验设计—模拟教学—微型实验设计—实验探究—汇报展示—评价反思阶段，每一阶段被划分为难度梯度化的任务，教师融合教学方法和管理策略，引导项目小组有计划、有目的地进行学习，最终达成"学习目标"，并进行成果汇报交流。

### （一）实施方式

化学教学论实验项目化学习的组织与实施由任课教师和研究生团队共同指导，教学时长 15 周，前 10 周项目内容选自中学化学教学中的经典实验，11～12 周微型实验项目开题，13～14 周设计微型实验展板，15 周评价项目学习成果。师范生以"准教师"的身份进行该门课程的学习，以异质小组合作学习的形式，进行全程学习实践活动。经历从熟悉实验准备到实验探究，从实验教学到实验组织，从批阅实验报告到反思改进实验教学等基本环节，掌握各环节的基本内容、方法和要求。

### （二）实施细则

化学教学论实验项目化学习实施细则包括中学化学实验教学项目、中学化学探究性实验项目、微型化学实验项目三部分实施细则，具体见表 3 - 4～表 3 - 6。

**表 3 - 4 中学化学实验教学项目实施细则**

| 序号 | 中学化学实验教学项目实施细则 |
|---|---|
| 1 | 每个项目小组参与 1～2 周实验教学 |
| 2 | 在教师指导下研习本周实验的教学目的、仪器药品准备、实验步骤、实验基本操作、实验注意事项、实验组织方法 |
| 3 | 进入实验室，准备分组实验仪器、药品，反复进行实验预试，做详细记录 |
| 4 | 写出实验报告和实验讲解教案 |
| 5 | 指导教师听取实验汇报，批阅实验报告，修改讲解教案，现场指导、检查实验预试 |
| 6 | 反复练习实验讲解，熟悉实验组织和指导，检查分组实验仪器药品的准备 |
| 7 | 小组代表讲解实验，教师对讲解做评价并做进一步要求和补充 |
| 8 | 实验小组和教师检查预习报告、指导全班同学进行实验，实验结束后进行实验讲评 |
| 9 | 小组整理、归位仪器药品，对本次实验准备、指导、实验情况进行小结 |

**表 3 - 5 中学化学探究性实验项目实施细则**

| 序号 | 中学化学探究性实验项目细则 |
|---|---|
| 1 | 组成 4 人项目小组，针对师范生在参与实验教学中发现的现象，提出问题 |
| 2 | 在教师的指导下，查阅资料，设计探究性实验方案 |
| 3 | 反复修改设计方案，反复实验，写出实验报告 |
| 4 | 汇报实验设计思路、实验结果、课堂教学应用并再现实验过程 |
| 5 | 实验考核组进行评价 |

**表 3 - 6 微型化学实验项目实施细则**

| 序号 | 微型化学实验项目细则 |
|---|---|
| 1 | 组织师范生观看微型实验录像，开展微型实验专题讲座 |
| 2 | 确定微型实验课题并开题汇报，搜集微型实验仪器 |
| 3 | 项目小组自己动手利用生活废弃品设计微型设计与反复预试 |
| 4 | 进行微型实验展板设计，录制视频，并处理视频 |

**（三）实施内容**

将化学教学论实验项目化学习目标分散到各个实验项目中，共设计 20 个实验，86 课时，包括基础实验、综合性实验、验证性实验、设计性实验四种类型，具体见表 3 - 7。

**表 3 - 7　实验项目实施内容**

| 序号 | 实验名称 | 类型 | 课时 | 实验目的 |
|---|---|---|---|---|
| 1 | 中学化学实验基本操作及微型实验录像观摩、玻璃工练习、仪器使用训练 | 基础 | 4 | 熟悉中学化学实验基本操作规范；了解微型实验在中学化学中的应用；进行拉制滴管等常用玻璃工训练 |
| 2 | 氧气的制取与性质实验研究 | 基础 | 4 | 掌握氧气的实验室制法及性质实验的操作技能；结合演示二氧化锰的催化作用，讲解催化剂的概念；初步掌握本实验的讲解方法 |
| 3 | 氢气的制取及性质实验研究 | 基础 | 4 | 了解启普发生器的构造、实验原理及操作技能；掌握氢气性质实验的操作技能；练习讲解氢气还原氧化铜的实验 |
| 4 | 氯气的制取及性质实验研究 | 基础 | 4 | 掌握氯气的实验室制法及性质实验的操作技能；能自行设计组合实验装置进行氯气的制取、收集、除杂、干燥、尾气处理及性质的综合实验；能自行设计检验氯气的探究性实验 |
| 5 | 氯化氢的制取及性质实验研究 | 基础 | 4 | 能自行设计检验盐酸的探究性实验；熟练进行喷泉实验，并掌握实验成功的关键 |
| 6 | 铝的性质实验研究 | 基础 | 4 | 掌握金属铝的活泼性质，铝及其氧化物、氢氧化物的两性；了解铝热法还原金属的反应；掌握沉淀的生成、离心、转移等实验技能 |
| 7 | 甲烷、乙烯、乙炔的制取及性质实验研究 | 基础 | 4 | 掌握甲烷、乙烯、乙炔的制法和性质实验的成功关键及演示技术；根据有机化学反应的特点，总结演示有机化学实验应注意的问题 |
| 8 | 纤维素的水解与酯化、乙酸乙酯的制取与水解 | 基础 | 4 | 掌握乙酸乙酯的制取与乙酸丁酯的水解、纤维素水解与酯化的演示技能 |
| 9 | 阿伏伽德罗常数的测定 | 基础 | 3 | 掌握用单分子膜法测定阿伏伽德罗常数的原理和操作技术 |
| 10 | 硝酸钾溶解度的测定 | 基础 | 3 | 掌握测定硝酸钾在水中的溶解度的实验方法及操作要领；掌握溶解度曲线的绘制方法；探讨减小该实验误差的方法，掌握实验技术关键 |
| 11 | 空气中二氧化碳含量的测定 | 基础 | 4 | 了解测定空气中二氧化碳含量的简便方法 |
| 12 | 胶体的制备与性质 | 基础 | 4 | 掌握胶体的制备及性质实验的操作技能 |
| 13 | 电解质溶液 | 基础 | 4 | 掌握离子迁移、电解水、电解饱和食盐水与电解氯化铜的实验演示技能。探索电解水代用装置、电极材料、电解质浓度、电压的选择对电解效果的影响 |

续表 3 - 7

| 序号 | 实验名称 | 类型 | 课时 | 实 验 目 的 |
|---|---|---|---|---|
| 14 | STS 综合性实验教学设计与探究 | 综合 | 8 | 培养师范生进行化学实验探究活动的设计及组织；能进行化学活动课实验的设计，并熟练进行操作 |
| 15 | 微型实验设计与操作 | 综合 | 4 | 培养师范生动手自制和利用简易材料来设计化学实验的技能；制作微型实验仪器，并进行微型实验设计和操作的训练 |
| 16 | 硫酸亚铁制备条件的探究 | 设计 | 4 | 了解硫酸亚铁的不稳定性，探究硫酸亚铁的最佳制备条件；体验化学反应条件（变量）的控制过程 |
| 17 | 数字化手持技术探究实验（一） | 设计 | 4 | 初步掌握用数字化手持技术进行中学化学实验教学设计与探究 |
| 18 | 数字化手持技术探究实验（二） | 设计 | 4 | 初步掌握用数字化手持技术进行中学化学实验教学设计与探究 |
| 19 | 数字化手持技术探究实验（三） | 验证 | 4 | 初步掌握用数字化手持技术进行中学化学实验教学设计与探究 |
| 20 | 中学化学仿真、虚拟实验设计 | 设计 | 8 | 初步掌握用中学化学仿真、虚拟实验设计软件进行化学实验设计 |

## 二、实施流程

### （一）项目任务

**1. 项目准备**

具体任务包括资源开发、材料选择，主要目的在于观察师范生是否能够科学合理地选材，并将其正确使用。避免为了改进而改进，反而增添实验操作或演示的难度和危险性。

**2. 项目开题**

具体任务包括确定选题、文献调研、确定研究思路及方法、开题报告撰写及汇报。主要目的在于使师范生明确项目研究的意义、目的，了解课题研究现状，体验如何部署研究路线和制订研究计划及方案等。

**3. 项目设计**

具体任务包括设计、方法、操作、现象、记录，主要目的在于了解所设计或开发的微型化学实验和手持实验设计是否凸显学科思想，并具有可操作性以及推广价值。

**4. 项目实施**

具体任务包括实验教学、实验评价。师范生在深入探究并取得成功的基础上，扮演"教师"的角色，为全班同学演示和讲解实验，对所负责的项目进行教学展示和汇报交流，讲明实验的注意事项和成败关键，解答其他师范生对实验过程的质疑。指导教师组织项目组成员以世界咖啡的形式进行讨论，对实验教学做评价并做进一步要求和补充。项目小组和教师一起批阅预习报告、指导全班同学进行实验，实验结束后进行实验讲评。项目小组整理、归位仪器药品。最后在微格教室录课，处理自己的教学录像，对本次教学设计、讲解、组织进行反思与小结。

5. 作品制作

具体任务包括作业汇总和展板制作。要求师范生对实验中发现的异常现象、尚不清楚的反应机理、实验现象不明显或不成功的方案等进行思考讨论，借助化学专著、科技论文、网络资源等进一步跟踪解决，并在研究报告中说明。研究报告要求师范生按照科技论文的规范撰写，其内容主要包括实验原理、仪器与药品、实验过程、注意事项、参考文献、实验教学设计、实验反思等。目的在于使师范生初步形成收集、分类、鉴别、提取和表达信息的能力。

6. 结题汇报

具体任务包括结题报告撰写、结题答辩，主要考核结题报告是否符合书写、排版规范，内容是否充实，研究是否深入，思路是否清晰，表达是否准确，逻辑是否严谨。

（二）实施流程

化学教学论实验项目化学习实验流程见图 3 - 4。

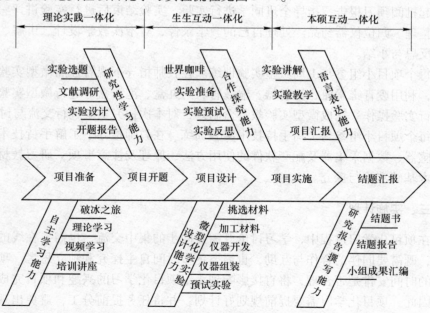

图 3 - 4　化学教学论实验项目化学习实施流程

（三）具体实施

每个项目小组参与 1 周实验设计训练。在教师指导下研习本实验的实验目的、仪器药品准备、实验步骤、基本操作、注意事项。在选择实验方案和实施实验教学任务时，要以教师的角色，体验"中学教师"进行实验教学的备课和模拟课堂演示实验教学上课的过程。提交预习实验报告后进入实验室，反复进行实验预试，做详细记录，提交实验报告。教师听取实验汇报，批阅实验报告。项目小组检查实验预试，检查分组实验仪器药品的准备，对本次实验准备、设计进行反思与小结。

每个项目小组参与 1 周实验探究性学习。针对"实验项目"中发现的问题，在教师指导下，查阅文献资料，在实验预试和记录的基础上，设计探究性实验。反复修改设计方案，反复试验，撰写小论文。汇报实验设计思路、实验结果、课堂教学应用并再现实验过程，对本次探究实验进行交流与讨论。

每个项目小组参与 1 周实验教学准备。准备实验讲解教案及配套教学课件。反复练习实验演示，熟悉实验组织和指导过程。指导教师修改实验教案并现场指导试讲。师范生在深入探究并取得成功的基础上，扮演"教师"的角色，为全班同学演示和讲解实验，对所探究的实验进行教学展示汇报交流，讲明实验的注意事项和成败关键，解答其他师范生对实验过程的质疑。同时要求他们既要把本组所研究的实验教会每一个"师范生"，还要以"师范生"身份学会其他各组实验的教学方法。指导教师对讲解做评价并做进一步的要求和补充。项目小组和教师一起批阅预习报告、指导全班同学进行实验，实验结束后进行实验讲评。项目小组整理、归位仪器药品。处理自己的教学录像，对本次教学设计、讲解、组织进行反思与小结。

每个项目小组参与 1 周微型实验训练。在教师指导下观看往届微型实验教学录像，利用废青霉素瓶、注射器、输液管、药丸盒、泡沫盒等进行微型实验设计并进行实验操作。完成微型实验教具盒制作，对本次探究实验进行交流与讨论。

每个项目小组参与 1 周手持技术实验训练。在教师指导下了解手持技术仪器的传感器、数据采集器及配套软件的使用方法、原理及注意事项。研习教材中手持技术基础实验与探究。

**三、实施计划**

在项目化学习过程中，学习讨论既需要同步的集中交流，也需要在线的异步交互，既需要同伴的合作与互助，也需要更多时间自主探究和独立思考。项目化学习的时间安排是否合理，将直接影响到小组项目化学习的兴趣和项目完成的效果。因此，项目化学习需要提前规划好计划，并将任务提前分工，避免出现学习活动流于形式、探究性学习的时间不够、项目来不及精细化处理、项目计划临时被打乱的情况。化学教学论实验项目实施计划包括准备、实施、结束等三阶段计划，各不相同，具体见表3－8～表3－10。

**表3－8　化学教学论实验项目准备阶段计划**

| 项目准备阶段（第一周） | |
|---|---|
| 教师 | 师范生 |
| 介绍项目化学习，了解与分析师范生需求 | 填写问卷调查，确定项目学习选题 |
| 准备所需装备（摄像机、录音笔、笔记本电脑、移动硬盘等） | 登记使用时间和次数 |
| 预定实验室、图书资料室、微格教室、作品展览室 | 登记使用时间和次数 |
| 联系中学化学教师、研究生 | 自行结对 |
| 讲座："中学化学实验装置改进" | 写听后反思 |
| 举行班会：项目化学习的启动——"破冰之旅" | 头脑风暴并讨论框架问题 |
| 建立班级合作小组，依据异质分组，分为8个小组，每组5人 | 确定成员、人员分工，形成项目小组，完成项目计划 |
| 设计并建立师范生文件管理方案（项目化学习报告册），以便了解项目进度 | 按项目任务，完成并提交作业 |

**表3－9　化学教学论实验项目进行阶段计划**

| 项目进行阶段（第二～十二周） | |
|---|---|
| 教师 | 师范生 |
| 培训：指导师范生查阅文献的方法；提供一些化学实验学习资源网站，方便师范生搜集资料 | 收集有关该实验的资料（教学设计、图片、视频等） |
| 进行项目开题汇报，为师范生拍一些工作照片 | 提交项目开题报告、任务书、计划表 |
| 查看师范生上传在公邮上的文件，并给予反馈 | 按计划进度上传学习资料 |
| 检查师范生的反思和学习，并根据需要创建新的项目活动 | 记录进度，写出反思日志 |
| 培训：思维导图在项目化学习中如何评价和筛选信息 | 对资料进行梳理 |
| 培训：如文字、图片、视频处理技术 | 对资料（文字、图片、视频）进行相关的技术处理，使之符合要求 |
| 班会：世界咖啡 | 围绕设计中存在的问题进行圆桌讨论 |
| 及时了解各小组学习进行情况，指导师范生修改学习方案，调整学习方式，保证学习的顺利进行 | 按项目任务中提出的要求，完成项目报告 |

**表 3 – 10　化学教学论实验项目结束阶段计划**

| 项目结束阶段（第十三～十五周） | |
| --- | --- |
| 教师 | 师范生 |
| 安排一次项目展示——"探究性学习汇报" | 分享研究成果，准备展出最终作品 |
| 把本项目中提出的问题整合进以后的项目中，以完善和拓展项目基本问题 | |
| 对项目进行反馈和总结 | 总结成功的经验和反思需要改进提高的地方 |

# 第三节　化学教学论实验项目化学习评价

本节重点介绍项目化学习评价的具体细则的设计与应用。项目化学习中，教师必须及时掌握各项目小组学习进展，及时查找和纠正存在问题，保证项目顺利进行。成功的评价和管理项目化学习需要建立在正确设计和应用评价细则的基础上。

## 一、项目合作学习评价

### （一）设计原理

"化学教学论实验"项目包括项目准备、项目开题、项目设计、项目实施和结题汇报等过程。依据自主学习能力、研究性学习能力、合作学习能力、实验设计能力和语言表达能力等培养目标制定"项目任务"，明确提出项目要求，对学习结果做出量化评价，科学客观的评价对师范生学习积极性具有激励作用。因此，构建一个过程性、主体式的评价细则至关重要，能够对师范生进行过程指导和评价。

### （二）设计方法

以微型化学实验项目化学习为例说明，结合微型化学实验的设计方法和原则，以微型化学实验项目任务和要求确定项目准备、项目开题、项目实施、结题汇报环节的评价细则。

### （三）评价细则

评价细则的制定包括项目准备、项目开题、项目实施、结题汇报等 4 个环节为一级指标，将项目开题划分为实验选题、文献调研、确立研究思路及方法、开题报告撰写和汇报 5 个二级指标和 10 个三级指标。项目准备划分为资源开发和材料选择 2 个二级指标和 10 个三级指标。项目实施划分为设计、方法、操作、现象、记录 5 个二级指标和 13 个三级指标。项目结题划分为结题报告撰写、结题答辩、成果汇报 3 个二级指标和 6 个三级指标，具体见表 3 – 11 ～ 表 3 – 14。

## 表 3 – 11　化学教学论实验项目开题评价细则

| 一级指标 | 二级指标 | 三　级　指　标 |
|---|---|---|
| 项目开题 | 实验选题 | 1. 确定课题内容和要解决的问题 |
| | | 2. 选题新颖，题目大小恰当 |
| | 文献调研 | 3. 文献调研广泛，资料阅读充分 |
| | | 4. 了解本课题研究动态，进行文献综述，综合分析能力强 |
| | 研究思路及方法 | 5. 预设研究思路和步骤 |
| | | 6. 研究思路合理，研究方法可行 |
| | 开题报告撰写 | 7. 开题报告完全符合规范要求 |
| | | 8. 排版清晰，结构合理 |
| | 开题汇报 | 9. 语言陈述简练正确 |
| | | 10. 思路清晰，内容充实 |

## 表 3 – 12　化学教学论实验项目准备评价细则

| 一级指标 | 二级指标 | 三　级　指　标 |
|---|---|---|
| 项目准备 | 资源开发 | 1. 基本未使用现有实验仪器 |
| | | 2. 自主开发实验仪器 |
| | | 3. 资源开发多样 |
| | | 4. 资源使用合理 |
| | 材料选择 | 5. 不易破损，安全性高 |
| | | 6. 取材便利，价钱便宜，降低成本 |
| | | 7. 体积小，轻便易携带 |
| | | 8. 利于实验观察 |
| | | 9. 性能稳定，便于操作，有利于实验完成 |
| | | 10. 数量充足，可重复利用，便于保存 |

## 表 3 – 13　化学教学论实验项目实施评价细则

| 一级指标 | 二级指标 | 三　级　指　标 |
|---|---|---|
| 项目实施 | 设计 | 1. 设计新颖，凸显绿色化学理念 |
| | | 2. 实验装置布局合理美观，便于操作 |
| | 方法 | 3. 具有可操作性 |
| | | 4. 具有推广价值 |
| | 操作 | 5. 正确使用仪器 |
| | | 6. 操作程序科学，不错乱 |
| | | 7. 注意实验安全 |
| | | 8. 能正确处理实验中的偶发事件 |

续表 3 – 13

| 一级指标 | 二级指标 | 三　级　指　标 |
|---|---|---|
| 项目实施 | 现象 | 9. 可见度较好 |
| | | 10. 实验现象与常规实验条件下一致性高 |
| | | 11. 能利用实验现象说明科学原理 |
| | 记录 | 12. 实验记录完整、翔实 |
| | | 13. 实验报告书写规范 |

表 3 – 14　化学教学论实验项目结题评价细则

| 一级指标 | 二级指标 | 三　级　指　标 |
|---|---|---|
| 结题汇报 | 结题报告撰写 | 1. 结题报告符合书写、排版规范 |
| | | 2. 实验数据真实，内容充实，研究深入 |
| | 作品汇报 | 3. 制作艺术性强，设计美观大方 |
| | | 4. 内容丰富，表现形式多样 |
| | 答辩汇报 | 5. 陈述语言简洁，思路清晰，表达准确 |
| | | 6. 提问回答准确，逻辑严谨 |

## 二、项目自主学习评价

项目自主学习评价是对每个师范生个人学习情况和表现进行评价，可采取师范生自评、他评和师评相结合的方式。评价包括实验报告、实验教学和实验设计三方面。其中实验报告评级细则划分为实验目的、实验原理、实验用品、实验装置、实验步骤、实验现象、实验解释、数据处理、实验结论、注意事项、实验反思、思考题等12项评价内容，设计25条评价细则。实验教学评价细则划分为教师教学、师范生学习、课程性质、课堂文化等4项评价维度，设计22条评价细则。实验设计划分为预计问题、查明信息、分析问题、解决问题、反思、沟通方法等6项评价内容，共设计6条评价细则，具体见表3 – 15 ~ 表3 ~ 17。

表 3 – 15　实验报告评价细则

| 序号 \ 项目 | 内　容 | 评　分　细　则 |
|---|---|---|
| 1 | 实验目的 | 1. 实验目的明确、清晰 |
| | | 2. 对实验目的了解清楚，全面 |
| 2 | 实验原理 | 3. 实验原理完整，清晰 |
| | | 4. 熟练掌握实验原理并能简洁地表达出来 |

| 序号 项目 | 内　容 | 评　分　细　则 |
|---|---|---|
| 3 | 实验用品 | 5. 实验用品齐全、正确 |
| | | 6. 清楚实验仪器种类、数量 |
| 4 | 实验装置 | 7. 装置图完整，符合事实，所做图像美观大方 |
| 5 | 实验步骤 | 8. 步骤完整，无遗漏，操作符合实验规范 |
| | | 9. 语言简练，并能较清楚地表达 |
| | | 10. 对操作步骤、注意事项有详细说明 |
| 6 | 实验现象 | 11. 准确记录实验现象 |
| | | 12. 完整记录数据 |
| 7 | 实验解释 | 13. 实验现象解释正确 |
| | | 14. 符合科学事实 |
| | | 15. 实验现象若有较大偏差或异常，有合理说明 |
| 8 | 数据处理 | 16. 正确处理数据，得出结论 |
| | | 17. 方法熟练 |
| 9 | 实验结论 | 18. 通过实验数据得出正确的实验结论 |
| | | 19. 符合科学事实 |
| | | 20. 误差分析 |
| 10 | 注意事项 | 21. 注意事项全面完整，无遗漏，语言简练 |
| 11 | 实验反思 | 22. 实验反思仔细认真，能发现实验不足和成功之处 |
| | | 23. 反思中能提出对于实验的独到理解，有创新性建议 |
| 12 | 思考题 | 24. 思考题有合理清晰的解答，语言言简意赅 |
| | | 25. 思考题数量完整，书写工整 |

### 表 3 – 16　实验教学评价细则

| 评价维度 | 评　价　细　则 |
|---|---|
| 教师维度 | 1. 教师选用讲演实验课的媒体类型是什么？ |
| | 2. 教师在讲解实验之前是否说明本节课的目的？ |
| | 3. 教师在演示实验前能否为师范生提供直观感性的说明？ |
| | 4. 教师在演示实验时，操作能否做到规范？ |
| | 5. 教师在演示实验时，是否请师范生参与，做到师生互动？ |
| | 6. 教师在演示实验过程中的行为是讲解完演示、演示完讲解还是边演示边讲解？ |
| | 7. 教师在演示实验的过程中对师范生的行为是指引观察、提问、启发思维还是都涉及？ |
| | 8. 教师在演示时对师范生的要求是仔细观察、思考、做记录还是没有要求？ |
| | 9. 教师演示结束后是否整理小结？ |

续表 3 – 16

| 评价维度 | 评 价 细 则 |
|---|---|
| 学生维度 | 10. 教师演示时，师范生行为是学习行为还是非学习行为？（举例说明） |
| | 11. 师范生对演示工具的兴趣是很感兴趣还是没兴趣？ |
| | 12. 师范生能否通过演示工具达到对知识的理解？ |
| | 13. 师范生是否通过教师的演示得到初步结论？ |
| | 14. 师范生的学习热情是否因为教师的演示有所提高？（举例说明） |
| 课程性质 | 15. 教师教学采用的方式是问题驱动还是创设情景等？<br>（1）问题驱动：教师预设了哪些问题、教师如何引领师范生思考、教师如何处理生成的问题、效果等；<br>（2）创设情景：预设情景内容、情景呈现形式、预设的问题、教师的指导、多用的时间、效果等 |
| | 16. 师范生的反馈情况？<br>（1）学习表情（兴奋、一般、无所谓）；<br>（2）学习行为（观察、倾听、讨论、思考等）；<br>（3）参与的人数比例 |
| | 17. 教学资源的整合（如何整合教学资源以达到教学目标） |
| 课堂文化 | 18. 师范生是如何思考的？ |
| | 19. 师范生的思考习惯有哪些？（讨论、笔记、看书、查阅资料、课堂作业等） |
| | 20. 师范生是否倾听教师的声音？ |
| | 21. 教师的目光分配（全班师范生、前排、中间、后排、回答问题的师范生、黑板板演的师范生、注意力不集中的师范生、黑板投影屏幕电脑学习资料、与学习无关的事物等） |
| | 22. 课堂气氛如何？师生是否互动？ |

## 表 3 – 17　实验设计评价细则

| 评价指标 | 评 价 细 则 |
|---|---|
| 预计问题 | 1. 我预计在复杂项目中会出现的、不同种类的问题，并设法在这些问题发生之前解决 |
| 查明信息 | 2. 我清楚地列出了项目学习需要的资料纲要。懂得从网络和怀集图书馆查找信息，准备充分，精心收集资料 |
| 分析问题 | 3. 我在开始解决问题之前，仔细分析了问题的所有特征 |
| 解决问题 | 4. 我使用学过的策略和工具，以及化学学科领域的知识来圆满解决问题 |
| 反思 | 5. 我反思解决问题的过程，评估怎么样才能工作得更好，必要时做出修改 |
| 沟通方法 | 6. 我清晰和全面地阐述了解决问题的过程和结果 |

### 三、项目学习报告评价

#### (一) 设计思路

"化学教学论实验"课程的核心任务是培养师范生的化学实验教学和化学实验研究技能。化学教师实验研究的基本任务就是能够根据中学化学教学内容的需要和中学化学实验教学的要求，以及中学现有设备条件的情况，设计和改进中学化学实验、装配实验仪器。通过多年教学实践，师范生中存在实验设计依赖于传统设计理念，缺乏考虑教学实际的需要的经验，对疑难实验缺乏深入系统的研究，未能提出简捷、有效、巧妙的改进方案等问题。实验探究是一个严谨的研究过程，通过文献资料阅读和头脑风暴激发灵感，将设计方案进行记录。因此可以设计项目化学习报告册，用于项目小组将计划、方案记录，教师可以及时检查报告册填写情况，便于了解项目进展情况。

小组讨论的次数不断增加，项目方案可能会不断被推翻，需要一种工具汇聚灵感和思路，这种工具就是思维导图。思维导图是提高大脑思维能力的一种工具，能够帮助调动左右脑分工，使大脑得到充分的开发，有助于发掘人的记忆、创造、语言、精神、沟通等方面的潜能。化学实验研究中，思维导图可以用于文献阅读分析、提出有价值的探究问题、联结实验设计思路、实时增添新思路、制定实验操作步骤、关键实验现象数据记录和描述、促进实验反思等。因此，在项目化学习报告册的设计中，可以融入思维导图理念和工具，便于师范生开阔思路，这种报告册同样可以用于评价师范生学习。

#### (二) 设计原则

**1. 启发性原则**

通过给出思维导图的基本框架图和"助思提纲"，师范生能够根据思维导图不断进行思维拓展，根据提纲有步骤地完成项目，培养师范生发现问题、解决问题的能力，逐步让师范生管理自我学习，养成良好的学习习惯。

**2. 鼓励性原则**

创造人人参与的机会，激励每个师范生发表个人的想法和思路，在项目组内鼓励大家相互参考借鉴，相互提出质疑和意见。通过在报告册的每一本的每一页编写不同的名人名言，让师范生感受到教师对自己的期许和鼓励，拉近师生间的距离。

**3. 实用性原则**

报告册的填写不要成为项目学习的负担，不要求记录完整或书写整齐，只要记录出关键字，突出重点，启发难点，理清思路即可。

**4. 分层推进原则**

提纲的设置符合大多数师范生认知水平，兼顾不同认知水平层次的师范生，

68

不去限制具体的思考问题，提纲难易度应适中，要有方法指导、学法训练，能够引发师范生思维，让每一个师范生都能参与其中。

5. 管理性原则

在项目进行中，教师定期检查报告册填写情况，反映学习过程中已解决问题和亟待解决的问题，教师有针对性找师范生谈话。在头脑风暴中，用思维导图记录每个人的发言关键想法，一方面防止遗漏关键信息，另一方面要求每个师范生都要参与其中。

（三）结构体系

项目化学习注重不断的自我认识、自我教育、自我激励、自我控制的动态过程，逐步趋向自我完善。师范生自我管理能力是项目化学习中着重培养的能力之一，包括知识技能、社会生活和行为心理等三方面。

报告册包含 10 个模块，分别为前言、"化学教学论实验"项目的学习要求、"化学教学论实验"项目化学习行动者宣言、"破冰号"精神、项目开题申请书、项目分工计划表、项目自主学习记录簿、项目合作探究记录簿、个人心得体会、项目指导教师评价表等模块。每个项目小组一份报告册，项目以 5 人异质小组为例，项目自主学习记录簿、个人心得体会、指导教师评价表各 5 份。"化学教学论实验"项目化学习共有 6 个子项目，项目合作探究记录簿为 6 份。

# 第四节 化学教学论实验项目化学习案例

本节将化学师范生实验教学素质大赛作为项目化学习结题汇报的子项目，进行大赛内容和流程的策划、启动策划、中期培训活动策划，结合实际实施情况给出大赛总结报告，展示项目小组的作品包括开题报告和结题报告，便于师生共同参考。此次化学师范生实验教学素质大赛，旨在提高师范生化学实验兴趣，训练和巩固化学实验操作技能、实验教学、实验改进与设计的能力，促进师范生专业综合实践能力的发展，为师范生提供一个锻炼自我、提升自我的平台，展示良好的教学实践水平和风采，提升实践意识，引导就业观念。此次大赛既是对化学师范生中学化学实验设计和教学技能进行了一次集中检阅，也为师范生们提供了学习、交流、展示的平台，对进一步提高师范生实验教学技能具有重要意义，同时，为项目化学习划上圆满句号。邀请学院无机化学等多位教师评审指导，促使师范生能够积累直接的实验研究经验，提高综合教学素质。

## 一、项目策划

具体项目策划见表 3 - 18。

**表 3 - 18 项目策划书**

| 项目名称 | 化学师范生实验教学素质大赛 |
|---|---|
| 项目内容 |     化学师范生是基础教育课程改革的后备力量，对师范生化学实验教学能力的培养，是化学教学中的重要环节。以"提升职业技能，培养研究性人才"为主体，坚持"重在参与、重在学习、重在提高"的原则。鼓励全体化学师范生积极参加实验技能大赛，提高师范生实验教学能力，展示师范生奋发向上和锐意进取的精神风貌。通过此次大赛激发师范生设计化学实验的兴趣，培养师范生的实验操作能力 |
| 项目目标、意义 |     目标：通过化学师范生实验教学设计培训，引导师范生自主学习化学教学论实验专业知识和技术应用，培养师范生的创新性思维和团队合作意识；通过化学师范生实验设计大赛，提高中学化学实验设计和实验操作技能，提高师范生动手能力和实践技能，促进良好的学风建设，营造浓厚学术氛围。<br>    意义：<br>    （1）有利于师范生创新性思维的培养；<br>    （2）有利于师范生化学实验设计能力的培养；<br>    （3）有利于师范生团队精神的培养 |
| 前期准备 |     为做好化学师范生实验技能培训工作，特此成立培训工作小组。<br>    理论培训：学习中学化学实验设计和改进所涉及的基本教育理论、教学理论；了解学科教改的前沿方向和学习；中学化学与现代化学的衔接；化学实验发展的趋势。<br>    化学实验教学技能培训：了解化学实验演示教学的要素、类型、操作要点；理解探究式教学的"三阶段，七步骤"，通过训练能围绕教学目标和中师范生的特点把教学技能应用于教学实践。<br>    微型化学实验培训：了解微型化学实验的起源和发展、特点；理解微型化学实验设计原则；掌握中学化学实验中微型化学实验设计与制作方法。<br>    手持技术实验培训：了解手持技术的起源和发展、特点；掌握手持技术实验系统，主要包括传感器、数据采集器、计算机硬件设施以及实验数据处理程序软件；熟练掌握中学化学实验中常用的传感器的使用。<br>    电子白板技术：了解教学媒体的种类和功能，掌握现代教学媒体的使用方法及教学软件的制作方法。能根据教学内容和师范生的特点选择、使用教学媒体，设计制作教学所需的教学软件及简易教具。掌握电子白板在化学实验教学中的制作和使用方法。熟练掌握电子白板提供的化学学科工具 |
| 实施方案 |     初赛：各项目小组根据兴趣报名参加以下任意比赛组，分组包括实验教学设计组、实验改进设计组、微型化学实验设计组、数字化实验设计组，按照作品格式要求完成项目申报书，在截止日前提交到指定邮箱。评委会对提交申报书进行初评，每组根据 2∶1 的比例进入决赛。<br>    决赛：各项目组自行准备实验所需实验药品和用具，准时到达指定比赛地点。抽签决定比赛顺序，每组有 15min 的准备时间。正式比赛期间，汇报人先要现场简要阐述实验设计的意义、原理、创新点等，然后进行现场操作，由专业评审教师进行点评和提问。<br>    作品要求具有一定的科学性、实用性、创造性和安全性，具有较强的实际意义，以创新及紧密联系生活为佳，同时在中学化学教学中可操作性强。选手提交实验设计书必须严格按照实验设计书设计格式要求撰写 |

续表 3 – 18

| 项目名称 | 化学师范生实验教学素质大赛 |
|---|---|
| 创新点 | 　　本次大赛严格要求参赛选手所提交的参赛作品必须包括开题书、结题书、答辩课件、相关研究报告等，并按统一格式进行排版。大赛后统一将参赛作品进行汇编，供全班分享。与以往大赛相比，此次大赛收集到的成果更加具有参考价值，可用于下一届师范生作为学习参考资料。<br>　　本次大赛对于评价参赛选手分析实验、设计步骤、选择方法、实验操作、仪器使用、分析结果、实验描述等方面能力都制定了详细的评价标准，从而达到规范师范生实验操作和设计技能，在比赛开始前，组织各位评审教师进行评价标准商议，实现评价的科学性、公平性和全面性 |

## 二、项目启动

具体项目启动见表 3 – 19。

表 3 – 19　项目启动书

| 活动名称 | 破冰之旅带来的挑战 |
|---|---|
| 活动主题 | 建立学习共同体，成立项目小组 |
| 活动地点 | 多功能活动室 |
| 活动参与人员 | 化学师范生、课题组教师 |

一、活动背景

　　化学教学论实验课程对培养高校师范生化学实验技能、中学化学实验教学和中学化学实验教学研究能力，具有重要作用。传统师范生教育不是以实践学习中面临具体问题的诊断与解决为轴心，而是主要重视理论知识的学习和掌握，然后加上实践技能的训练，其基本形式为"授课"，对实践层面重视不足。应该看到在师范生教育中，知识的传授是为教育实践服务的，实践性占据主导和领先的地位，行动重于认识。师范生应尽早确立教师角色意识，产生教师的归属感，进行教师职业的定向，进而在工作过程中心中始终怀有"教师"这一实践工作者信念，有利于教师教学能力的造就和教师人格的完善。为了让师范生深入到项目化学习中，开展项目化学习"破冰之旅"

二、活动目的

　　通过这次活动增进同学之间的感情，各项目组成员间架起一座沟通的桥梁，使他们尽快融入项目学习中，让大家在活动中获取乐趣，增进彼此之间的了解，提高团结合作精神。增进感情，使每个人尽快融入破冰号这个温馨的大家庭，感受到家的温暖，从而能够更快更好地学习与生活，也是提高同学们合作等能力的良好机会

三、活动目标

成立项目小组，确定项目选题，分工和计划

四、实施步骤安排

| 时间/min | 模块 | 备　注 |
|---|---|---|
| 5 | 准时进行紧急集合 | 准时进行紧急集合，进行报数点名，看看有多少同学会出现迟到的现象，告诉他们我们是一个集体，对于集体活动我们的态度要端正 |

续表 3 – 19

| 时间/min | 模块 | 备 注 |
|---|---|---|
| 15 | 团队建设：进行队名、队歌、队徽的设计 | 小队进行自己的队名、队歌、队徽以及展示方式的设计，队歌确定为 1min 之内，队徽 Logo 画到队旗上。<br>要求队歌慷慨激昂，队徽设计简洁扼要，能很好反馈该队的精神风貌。两个小队进行比赛，对设计时间最快的小队进行口头表扬 |
| 10 | 活动热身 | 带领大家一起进行简短的实验室安全知识学习，并开展 1min "yes 抢答"。要求所有人参与，能大声喊出"yes"，起到对实验室知识的掌握 |
| 15 | 团队协作 | 团队信任感搭建；团队分工、协作能力培养，将所有人分成 10 个小队，团队信任感搭建、团队分工、协作能力培养。将全班分成 10 个小队，确定队长、成员角色及分工。要求小队队长要有一定的责任心，能够真正带领大家完成每一项活动 |

## 三、项目中期

具体项目中期活动策划见表 3 – 20。

表 3 – 20 项目中期活动策划

| 活动名称 | 世界咖啡带来的思考 |
|---|---|
| 活动主题 | 如何将中学化学实验微型化设计 |
| 活动地点 | 多功能活动室 |
| 活动参与人员 | 化学师范生、课题组教师 |

一、活动背景

"化学教学论实验"项目化学习进入到实施阶段，此刻你可能会感到为什么走进实验室脑子一团乱麻？为什么在小组讨论中没有独到见解？为什么项目完成中效率低？知识经济时代，引入"世界咖啡"研讨方式，不仅能够使师范生在大学阶段理论联系实际解决现实问题，并用有效的方法和时间达到高效学习的目的，而且能使师范生养成终生学习、团队合作、创新进取的习惯。微型化学实验设计是"化学教学论实验"项目化学习的一个子项目，本次世界咖啡屋的谈论主题就是从绿化化学实验的角度，对注射器的功能和用途进行比较全面系统的探讨和比较深入的研究

二、活动目的

通过"世界咖啡"的活动交流，师范生在真诚互利和共同学习的精神下汇聚，进行心无障碍的轻松交流和畅谈，针对研讨内容，运用手绘思维导图的方法，拓展和延伸自己的思路，记录其他同学的意见，形成集体智慧，激发出创新思路的培训模式

三、活动目标

1. 掌握绘制思维导图的方法；2. 了解世界咖啡的理念、活动形式；3. 注射器在微型化学实验中的用途

续表 3 - 20

**四、活动培训**

（1）世界咖啡的理念：在一种开放的、愉悦的气氛中相互交换意见，相互分享和沟通，最后达成共识，是一种提高参与度的方法，是联结多元思维的有效途径。

（2）世界咖啡的原则：明确会谈内容，创设热情友好的氛围，探索相关问题，鼓励每个人表达、吸收多元文化，接受不同观点。

（3）思维导图的用途：管理、整理文献资料、制订项目计划、实时增添新思路，记录活动过程，促进发散性思维和聚合性思维养成

**五、实施步骤安排**

| 程　序 | 活　动 | 备　注 |
|---|---|---|
| 设定主持人 2 名 | 主持人：注射器最初只是一件普通的医疗器具，近些年，在中学化学实验和在绿色化学实验研究中对注射器的功能与用途做了更深入开发。研究发现，注射器具有其他传统实验仪器不能比拟的特点，可以更广泛地应用于绿色化学实验中。今天咱们就来讨论注射器在中学化学实验中如何更好地被应用 | 最好设定两名教师或者骨干成员 |
| 来到"咖啡屋"，分桌就座 | 建立"圆桌讨论"，聆听他人之言，鼓励大家发表，联结多元的观点。要求每一桌推选一名桌长进行咖啡桌主持，推选另一名记录员进行概括和归纳 | 面对面的圆桌式的座位，咖啡和水果上桌。调动汇谈气氛 |
| "咖啡"上桌 | 找到自己的咖啡桌，桌长组织讨论，每人发言（1 次不超过 3min，可以多次），桌长负责针对本桌研讨问题提出 5 个主要观点 | 基于思维导图绘制的方法，结合所设计微型实验，从绿色化学实验的角度，对注射器的功能和用途进行比较全面系统的探索，形成可视化图示 |
| 再来一杯，如何？小组其他成员进行换组讨论 | 桌长留下，其他成员分散到其他咖啡桌。桌长热情介绍本桌首轮观点。来宾介绍自己咖啡桌讨论结果，对新到咖啡桌发表观点 | 用思维导图记录彼此观点，只描述关键词或出现图形 |
| 再来第三杯，进行第二次换组讨论 | 桌长留下，其他成员第二次分散到其他不同咖啡厅，同上轮。各桌集合，汇聚本桌观点 | 桌长记录、补充、完善上述 5 条观点 |

| 程 序 | 活 动 | 备 注 |
|---|---|---|
| 进行成果展示 | 各桌集合，汇聚本桌观点。桌长或代表汇报，主持人及学员代表点评活动内容与形式，其他成员进行补充 | 桌长向全班同学展示本桌的思维导图，并简洁概括设计的理念和特点，其他师范生可以进行补充或反驳，分别发表其看法，提出进一步改进的措施和建议。用思维导图进行汇报，准备 5min 的汇报内容 |
| 汇谈成果 | 主持人对讨论结果进行总结提炼：<br>　　我们从五个方面讨论注射器在开展微型实验中的应用，有的组介绍实例还展示模型，目前总结大家刚才所说注射器主要有结构简单、操作方便、容积可调、组合多变、一器多用、易于密封保存、取用方便、防止污染、应用方便等功能。但是微型实验或是注射器都不能代替常规实验，化学实验要服务于化学教学，微型实验容易使操作者忽视实验操作，对师范生造成误导。因此注射器在使用时还应当改进和完善，使之在化学实验教学中发挥更大的作用 | |

六、活动总结

　　注重培养师范生的创新、合作能力，是知识经济时代大学教育的必然选择，将"世界咖啡"与项目化学习结合在一起，将师范生的学习、动手实践结合在一起，不仅能够贯彻理论联系实际的原则，也能够在团队学习、团队合作中提升大师范生的洞察、分析、解决问题，交流、协作、创新等各方面的能力，并能使师范生在学习期间就养成终生学习、团队合作的习惯，更好地适应知识经济时代发展的要求。"世界咖啡"活动在项目化学习中绽放其光芒，使师范生养成踏实、务实、创新的习惯，真正将师范生的智慧成果落到实处，形成内在的激励机制

## 四、项目总结

　　具体项目总结报告见表 3 - 21。

### 表 3 - 21　项目总结报告

项目名称：化学师范生实验教学素质大赛

| 项目成果 | 微型实验组 | "实验室氧气的制取""自制指示剂"等微型实验作品 5 份 |
|---|---|---|
| | 实验改进组 | "空气中氧气含量测定"等实验改进报告 5 份 |
| | 手持实验组 | "溶液中离子行为""空气中氧气含量测定"等主题实验设计 5 份 |

续表 3 – 21

| 项目实施 | 宁夏大学化学师范生实验创新竞赛在校本部 C 区 1 教成功举办。化学化工学院领导、化学师范专业组教师，相关专业师生近 100 人观摩了决赛。本次比赛有来自化学师范专业 2011 级、2012 级 50 名选手参赛，参赛选手们经历了 3 个月的项目学习，经过了初赛的层层选拔，最终有 15 份参赛作品进入决赛。决赛共分项目简介、项目展示和评委提问三个环节，选手们开发思路、力求创新，纷纷在规定比赛时间内以自己独特的设计理念展现了对化学实验教学设计的热爱 |
|---|---|
| 项目总结 | 　　宁夏大学化学化工学院化学师范生实验教学素质大赛的成功举行，培养了师范生的创新意识，提高了师范生的创新能力，增强信心和坚忍不拔的意志，营造了师范生进行创新活动的环境，形成了一种激发师范生敢于创新的氛围。<br>　　（1）增强信心与韧性。<br>　　各项目组在查阅大量文献资料的基础上，进行研讨和预试，为使实验成功，有的去请教研究生或是请教中学教师。经过了从设计之初的无从下手，到比赛时的成竹在胸，增长的不只是专业知识和技能，更多的是带给师范生的挑战，增强的是信心。<br>　　（2）创新能力的提高。<br>　　中学化学实验设计与改进的实践性强，主要侧重于培养师范生的动手操作能力。参赛者需要反复多次预试实验，得到最理想的实验条件才能方便于教学。通过参加此次比赛，师范生的实践创新能力大幅度提高，一批优秀作品脱颖而出。如有一组设计了简易双控气体发生及储存器，该装置就是利用饮料瓶和塑料袋作为气体的收集和储存装置，一根橡胶管伸入塑料袋，另一根橡胶管插入饮料瓶，当制取气体时，塑料袋膨胀，制取结束用夹子夹住橡胶管。当取用气体时，向插入饮料瓶中的橡胶管吹气。该装置避免在气体收集和使用中浪费和污染，可以避免课堂中多次制取气体，材料易得，使用方便。<br>　　（3）创造性思维的养成。<br>　　化学实验设计中的创造性思维是伴随着化学实验设计而进行的一系列思维活动。在化学实验设计过程中融合着综合分析、归纳类比、发散聚合、联想迁移、逆向、组合、直觉、寻觅、顿悟等多种创造性思维，化学实验创新设计的过程就是多种创造性思维的综合运用的过程。运用创造性思维进行化学实验创新设计可以收到事半功倍的效果。有一组利用浓硫酸和高锰酸钾都是强氧化剂，浓硫酸与高锰酸钾反应生成氧化性很强的七氧化二锰，它和易燃物如乙醇等剧烈反应放出大量热，可将乙醇、电石气等点燃的实验原理分别设计了"玻璃棒点灯""玻璃棒点燃冰"两个生活趣味实验。<br>　　（4）创新环境的营造。<br>　　构建"以赛促学""以赛促行""以赛促思"的良好氛围。为鼓励更多的师范生参加，参赛形式多样，每位师范生可以参加多项专题比赛，可以团队或个人参加，目的就是希望得到更多更好的作品：一方面选手在比赛中互相学习，互相借鉴；另一方面，鼓励师范生都来观摩，激发学习兴趣，增强能力意识的培养，起到良好的辐射作用，也起到模范带头作用 |

## 五、项目作品

项目作品包括开题报告和结题报告，具体见表3－22和表3－23。

### 表3－22　项目组开题报告

| 项目名称："阿伏伽德罗常数测定"实验的改进 |
| --- |
| 项目成员：郝楠　杨倩　温宁红　任斌　肖敏 |

**一、立项依据（项目的意义、前期工作及现状分析）**

在化学师范专业实验中，主要采用单分子油膜法测量阿伏伽德罗常数值。单分子油膜法还被选入中学化学教材，该方法操作较为繁琐、可变因素比较多，比如硬脂酸钠的浓度，滴入水中的硬脂酸钠滴数，水槽的半径、摆放位置（需水平放置）、洁净程度，胶头滴管的使用（需垂直于水面），温度等对实验均有影响，对师范生的实验操作能力要求颇高，且所使用溶剂苯具有毒性，对实验者身体有一定损害。

手持技术作为一种新兴的实验手段，具有便携、直观、实时、准确等特点。手持技术与化学实验的结合极大地丰富了化学实验的研究内容、拓展了化学实验的研究范围，为信息时代下的化学实验带来了新的变革。手持技术是一种新型的现代化实验手段，与传统化学仪器相比具有很多优点。其主要优点如下：（1）便携性。数据采集器和各种传感器的体积较小，在手掌上就能操作。使用时不受时间和空间的限制，使师范生走出实验室进行科学探究成为可能。（2）准确性。手持技术采集数据的方式很多，既可以自动采集又可以人为控制，所采集的数据准确，完全满足中师范生对化学实验的要求。（3）实时性。数据变化过程与实验过程同时进行。如果与计算机相连，就能以各种形式同时显示数据变化的过程。（4）直观性。手持技术可以动态直观地显示实验的变化过程。并且以表格、图像等多种形式实时显示，一目了然，很直观地呈现给师范生。（5）综合性。手持技术可同时与多种传感器相连，在同一时间内进行多种数据的采集和处理，便于从同一学科的不同方面或不同学科的多个角度来进行探究，极大地拓展了课程内容，更好地使各知识点之间与各学科之间进行交叉与融合

**二、项目实施方案、实施计划和可行性分析**

项目实施方案：查阅与此项目相关文献与资料，分析在中学化学实验中开发传感器技术较传统实验而言存在的优势；依据我国基础教育课程改革的需要及化学实验数字化的趋势，按学科体系从难到易、从验证性探究实验到研究性探究实验，确定开发实验的内容；掌握传感器技术及相关软件的使用；购买和制备实验所需的药品与仪器；进行实验。

实验以金属为电极电解稀硫酸溶液，电解过程中阴、阳极的电极反应分别为：

阳极：$X-2e=X^{2+}$（X为Fe、Cu、Zn三种金属）；

阴极：$2H^++2e=H_2\uparrow$，以电流传感器采集电解装置的电流数据，从而计算出电量，使用分析天平称量出活性阳极金属的质量耗损，再利用法拉第定律计算得到阿伏伽德罗常数。

实施计划：分别选取Fe、Cu、Zn三种金属，采用手持技术以电解法测定阿伏伽德罗常数，并与传统的单分子油膜法进行比较，研究此实验法的准确性，分析三种金属所测结果差异及原因。

可行性分析：实验原理具有可行性，实验材料与试剂简便易得，学院购有两套南京师范大学制作生产的"中学化学计算机数据采集处理系统"，能够保证实验的顺利进行，长期和银川市中学保持合作关系，能够确保培训工作的顺利进行。学院现有手持技术实验室、实验准备室、微格教室及富有相关研究经验的教师团队

三、创新点简介

1. 目标创新：注重师范生全面发展，培养师范生学习化学的兴趣，使师范生能够在做中学、玩中学。

2. 媒介创新：传统的化学实验局限于固定的实验室、实验仪器、实验药品，而手持技术实验则打破了以上的缺点，更加注重实验的灵活性、准确性、生动性，使实验内容更加具体化、简捷化。手持设备反应灵敏，可以降低试剂药品的用量，减少废液污染。

3. 内容创新：针对不同学习教学条件不同，针对不同学校实验室条件不同，灵活运用简易法、电解法、微型实验法。通过实地培训，师范生能够熟练手持技术实验。

4. 方法创新：摒弃传统单分子油膜测定法，不再使用溶剂苯，避免对人体毒副作用。采用综合应用调查法、问卷法、访谈法等手段对课题进行研究，各种方法取长补短，有机结合，不拘泥于传统的研究方法，真正地将化学实验以手持技术为新的平台予以应用和展现

四、预期目标及成果形式

将手持实验技术引入中学化学实验教学，促进师范生的学习方式和认知方式的变化。本项目预期目标为探索改进"阿伏伽德罗常数测定"实验方法，在最终结果中，探索并改进了三种具体而可行的实验方案。研究报告 1 篇

## 表 3 – 23　结题报告

项目名称："阿伏伽德罗常数测定"实验的改进

项目成员：郝楠　杨倩　温宁红　任斌　肖敏

一、项目主要研究内容及成果摘要

本次项目对教材中阿伏伽德罗常数的测定方法进行深入探索，改进了传统的实验方法。总结出了简易测量法、电解法、微型实验操作法三种实验方法。即简易测量阿伏伽德罗常数的方法、手持技术电解法测量阿伏伽德罗常数的方法、微型实验法三种方法。此三种方法在不同方面克服了传统方法的许多缺点，并加入了新型手持技术，不仅简化了实验过程，还使结果更加精准。微型实验中，试剂用量较小，仪器简单易得，不仅提高了师范生做实验的安全性，还使师范生可以自己动手制作用具及进行实验操作，增强了化学实验的趣味性与可行性。

针对不同方法，我们还明确指出了每一种方法的具体原理、实验试剂、实验仪器、过程方法等具体细节，方便阅览并提高重现性。具体研究报告目录如下：

### 目　录

二、项目效果自我评价（包括预期目标、最终结果、研究过程、心得体会等）：

　　本项目预期目标为探索改进"阿伏伽德罗常数测定"实验方法，在最终结果中，探索并改进了三种具体而可行的实验方案。探究过程中，需要进行大量的实验，以保证实验方法的科学性。人员的时间安排及分工，药品仪器的购买，实验方案的确定及进行，许多我们平时看似简单的事情，真正做起来并不容易。并且借这次机会，我也懂得了在做许多事情的时候，要提前做好各种打算，计划好每一步。在做实验时，不仅要细心，还需要严密的思维，以保证实验的科学性

## 六、项目反馈

具体化学教学论实验项目化学习调查问卷见表 3 – 24。

表 3 – 24　项目化学习调查问卷

| 项目 | 问卷内容 | 调查结果 |
| --- | --- | --- |
| 学习兴趣调查 | 1. 您认为"化学教学论实验"教学是基于项目的自主、合作与探究的教学模式？（　　） | A 非常赞同；B 赞同；C 基本赞同；D 基本不赞同；E 不赞同 |
| | 2. 您认为"化学教学论实验"教学课程有哪些特点？（　　） | A 学习知识与培养技能相结合；B 经历过程与体验方法相结合；C 发展兴趣与严谨求真相结合；D 个人展示与小组合作相结合 |

| 项目 | 问卷内容 | 调查结果 |
|------|----------|----------|
| 学习兴趣调查 | 3. 您认为"化学教学论实验"教学包含哪些环节？（　　） | A 预习实验，制订计划；B 预试实验，准备师范生实验；C 实验教学，组织师范生分组实验；D 规范师范生操作，批改实验报告；E 评价教学效果，改进实验设计；F 反思教学行为，提高专业素养 |
| | 4. 您认为"化学教学论实验"教学模式具有系统性、全面性吗？（　　）如果您认为不够系统，今后还应该增加哪些环节改进教学，有助于培养师范生。 | A 非常赞同；B 赞同；C 基本赞同；D 基本不赞同；E 不赞同 |
| | 5. 指导教师具有丰富的教学经验和极大的耐心，使得我愿意向教师认真学习。（　　） | A 很符合；B 符合；C 不符合；D 一般符合；E 很不符合 |
| 项目准备阶段 | 6. 您作为实验准备小组成员，您承担参与哪些工作？（　　）您对哪些工作更加感兴趣？（　　） | A 查阅资料、预习实验；B 设计实验内容；C 配制药瓶、试剂；D 反复预试、改进实验；E 准备师范生实验 |
| | 7. 您认为这些工作有助于哪些能力提高？（　　） | A 查阅资料能力；B 学科专业知识；C 药品配制；D 仪器使用；E 小组沟通合作能力 |
| | 8. 您通常怎么预习实验、完成预习实验报告？（　　） | A 照抄实验教材，不加思考；B 认真阅读，查阅资料，按照自己的思路完成报告；C 完全抄袭他人；D 借鉴他人 |
| | 9. 您认为您预习实验的效果如何？（　　） | A 非常有效；B 有效；C 基本有效；D 基本无效；E 无效 |
| | 10. 您认为下列工作最具挑战的是（　　），您对您完成的哪个工作最满意？（　　） | A 实验讲解；B 组织、协调师范生实验；C 负责管理危险药品；D 批改预习实验报告；E 考核师范生实验操作 |
| | 11. 您认为这个环节需要用到哪些技能？（　　） | A 语言技能；B 演示技能；C 组织技能；D 讲解技能；E 提问技能；F 导入技能；G 变化技能；H 强化技能；I 结束技能 |
| | 12. 您认为实验教学设计应体现哪些原则？（　　） | A 落实知识与技能目标；B 设计新颖，体现探究教学；C 改进实验，体现绿色化学；D 贴近生活，联系科技前沿 |

| 项目 | 问卷内容 | 调查结果 |
|---|---|---|
| 项目实施中 | 13. 据您所知这门课的成绩由哪几部分共同构成?（　　） | A 实验预习报告；B 课前抽查提问；C 课堂表现；D 实验操作；E 实验报告；F 创新实验汇报；G 实验操作与理论考核 |
| | 14. 您认为这样给出的成绩公平、合理吗?（　　） | A 非常合理；B 合理；C 基本合理；D 基本不合理；E 不合理 |
| | 15. 您对自己在这门课中的评价是(　　)。 | A 非常好；B 很好；C 较好；D 一般；E 差 |
| | 16. 您认为增加课前抽查提问环节的目的是什么?（　　） | A 监督出勤；B 督促师范生认真预习；C 使得师范生勤于思考；D 便于教师了解师范生预习程度 |
| | 17. 将实验小组制定的预习报告、实验报告、实验操作三项评分标准作为打分依据，您认为这样的评价方式的优点是: | |
| | 18. 您在批改预习实验报告、实验报告的过程中有哪些收获? | |
| | 19. 您认为这门课的评价方式还应如何改进? | |
| 项目实施后 | 20. 您认为就实验内容本身值得反思的有哪些?（　　） | A 实验装置；B 实验仪器及药品选择、加工、处理；C 操作要点 |
| | 21. 您认为在教学设计方面值得反思的有哪些?（　　） | A 探究教学；B 信息加工；C 学科思想；D 学情分析 |
| | 22. 您认为组织教学方面值得反思的有哪些?（　　） | A 鼓励积极动手；B 合理安排操作时间；C 规范师范生操作；D 维持纪律 |
| | 23. 您认为针对教师专业教学素养而言值得反思的有哪些?（　　） | A 扎实专业知识；B 熟练实验技能；C 沟通交流能力；D 组织管理能力 |
| | 24. 经过这门课的学习，对您以后工作（　　）。 | A 非常有价值；B 有价值；C 基本有价值；D 基本无价值；E 无价值 |
| | 25. 你认为"化学教学论实验"课程的优点是（　　）。 | A 知识运用综合性；B 学习评价多元性、自主性；C 教学情境真实性；D 学习成果价值性；E 以探究活动为主要学习方式；F 以小组合作为主要组织形式 |

## 七、项目总结

经过一学期的化学教学论实验项目化学习，在学期末指导教师和师范生共同进行项目化学习总结，主要包括以下几个方面：学习内容、实践内容、学习成果、跟踪指导，具体内容见表3－25～表3－28。

**表3－25　项目学习内容总结表**

| 学 习 内 容 |
| --- |
| ❖　四个维度：实验演示技能、实验教学技能、实验研究技能、实验评价技能。 |
| ❖　八个领域（模块）：专业理念、学科知识、教学设计、课程资源开发、教学评价、项目化学习、课题研究、现代教育技术应用 |

**表3－26　项目实践内容总结表**

| 实 践 内 容 |
| --- |
| ❖　1. 视频观摩：观看优质实验教学视频。 |
| ❖　2. 导师指导：项目导师参与其学习全过程，并进行一对一指导。 |
| ❖　3. 角色扮演：师范生扮演教师为全班准备、讲解、组织、评价实验。 |
| ❖　4. 多种学习：多种形式的培训活动满足学习需要 |

**表3－27　项目学习成果总结表**

| 学 习 成 果 |
| --- |
| ❖　隐形成果：教学观念改变、实验技能掌握、实验研究能力提升。 |
| ❖　显性成果：12个文献资料包、12份实验报告电子版、12份实验教学设计、12本实验评价手册、12份实验研究报告、12本项目化学习成果册、12个微型实验模型和展板、12个实验教学视频 |

**表3－28　项目跟踪指导表**

| 跟 踪 指 导 |
| --- |
| ❖　汇报成果：研修过程、研修成果。 |
| ❖　公开课：公开教学1次，录视频课1节。 |
| ❖　改进计划：参加置换研修后的个人教育教学工作改进计划。 |
| ❖　指导教学：指导下一届师范生准备实验课1～2次。 |
| ❖　反思学习：每个子项目完成1篇学习反思。 |
| ❖　课题研究：每人完成一项科研课题，包括科研课题的选题、开题、实施、结题答辩 |

## 思考与交流

本学期化学教学论实验项目化学习结束后，请各项目组共同完成优秀作品推荐表（表3－29），总结每个成员所完成的任务，创建的项目作品文件夹截图粘贴在表格中，按标准参考文献格式记录学习过的文献。项目组每个成员需要完成个人学习总结表（表3-30），记录自己在项目化学习过程中所遇到的问题、解决办法、心得体会等。

**表3-29 优秀作品推荐表**

| 项目名称 | | | | |
|---|---|---|---|---|
| 小组成员分工 | | | | |
| 学习内容和<br>所完成任务 | 实验准备 | 实验设计 | 实验教学 | 实验评价 |
| | | | | |
| 打包文件<br>（作业汇总截图） | | | | |
| 看过的文献、<br>资料（不少于8篇） | 格式参考<br>1. 程振华，马惠莉. 高职基础化学实训实施"项目化教学"的实践与探索。 | | | |

**表3-30 个人学习总结表**

| 项目名称 | | | |
|---|---|---|---|
| 姓名 | | | |
| 任务完成情况 | 主要负责 | 合作完成 | 所参加的培训活动 |

以下问题要求结合自身训练情况描述，条理清晰。（宋体5号，行间距18磅）

1. 在这门课学习中你遇到哪些问题？你是如何解决的？

实验设计：

实验准备：

实验教学和组织：

实验评价及反思：

2. 你认为各小组设计的实验、手持技术实验培训、微型实验培训、实验安全培训对你最有启发的是？原因是？在培训之后你会选择哪个内容申请创新课题或毕业论文，并做了哪些相关了解或学习？

3. 假定让你在中学化学实验教学与研究领域进行毕业设计，请你给出感兴趣的毕业论文的题目。（不少于6个）

# 第四章　化学微格技能与项目化学习

　　"化学微格教学"是高等院校化学师范专业的一门专业必修课，进行化学微格教学技能项目化学习设计方案的探索，目的是为了使师范生了解和接受新课程的教育理念，学习和适应新课程的教学方法，掌握适应新课程的教学技能。

　　本项目从化学师范生教学技能培养要求入手，分析化学师范生的学习需求和认知水平，找到师范生教学技能培养中亟待解决的问题，围绕十二项基本教学技能设计项目化学习活动，结合项目化学习的理论和要素，分别从设计原则、设计思路、项目学习活动进行理论构建。在实施过程中，以微课程学习资源支持理论学习，借助"课堂观察"技术记录和评价师范生技能训练，开展"辩课"活动，积极组织师范生进行深入评课和诊断性学习。通过对实施框架、实施过程、实施计划等进行反复修正，形成适用于化学师范生微格教学技能培养的项目化学习模式。促进化学师范生教学技能的全面提高。

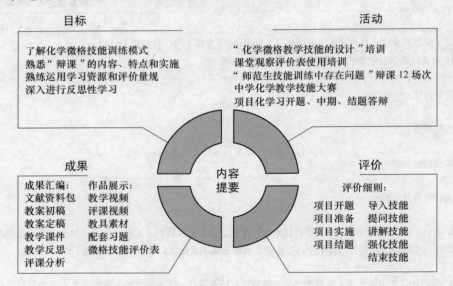

## 第一节　化学微格教学项目化学习设计

　　本节重点论述改变教学现状的项目化学习构建的过程，分析相关理论依据，主要明确项目化学习设计思路、确定项目学习目标、精心预设学习活动等三方面。构建适合化学微格教学技能项目化学习理论方案。

## 一、方案构建

在借鉴美国的爱伦模式、澳大利亚的悉尼模式、中国的北京模式的基础上，以技能为着眼点，将教师应具备的技能分解为导入、讲解、提问等十二项化学微格教学单项技能。以这十二个微格教学技能为十二个项目，从设计目的和意义分析入手，目的在于明确该项目化学习究竟要完成哪些任务以及为什么要完成这些任务。归纳总结出完成这些任务所需要的能力和相应的理论知识，最终得出化学微格教学技能项目化学习的理论方案。

（一）设计目的

"化学微格教学"课程的目的在于通过概念的理解、示范录像的观摩、课堂教学的实践和课堂观察评价，促进师范生教学技能的提升。为了最大程度地调动师范生的学习积极性，开展"辩课"项目，针对一个教学片段中技能的设计、策略的选择，进行分析、理清和改进，是一种深度评课。此项目具有以下特点：训练课题微型化，技能动作规范化，记录过程声像化，观摩评价实效化。辩课思维模式具体可见图4-1。

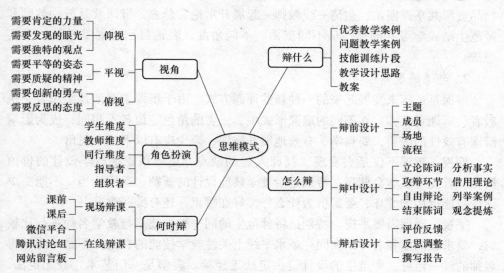

图4-1 辩课项目化学习思维模式图

1. 辩课的开展

"辩"什么 从辩课活动内容来看，在微格教学技能训练中，选择精彩的教学片段来辩，也可以选择45min的教学实录来辩。既可以就教学技能的功能或构成要素进行辩论，也可以就教学技能选择和应用进行辩论。辩课既可以围绕教学目标设定、重点难点、内容选择、过程安排、教学方法和策略选择、作业练习设置等方面展开，也可以按照整体教学设计思路、教学反思等方面展开。既可以就技能评价量表进行辩论，也可以就师范生技能训练常见问题展开辩论，提出相应建议。辩课最重要的是围绕教学思想进行辩论，教学思想支配着教师的教学行为，思考哪些问题值得一辩，哪些问题值得一辩再辩。只有具有正确先进的教学思想，才能取得良好的教学效果。

何时"辩"　辩课既可以在课前进行，帮助授课教师改进教学设计，也可以在课后进行，探讨教学的成败得失。辩课既可以在授课教师与听课者之间展开，听课人不再只是带着耳朵听课，更注重在听课中思考和质疑，由听课者提出问题，请授课教师予以答辩，也可以在听课者之间展开，大家围绕一个主题互动交流。辩课既可以围绕整节课所反映出来的某种教学理念或教学主张展开，也可以围绕课堂教学的某一环节展开。总之，辩课的内容丰富多元，形式不拘一格。

怎么"辩"　在具体实施过程中，辩课既可以在课前进行，如针对教学设计中存在的问题，促进教学设计的改进；也可以在课后进行，及时探讨教学的成败得失；既可以在"同课异构"的基础上横向辩课，例如同一内容不同的小组辩论，还可以进行现场辩课；也可以进行在线辩课，将自己的教学片断或实录放在精品资源共享课网站，邀请一线教师一起展开辩论。总之，辩课就是鼓励教师和师范生结成学习共同体，从不同层面、不同角度，表达自己对课堂教学的真实想法。

2. 辩课的视角

辩课是近年来发展起来的一种新的评课方式。由于辩课主要涉及组织者、执教者、听课者三方，在不同的辩课形式中，三者的角色定位各不相同，成为影响辩课有效性的因素，要科学、有效地展开辩课，至少应有以下三个视角。

仰视　辩课不仅是去发现"授课人"的缺点，更应该挖掘教学设计的价值所在。首先应该学会仰视，特别是对教学技能设计的新颖、运用恰当。不能简单评价技能运用的好坏，要辨析为什么好，好在哪里，还有哪些改进。

平视　辩课需要平视，特别是将师范生的同一教学技能与教学名师进行比较时，要求我们能和名师站在同一条水平线上关注教学技能的含义，不是一味觉得名师的就一定好，师范生的设计就一定缺乏经验。教学是一门艺术，教无定法，贵在得法，教学名师的典型案例只能代表名师对教学个性化的理解，不能把它看做是教学规律的全部，更不能把它看做是不可逾越的经典。它可以作为一种教学的理念，一种教学的流派，给我们以启示和参考。如果把它绝对化了，就违背了名师、名课的本意和改革的初衷。

俯视　辩课还需要学会俯视，要肯定每一个师范生技能训练的点滴进步，更要鼓励和提倡师范生回过头来反思自己的教学设计和技能应用等，反思自己成长的一点一滴并得到启示。"辩课"作为一种开放、民主、独立思考的评课方式，"需要平等的姿态，需要质疑的精神，需要变革的风姿，需要建设的态度"。

3. 辩课的角色

微格教学技能训练项目中需要师范生进行"角色扮演"，在教师与师范生、教师与专家之间进行角色转换，即要求项目组成人员要听课学习，听课不是简单地拿着听课记录，为完成规定的听课任务而听课。盲目地去听课和带着一定的目的性去听课，其效果是大不一样的。要想真正发挥听课的实效，让师范生通过听课有所收获，带着思考离开教室，带着反思回味，那么听课者在听课前都应首先明确听课的目的和任务，选好观察维度，将观察点进行分配，使每次听课都能以解决突出问题为目的。听课要想听出特点，抓住实质，就需要听课者依据自己不同的听课目的和听课任务，准确定位自己的听课角色。听课者可以从以下几个方面做好听课的角色定位。

（1）师范生角色。同是坐在教室里听课，教师听课与师范生听课是有很大差别的。首先，听课的目的和任务不同。教师听课在于学习授课经验或教材处理策略，师范生听课则是为了学习知识、形成技能。从对教材的掌握程度上说，听课教师一般对教学内容已经掌握，而师范生对教学内容还不熟悉。要求听课者必须有意识进入"师范生"的角色。当听课者进入师范生的角色时，就能较多地关注师范生维度。如师范生是否在教师的引导下积极参与到学习活动中，学习活动中师范生经常做出怎样的情绪反应，师范生是否乐于参与思考、讨论、动手操作，师范生是否经常积极主动地提出问题等。听课者必须首先有意识地转变角色，要使自己处于"学"的情境中，从师范生的角度去反思教师的教学是否兼顾课标要求和师范生实际，去看教师怎样教或怎样处理教学内容、怎样引导、如何组织，师范生才能听得懂、敢探究、会应用、快掌握。

（2）教师角色。仅仅进入师范生角色是不够的，听课教师真正的角色毕竟不是师范生，听课的目的也不是直接吸取知识，而是通过听课受到启发，这样就要根据讲课的内容和进程，把自己引入授课教师的角色，使自己处于"教"的情境中。听课者要考虑这个内容换作我该怎样教。将两种教学思路进行比较。当听课者进入教师的角色时，就能较多地关注：如何确定教学目标，教学目标以何种方式呈现；新课如何导入，如何创设教学情境，采取哪些导入技能策略；设计哪些问题引导师范生进行探究，如何设计教学活动；设计怎样的问题或任务引导师范生对新课内容和已有的知识进行整合；如何组织师范生对所学知识进行迁移应用。进入教师角色要避免两种态度：一是以局外人的身份去挑剔，看不到长处，不理解授课教师的设计思路；二是缺乏思考和参与，看不到授课者的缺点和短处。

（3）学习者角色。听课者在听课中要抱着虚心学习的态度，去发现授课者的长处，发现课堂教学的闪光点，以及对自己有启迪的教学理念和策略，做到取长补短，努力提高自己的教学水平。在听课时应该是审美者而不是批评家，要多学习授课者的闪光点，为我所用。从这个角度讲，听课教师不仅要用美的眼光去感受授课者的仪态美、语言美、板书美、直观教具美等外在的美；还要去领略授课者如何通过精巧的思维、严密的推理、严格的实证来充分展示科学的理性美；更要用心去体会授课者教学过程中的尊重、发现、合作与共享，这是更高境界的美，值得我们永远去追求学习。

（4）指导者角色。听课者如果从指导者的角度来听课，首先是熟悉教材，掌握课标，分析教材，设计教案。其次，运用已有的教育理论素养和自身的教学经验，能对课堂教学做出分析和判断。既能抓住授课人教学风格和长处，又能准确地发现授课人的不足，在归纳概括的基础上形成对授课者改进和提高的建议，为授课者做好指导性评议。

因此，无论从理论发展上，还是从教学改革实践来讲，微格教学技能项目化学习可以使师范生和教师之间平等对话，辩课的过程可以促进师范生自我诊断，辩课的结果可以提升教学技能，促进其对教学问题的深刻理解和把握。改革后增加辩课子项目就是为了及时充分的交流和互动，真正反思教学过程中的成败得失，使师范生明白哪些是值得肯定的是可以学习借鉴的，哪些是值得改进的，哪些是应该避免的。鼓励师范生参阅大量文献和案例，进行有理有据的辩论，所以辩课能提高评课的实效性，能增强教师和师范生的互动交流，能明确师范生教学技能训练的改进方向，能提高师范生自身的专业素质。

（二）设计意义

辩课是教师或师范生在备课、上课或者说课基础上，一方面可以就某一主题或教学的重点、难点和疑点等方面提出问题，展开辩论。另一方面可以在"同课异构"的横向辨析，以加深理解，真正促进授课人和听课人的共同提高。辩课强调开放和参与、民主和平等、独立思考。鼓励参与者从不同层面、不同角度，把自己或深或浅、或高或低的真实想法通通表达出来。通过彼此间的积极互动，真正实现授课者和听课者之间的平等对话，从而增加了思维碰撞和砥砺的成分。辩课在促进师范生专业发展方面具有以下意义。

通过"辩课"项目筹备，根据新课程改革和师范生从教实际需求，选择有价值的培训专题，有的放矢地解决当前师范生在教学技能训练中遇到的难点问题。增加指导教师和师范生的互动以及师范生之间的互动，提高师范生的积极性。收集全国教学名师教学视频和课件，观摩资料、全国化学教学名师的课堂实录、师范生微格技能训练视频，便于让师范生模仿、分析和评论，发现问题和分析问题，进而思考和讨论如何改进才能达到有效的教学行为。

通过"辩课"项目实施，作为授课人要简要阐述教学理念和设计思路，并亮出自己的观点。其次，面对来自评课人的提问和质疑，要做到机智应答，沉着应对。作为评课人，如果没有认真听课，没有潜心钻研，不可能出现妙语连珠的应答。因此辩课考验所有参与者的综合实力，激励师范生努力钻研教学，促进师范生深度挖掘教材、教法，促使师范生在自主、合作、交流中不断提升自身能力，对自身有更深入的认识与分析，潜移默化地影响师范生的学习方式，带动行为改变的发生，不断修正和形成自己的价值观。

通过"辩课"项目结题，要求撰写微格技能自评报告和微格技能训练常见问题分析及改进报告，力图将学习内容转化为师范生自身的教育观念和教学技能。通过撰写相关的论文或反思心得，以进一步梳理并优化自己的教学思想；或是把主题细分成几个循序渐进式的辩论赛，通过班级邮箱和网站答疑等方式进一步汇总团队智慧。要求每组整理汇编一本学习成果报告，可以成为下一届的学习资料，使教学取得更大的效益。

（三）设计方案

将项目化学习模式引入"化学微格教学"课程，师范生作为项目活动中"教""学""评"的多重主体，以微格教学技能培养为中心。通过辩课项目实施，以课例研讨为辩论提供起点，就教学目标的达成、技能设计、重点和难点的把握、教学效果等方面进行辩论或反思，研讨进一步改进和优化教学技能的学习过程。以翻转课堂的理念设置课前学习资源、在专门网站进行课前和课后的师生互动。以基础教育课程改革对师范生教学技能提出的新要求、高等师范学校对化学师范生技能训练提出的新要求作为总的设计原则，选取对教学实践最具指导性的内容为案例，师范生之间可以就某一教学技能进行实践—观察—辨析—再实践……，经过如此的多轮训练，师范生对教学技能经历了一个由生疏到熟悉再到熟练的过程，充分调动其学习主动性，使其教学技能得到充分提高。化学微格教学项目化学习的设计思路具体可参考图 4 - 2。

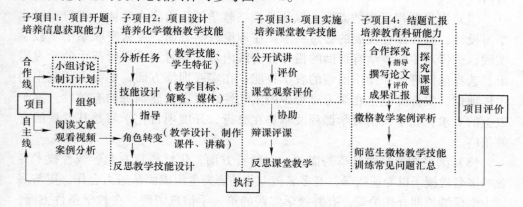

图 4 - 2　化学微格教学项目化学习的设计思路

（四）方案解读

1. 一个目标

以提高师范生化学微格教学技能为目标，开展项目化学习。通过 12 个微格训练项目，从导入、提问、讲解、演示、组织、试误、变化、强化、结束、板书、语言、信息化等单项教学技能训练到综合教学技能训练为项目学习任务。

2. 三个特点

该项目的特点是多侧面、小循环、快反馈。"多侧面"即在课堂教学中将知识的不同属性（特征）分散在不同技能中逐一揭示，帮助师范生暴露技能运用中存在问题。"小循环"即放大技能训练，如在 10min 的提问技能教学片段中反复运用多种提问方式，设计几个小的教学环节，使每一个环节只重点解决一个问题。"快反馈"即在微格教学技能训练中运用视频处理软件，将 10min 的教学片段截成微型片段，转化为课堂观察点，通过录像回放，进行及时评价与反馈，强化自我反思。

3. 三个满足

辩课提倡师范生不仅仅在倾听，还要思考，不仅仅在思考，还要发出自己的声音，增加思维碰撞。因此，能够满足师范生发展的需求、满足课程发展的需要、满足教学模式改革的需要。

（1）满足师范生发展需求。针对进入化学微格技能训练的化学师范生而言，从认知发展阶段看，处于认知发展的最高阶段，具有假设—演绎思维和逻辑推理思维能力。此时师范生更倾向于通过逻辑推理来获取知识和技能，因此辩课项目能够促进师范生从多个角度理解教学技能的含义。从其心理需求方面看，增加辩课项目能够使化学师范生渴望得到更多表达的机会，得到来自教师和同伴有针对性的指导建议、鼓励、肯定，能对自己有更清晰的认识，有助于师范生增强自信。

（2）满足课程发展的需要。以化学微格教学课程内容为载体，进行项目化学习设计，符合课程发展的必然要求。在理论教学方面，要紧密联系中学教学实践，选择对中学教学有帮助的指导性实践内容。要时刻掌握师范生的学习需求，选择他们理解和操作困难的教学技能；在实践训练方面，要突出师范生的主体地位，发挥师范生在学习过程中的主动性，保证技能训练的有效性。鉴于以上的要求，化学微格教学课程改革势在必行，开展项目化学习是其发展的有效策略。

（3）满足教学模式改革的需要。在师资方面，化学教育专业、教育技术专业的多名教授予以专业指导，有多名该专业的研究生组成团队通力合作，更与多所中学保持长期合作关系，有着教学实践的第一手信息资源。在教学条件方面，配有专门的微格教学教室，配备多台摄影仪器和视频剪辑设备供师范生学习使用，为化学微格教学课程进行项目化学习的设计和实施提供有利条件。

4. 四项基本原则

项目化学习在课例研讨、辩课互动和研修反思等过程中，帮助师范生最终形成个人的教育信念和行为，为了有效地开展化学微格技能项目化学习，在设计和实施中，应该注意以下原则。

（1）开放性原则。项目化学习要开放而富有创新活力，根据师范生学习的需要，提供开放的学习内容、学习空间、学习时间等。开展微格教学技能项目化学习理念在于把教学技能放大，通过辩课项目鼓励师范生"小题大议"，所谓"小题大议"就是确立辩题后，不能简单地谈谈个人看法，而是需要通过查阅文献和资料，用事实说话，全面深入地讨论，提出有深度的见解或切实可行的改进意见等。项目组成员间面对面交流，进行认知、情感、价值观等多方面多层次的深入探讨和交流，达到相互促进的目的。综合发挥多种学习方法的优势，激发师范生的学习兴趣，从而更好提高教学技能。

（2）实践性原则。辩课是鼓励探讨、争鸣的学习方式，实践中独立思考是辩课的基础，提倡参与者提出不同观点。辩课就是要让大家通过独立思考和充分准备后诉说自己的困惑，发表自己的观点，利用捕捉镜头、抓图等方式，结合理论知识，为自己的论点提供强有力的说明。

（3）平等性原则。辩课中，教师与师范生建立平等和谐的关系，师生能够平等对话，教师尽可能尊重师范生的独特见解，鼓励师范生在辩课过程中主动发现问题、提出问题、解决问题，在探索中获得新知识。

（4）情境性原则。项目化学习始终以技能训练过程中的真实的情境为主，以师范生技能训练视频为素材，应用所学到的理论知识来分析、判断，借助课堂观察表的观察点，找到师范生技能训练中的突出问题，作为研讨和辩论的主题，切实解决师范生技能训练中存在的问题，而不是凭空臆想出师范生可能存在的问题，保证项目化学习的真实性。

## 二、项目学习目标制定

本项目的目标包括理论学习目标、技能训练目标、教学反思目标等三部分，在理论学习目标方面：要求师范生充分学习课前学习资源中的内容，包括观看相关视频，阅读相关教材及文献等，整个学习过程需要进行记录与思考，对于疑难点及时通过网络反馈到师生互动版块中以便教师在课前了解所有师范生的课前学习情况；要求师范生与指导教师进行良好的课堂互动，在指导教师的引领与帮助下进行案例分析学习，及时归纳总结理论知识内容，构成自己的知识网络，其中理论知识主要包括导入技能、提问技能等 12 项基本教学技能的概念、类型和应用要点等，需要注意的是这些理论知识的获得要求师范生结合案例分析，而不是一味背诵习得；要求师范生在课后及时完成辩课相关讨论问题并及时通过网络反馈到讨论组。

在技能训练方面，要求师范生能根据理论学习，自主设计 12 项技能训练的教学设计，具有明确的设计思路和意图。通过多次试讲完善讲课稿，并在此基础上进行技能实训。最终进行公开观摩和微视频录制，能够运用会声会影将视频进行三维处理。

在评价反思方面，要求师范生能正确熟练使用微格技能评价表进行课堂观察。根据理论学习内容丰富或修改技能评价量表，以此为标准对自己和他人的训练情况进行定性和定量的系统评价，能够将自己和同伴在技能训练中存在的问题进行汇总，通过文献学习、专家咨询、小组讨论等手法寻找解决策略，并撰写研究报告。

### 三、项目学习活动设计

#### （一）微课体验

整个微课程的设计均以"翻转课堂"为核心理念，重新调整课堂内外的时间，将学习的决定权从教师转移给师范生，使师范生能够更专注于项目化学习。教师不再占用课堂的时间来讲授，增强实践性学习比重。整个设计过程包括：搜集往届师范生微格训练和评课视频；在学习经验调查的基础上，有针对性地确立课程目标；在课程目标的指导下，师范生协助教师精选制作剪辑训练和评课视频；筛选相关教材和文献，以此作为课前学习材料共享到网络资源中；严格依据微课程理念进行教学设计，组织教学活动；根据课堂预设和生成间的差别，进行学习评价和反思，从而调整教学设计。过程中每个阶段衔接紧密，步步为营，使整个设计呈现螺旋式上升的形式。

#### （二）课例实践

课例实践要安排优秀的一线教师进行课例活动展示，展示课后各项目组对课例的教学程序、教学策略、教学方法等进行分析。利用"以老带新"的教学方法，鼓励师范生自己去对比师范生和经验丰富的教师的差别，为辩课互动留下更多的思考空间，加快师范生的专业发展。

#### （三）辩课互动

对于课例的辩论，要确定好辩题，就某种教学理念与教学策略的落实情况，做具体分析和深入思考。要优化辩课的基本流程，为了避免出现"一家之言"的局面，辩课可以借鉴辩论赛的基本流程，注意时间把控，每个发言人尽量做到言简意赅，将观念进行提炼。要明确辩课的基本要求，应根据本次活动要探讨的主要问题，遵循从实践到理论再回到实践的认知规律进行有针对性的探讨，不宜空谈理论，要透过课堂实践归纳其背后的教学理论和理念，在有理有据的情况下，指出为什么不应该这样，如何处理可以更好，并以此提出改善实践的具体做法和策略。

（四）点评提升

由项目组和指导教师对课例示范及辩课互动进行点评、归纳、提升，指出其中的优点与不足。从授课者的师范生学习、教师教学、课程性质、课堂文化等方面进行剖析、引导，从双方辩手的立论依据、论点鲜明、思维逻辑性、辩才口才等方面进行概括和总结。

（五）研修反思

学习活动结束后，选出优秀师范生进行微格公开观摩课，从教学设计、课件制作、教学媒体应用、课堂教学效果等多方面起到示范作用。鼓励下一届师范生反复看、多模仿、勤练习、多琢磨。师范生撰写技能训练日志，归纳理论上的收获、可借鉴的教学方法、辩课中的启发，并反思自己日常教学中需要改进的地方。

# 第二节 化学微格教学项目化学习实施

本节重点讨论项目化学习在"化学微格教学"课程的运用，主要讨论如何设计合理的实施流程；项目选定后如何实施；实施过程中如何指导师范生进行化学微格教学项目化学习；如何组织师范生进行辩课活动，如何组织师范生进行课堂观察。

## 一、实施框架

（一）实施方式

开展化学微格教学技能项目化学习，优化教学过程和方法，规范师范生微格教学技能，坚持对师范生进行细致耐心的辅导，注重引导师范生在学习过程中以研究微格教学技能，采用多种评价方式，以过程性评价为主，鼓励师范生积极参与项目化学习，增强师生互动，体现教学相长。

项目实施包括六个阶段，一是"基于微课的学习"阶段，教师提供微课学习资源，为师生营造和谐的教学氛围，师范生获得感性认识，对微格技能的理论产生质疑和思考。二是"基于问题的学习"阶段，师范生将视频反复观看，利用会声会影软件分解和捕捉视频中的某些有价值的镜头，从中挖掘存在的问题，提炼出自己的观点。项目小组进行集中讨论，完善理论知识体系。三是"基于任务的学习"阶段，针对课例从教学内容、师范生特征、教学技能等进行分析获得教学设计思路。四是"可视化教学设计"阶段，确定教学目标，选择教学策略、教学媒体，撰写教案等，确定教学设计方案和讲稿，进行反复试讲和视频录制。

五是"课堂观察评价"阶段，借助微格技能课堂观察评价表，对教学视频进行反复观察，从4个维度多个观察点进行详细评价。六是"辩课项目"阶段，结合课堂观察中发现的问题，如教学目标的选择、教学重点的确定、教学技能的设计与应用等方面确定辩论主题，采用多种辩论方式开展活动，再将辩课讨论的结果用于修改教学设计，逐步排查问题，螺旋式上升。

（二）实施框架

具体化学微格教学项目化学习的实施框架可参考图4-3。

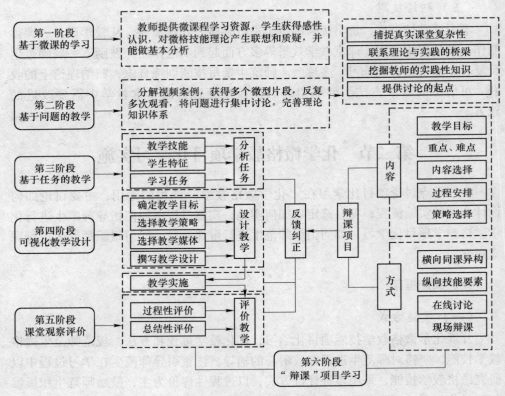

图4-3　化学微格教学项目化学习的实施框架

（三）实施细则

为保证本次项目的顺利进行，在本次项目确定之后，成立项目小组，以团体的形式进行项目化学习。项目实施过程中设置了对应任务的计划表，确保每个时间段项目成员明确自身任务，同时也有助于组内成员相互监督。对于项目所需的文献、访谈提纲、课例等资料，做详细划分后具体分配到每个小组成员。小组定期交流，进行辩课准备。找出课例中存在的问题及解决方案，从而给出有助于化学师范生教学技能训练的建议。最后总结本次项目化学习的成果，并对于此项目化学习做出反思。表4－1为化学微格教学项目化学习实施细则，仅作为参考，在具体实施中可以进行修改和补充。

表4－1　化学教学论实验项目构思

| 序号 | 项目 | 项目任务 | 实 施 细 则 |
|---|---|---|---|
| 1 | 文献收集 | 任务1 明确项目、制订计划 | 小组成立，讨论角色分工、日程安排，确定小组成员定期交流时间表 |
| | | 任务2 阅读文献、整理资料 | 在期刊网查阅该实验的相关资料、文献，讨论并汇总 |
| | | 任务3 资料分析、整合分类 | 资料整理交流，积极发言讨论，按照项目所需分类，并作记录 |
| 2 | 访谈资料收集 | 任务1 师范生访谈 | 依据访谈提纲，小组成员对于不同学校九年级师范生进行访谈 |
| | | 任务2 教师访谈 | 依据访谈提纲访谈不同学校九年级化学优秀教师 |
| | | 任务3 师范生访谈整理分析 | 分析师范生对于化学学科的认识以及师范生对于化学学习的看法 |
| | | 任务4 教师访谈整理分析 | 总结教师教学的经验以及可借鉴学习的有效教学方法 |
| 3 | 课例收集 | 任务1 教学设计稿收集 | 针对五个不同课题，每个课题分别收集三份教学设计稿 |
| | | 任务2 教学设计稿分析评价 | 组织小组成员讨论分析并针对每个课题下的教学设计稿书写对比分析 |
| | | 任务3 寻找教学设计中的问题 | 找出每个课题下三份教学设计中存在的问题，对比三位教师教学环节处理的差异及优缺点，并做详细整理 |
| | | 任务4 反思教学设计 | 从教师教学、师范生学习、课堂文化、课程性质反思教学 |
| 4 | 辩课实施 | 任务1 寻找辩题 | 就整理的问题展开讨论，确定辩题 |
| | | 任务2 成员分组，寻找依据 | 小组成员分组为正反两方，双方熟悉教学设计，寻找支持己方观点的论据，并整理记录 |
| | | 任务3 辩课实施 | 展开辩课，仔细记录辩课过程 |
| | | 任务4 解决方案提出 | 根据辩论结果给出每个课题下每位教师教学设计具体修改建议 |
| 5 | 总结回顾 | 任务1 汇总反思 | 汇总反思，制作本次项目化学习成果：研究报告册 |
| | | 任务2 回顾评价 | 回顾项目学习成果，进行评价。组间、组内共同评价项目实施成果，教师进行总结 |

**二、实施流程**

**（一）项目任务**

**1. 项目准备**

具体任务包括教师将 12 个微格技能的核心要点与理论知识重新整理组合，以微课程的全新形式呈现于教学之中。通过搜集往届师范生微格训练和评课视频及学习经验调查，针对实际教学中真正存在的问题和师范生关注的问题进行教学，精选制作剪辑训练和评课视频，筛选相关教材和文献，以此作为课前学习材料共享到网络资源中。

**2. 项目开题**

具体任务包括确定选题、文献调研、确定研究思路及方法、开题报告撰写及汇报，目的在于了解师范生能否理解微格技能的含义，化学微格教学技能类型、特征和设计原则。

**3. 项目设计**

具体任务包括确定主题，确定项目成员，确定场地，确定流程。确定主题的前提要做到以下几点：第一，要熟悉教材，了解教学内容、教学目标和单元主题，深入地研读文本，做到心中有数；第二，把自己当成授课教师尝试设计教学思路，并思考其教学的亮点；第三，明确辩课的主题，围绕主题收集相关的论据，使师范生在辩课前心中有课、心中有辩。确定主题是设计的核心，它具有目标性，是辩课项目的基本走向，更是评价辩课成效的依据；确定人员是设计的必要环节，设计时既要考虑辩论的双方参与者，也要考虑引领评判的专家。此外，可以邀请在职教育硕士和一线中学化学教师观摩与互动。确定场地是设计的重要保证，设计时要考虑活动的可视性、互动性，场地媒体资源的运用等。流程设计是设计的核心，它是指引活动开展的路线，保证活动有章可循，有据可依。

**4. 项目实施**

具体任务包括计划与生成两个方面。首先要根据活动前设计及活动设计方案，有条不紊地开展"辩课"活动。其次，要关注活动的生成过程，辩课同样具有开放性，每次辩课都是不可重复的激情和智慧相伴生成的过程，是思维尽情绽放的过程，不应是预设的一成不变的僵化程序的完成。进行辩课时，并不见得只是就问题而谈问题，在对教学中存在的问题作深入思考时，需要回忆、整合原有的经验，借用某些已有的理论来分析。在反思时联系自己授课的经历，并且把有关教育专家关于课堂教学的论述作为反思的基本参照，使辩课成为联系理论与经验的桥梁，这样的辩课摆脱了纯粹经验的说教，是对课堂实际行为的有效提升。辩课不是事不关己的"鸡蛋挑骨头"，而是需要将辩论得出的想法，得到的启示、体会、对策转化成为师范生改进和提高自身教学实践的具体举措。

5. 结题汇报

具体任务包括结题报告撰写、结题答辩，主要考核结题报告符合书写、排版规范，内容充实，分析深入，思路清晰，表达准确，逻辑严谨。设计的核心在于反思生成，及时捕捉课堂上哪些方面做得好，哪些环节还可以有其他解决办法，哪些地方还可以改进。这样就容易一事一议，最大限度地挖掘，以达到迅速提高的目的，只有辩课后勤于实践，才能促进理论的发展完善。

（二）实施流程

化学微格教学项目化学习需要经历项目准备、项目开题、项目设计、项目实施、结题汇报等 5 个过程，每个过程需要完成的具体项目任务不同，构建如图 4－4 所示的化学微格教学项目化学习实施流程。

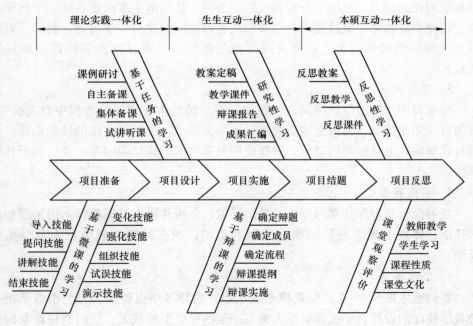

图 4－4 化学微格教学项目化学习的实施流程

（三）具体实施

1. 微课学习

化学微格教学微课程设计内容有十二项基本技能，包括：导入技能、讲解技能、提问技能、演示技能、强化技能、变化技能、语言技能、板书技能、组织技能、试误技能、结束技能和信息化技能。每项技能依具体情况进行 2～5 节的微课设计，设计模式采用体验式教学模式，结合具体教学内容，将情景探究式教学、问题解决式教学和案例教学等其他教学模式和教学方法有机融入其中，达到优化教学过程的效果。要求师范生充分学习课前学习资源中的内容，包括观看相关视频，阅读相关教材及文献等，整个学习过程需要进行自我记录与思考，对于疑难点及时通过网络反馈到师生互动版块中以便教师在课前了解所有师范生的课前学习情况。

2. 课例研讨

首先组织师范生观摩优秀教师的视频案例，可以帮助师范生反思和提高，对培养师范生的教学技能、积累实践性经验等方面有许多优势。师范生可以观察真实课堂，感受课堂的复杂性，从多个角度对案例进行分析和讨论，引导师范生关注自己的教学决策过程。师范生缺乏有意义地观察复杂的、快速的、互动的课堂教学经验，课例研讨可以弥补。师范生通过观察优秀教师的课堂、分析课堂、反思教师的教学行为，建构自己对教育教学的理解，形成自己的教学实践。课例研讨提供辩课的起点，提供了分析和反思的空间，让师范生多次观看同一个教学片段，以便搜寻教师决策过程中的细节和从各种不同的视角（学习者、教师、管理者）来观察教师的行为，有效促进师范生的反思，更好地发展师范生的反思实践。

3. 预备课

指定每四个师范生训练同一个技能，要求师范生在训练的过程中自主探究、重构自我知识体系，再以重构后的知识体系为基础，进行新一轮的技能训练。形成自我螺旋式上升提高的过程，旨在使师范生对所训练技能的重、难点知识熟练掌握。

4. 示范观摩

观看优秀教师和往届师范生的教学录像，分析片段中授课教师运用了哪些教学技能，体现了教学技能的哪些要素和类型，挖掘教师的教学行为及学生的反馈。

5. 组织备课

将师范生按照 4~5 人的规模组成小组，指导各小组备课，每个小组承担一种教学技能的设计，小组成员每人编写一至两种类型的教案；按照微格教案的编写格式写出教案并反复修改训练。

6. 角色扮演

角色扮演是微格教学的中心环节，是师范生接受教学技能的具体实践。在实践过程中，师范生应该轮流扮演教师、师范生、评价者，从而体验、感悟课堂教学的不同情境，多维度地理解教学内容，从中探究教与学的有效方法。

7. 辩课评价

依据录像记载的实际角色行为，结合定性和定量两种方法开展组内评价和班内评价。定量的方法即评价者在微格教学所要求的评价标准下根据各个技能的观察表进行充分的评价；定性的方法，即评价者通过讨论，为师范生的教学实践提出切实可行的意见和建议。辩课互动可采用双方辩课的规则如下：第一阶段——立论陈词：正反双方一辩先后发言，时间各为 3min。结合视频片段进行分析，阐明思路，阐明己方理由，力争做到观点鲜明，有理有据。第二阶段——补充陈词：由正反双方二辩先后补充陈词，借用微格教学理论，时间各为 3min。第三阶段——自由辩论：由正方开始，双方每次一人轮流发言，每方发言时间累计不超过 4min。第四阶段——结论陈词：由双方四辩陈述总结、充分表达己方观点，时间各为 3min。

8. 反思总结

整体评价后，每个人根据评价结果，写出教学反思，要求师范生在撰写反思时，应对照新课程的理念来审视课堂教学，反思如何落实新课程的课堂教学理念。

# 第三节　化学微格教学项目化学习评价

基础教育课程改革要求师范生掌握全新的教学技能，而微格教学训练是师范生掌握教学技能的主要方式。尝试将微格教学技能的要素、类型、功能、应用要点和课堂观察技术的四个维度建立联系，制定包括导入、提问、讲解、变化、演示、强化、试误、组织、结束技能的具有三级评价指标的微格教学技能评价体系，应用于化学师范生微格教学技能项目化学习，达到微格教学评价实现"自评、他评、师评"立体化评价的目的。

## 一、项目合作学习评价

### （一）设计方法

化学微格教学技能项目经历项目准备、项目开题、项目实施、结题汇报等过程。每个过程制定评价细则，对项目小组整体学习情况做全面客观的评价，对师范生学习积极性具有促进作用。因此，构建一个过程性、主体式的细则至关重要，能够对师范生进行过程指导和评价。

### （二）评价细则

评价细则的制定包括项目准备、项目开题、项目实施、结题汇报等 4 个环节为一级指标，将项目开题划分为实验选题、文献调研、确立研究思路及方法、开题报告撰写和汇报 5 个二级指标和 10 个三级指标。项目准备划分为自主备课和集体备课 2 个二级指标和 7 个三级指标。项目实施划分为目标、内容、实施、评价、资源、思考、民主 7 个二级指标和 12 个三级指标。项目结题划分为结题报告撰写、结题答辩、成果汇报 3 个二级指标和 6 个三级指标，具体见表 4-2～表 4-5。

**表 4 – 2　化学微格教学项目开题评价细则**

| 一级指标 | 二级指标 | 三 级 指 标 |
|---|---|---|
| 项目开题 | 课题选定 | 1. 确定课题内容和教学技能 |
| | | 2. 选题新颖，技能运用恰当 |
| | 文献调研 | 3. 文献调研广泛，资料阅读充分 |
| | | 4. 了解本技能研究动态，进行文献综述，综合分析能力强 |
| | 研究思路及方法 | 5. 预设教学思路和步骤 |
| | | 6. 确定技能类型、设计意图、要点 |
| | 开题报告撰写 | 7. 开题报告完全符合规范要求 |
| | | 8. 排版清晰，结构合理 |
| | 开题汇报 | 9. 语言陈述简练正确 |
| | | 10. 思路清晰，内容充实 |

**表 4 – 3　化学微格教学项目准备评价细则**

| 一级指标 | 二级指标 | 三 级 指 标 |
|---|---|---|
| 项目准备 | 自主备课 | 1. 信息化教学技能应用于改进教学 |
| | | 2. 教法科学、合理，所讲授的知识准确无误 |
| | | 3. 演示文稿准备认真，能够据此开展有效教学 |
| | | 4. 资源开发多样，资源使用合理 |
| | 集体备课 | 5. 善于表达和沟通，表现出组织和管理教学方面的能力 |
| | | 6. 在集体备课期间认真完成各项任务，积极参与讨论 |
| | | 7. 进行集中授课，并有对教学思路共享、教法研讨活动 |

**表 4 – 4　化学微格教学项目实施评价细则**

| 一级指标 | 二级指标 | 三 级 指 标 |
|---|---|---|
| 项目实施 | 目标 | 1. 目标是否适合师范生水平 |
| | | 2. 课堂有无新的目标生成 |
| | 内容 | 3. 是否凸显学科特点、核心技能及逻辑关系 |
| | | 4. 容量是否适合全体师范生 |
| | 实施 | 5. 是否关注学习方法的指导 |
| | 评价 | 6. 如何获取评价信息（回答、作业、表情），效果如何 |
| | | 7. 对评价信息是否解释、反馈、改进 |
| | 资源 | 8. 预设的教学资源是否全部使用 |
| | 思考 | 9. 是否全班师范生都在思考 |
| | | 10. 思考时间是否合适 |
| | 民主 | 11. 课堂氛围良好，文化气息浓厚，师生互动良好 |
| | | 12. 课堂上师范生情绪高涨 |

表 4 – 5　化学微格教学项目结题评价细则

| 一级指标 | 二级指标 | 三级指标 |
|---|---|---|
| 结题汇报 | 结题报告撰写 | 1. 结题报告符合书写、排版规范 |
| | | 2. 教学内容充实，研究深入 |
| | 作品汇报 | 3. 课件制作艺术性强、设计美观大方 |
| | | 4. 内容丰富，表现形式多样 |
| | 答辩汇报 | 5. 陈述语言简洁，思路清晰，表达准确 |
| | | 6. 提问回答准确，逻辑严谨 |

## 二、项目自主学习评价

项目自主学习评价是对每个师范生个人学习情况和表现进行评价，可采取师范生自评、他评和师评相结合的方式。引导师范生对自己同伴进行客观公正的评价，树立自检意识并逐步形成自知、自省、自控的能力。训练者结合观察点对教学片断进行评价，找出自己认为不足的环节。在教师和同伴的帮助下，师范生尽快熟悉教学环节，促进师范生教学技能的发展。

评价包括导入技能、提问技能、讲解技能、强化技能、结束技能五个基本教学技能，其他综合教学技能课参考吴晓红主编的教材《化学微格教学》，里面详细给出 12 个微格教学评价表。自主学习评价细则具体见表 4 – 6 ~ 表 4 – 10。

表 4 – 6　导入技能评价细则

| 评价指标 | 评价细则 |
|---|---|
| 准备 | 1. 师范生课前准备用具（教科书、笔记本、学案） |
| | 2. 师范生对新课的预习 |
| 倾听 | 3. 师范生对导入方式感兴趣的程度 |
| | 4. 导入开始时，师范生的参与 |
| | 5. 导入结束时，师范生的参与 |
| 互动 | 6. 师范生能够积极回答教师提问 |
| | 7. 师范生能够主动参与讨论 |
| 自主 | 8. 师范生能够进行自主学习 |
| | 9. 师范生自主学习效果如何 |
| 达成 | 10. 师范生对导入方式的认可程度 |
| | 11. 师范生能否回想起旧知识，明确学习内容 |
| 环节 | 12. 教师是否正确建立符合教学需要的导入情境 |

| 评价指标 | 评 价 细 则 |
|---|---|
| 呈示 | 13. 教师是否暗示师范生进入导入环节，唤醒师范生注意 |
| | 14. 教师是否教态自然，具有感染力、亲和力 |
| | 15. 教师是否语言流畅，表达清晰，用语规范，精炼 |
| 对话 | 16. 新旧知识是否联系紧密，目标明确 |
| 指导 | 17. 教师采用何种导入方式（联系旧知识、情景、直接、类比、演示、趣味等），效果如何 |
| | 18. 教师采用何种教学媒体辅助导入课题（挂图、模型、音频、视频、PPT 等），效果如何 |
| 机智 | 19. 根据实际情况，导入环节是否有所调整 |
| | 20. 教师处理突发事件是否得当 |

**表 4 - 7　提问技能评价细则**

| 评价指标 | 指 标 细 则 |
|---|---|
| 准备 | 1. 师范生课前是否准备用具（教科书、笔记本、学案） |
| | 2. 师范生对新课的预习 |
| 倾听 | 3. 师范生是否认真倾听教师提问 |
| | 4. 师范生能否复述教师的问题或其他同学的发言 |
| 互动 | 5. 师范生能否积极回答教师提问，主动参与讨论 |
| | 6. 师范生是否有行为变化，与教师有共鸣、认同、默契 |
| 自主 | 7. 师范生能否有序地进行自主学习 |
| | 8. 学优生和学困生是否能同时参与问题回答 |
| 达成 | 9. 师范生能否回想起旧知识，明确学习内容 |
| 环节 | 10. 教师提问的类型（A 回忆性提问；B 判断提问；C 理解性提问；D 比较提问；E 分析提问），效果如何 |
| | 11. 教师是否说明问题的目的和指向性 |
| | 12. 教师是否重复提出的问题 |
| | 13. 教师是否针对全班同学提问 |
| | 14. 教师提出问题的难易程度是否合适 |
| 呈示 | 15. 教师提问时语言是否清晰、简洁、语速适中 |
| | 16. 教师是否通过板书、媒体辅助提问 |
| 对话 | 17. 教师提问后能否给师范生留下充足思考时间 |
| | 18. 教师对师范生答案的理答方式（A 打断或代答；B 不理睬或批评；C 重复问题；D 提醒、指引；E 鼓励、称赞） |

| 评价指标 | 指 标 细 则 |
|---|---|
| 指导 | 19. 教师提出问题出现课堂空白时，是否引导师范生作答 |
| | 20. 教师是否理会师范生的质疑，给予正确、适时的回答 |
| 机智 | 21. 教师何处提问（A 知识衔接处；B 教学重点处；C 思维障碍处；D 规律探索处；E 知识延伸处；F 题目变通处） |
| | 22. 遇到不期待的回答时，教师的处理是否得当 |

### 表 4 - 8　讲解技能评价细则

| 评价指标 | 指 标 细 则 |
|---|---|
| 准备 | 1. 师范生课前是否准备用具（教科书、笔记本、学案） |
| | 2. 师范生对新课是否预习 |
| 倾听 | 3. 师范生对问题的回答情况 |
| | 4. 师范生倾听时有哪些辅助行为（A 笔记；B 查阅；C 回应） |
| 互动 | 5. 师范生是否积极回答教师提问 |
| | 6. 师范生能否主动参与讨论 |
| 自主 | 7. 师范生能否进行自主学习 |
| | 8. 师范生自主学习效果如何 |
| 达成 | 9. 师范生是否理解各部分知识 |
| | 10. 听不懂时，师范生行为是：A 请教教师或同学；B 不听课 |
| 环节 | 11. 教师能否清楚讲解各部分内容的联系 |
| | 12. 教师能否提出系列化关键问题、设计结构化的板书 |
| 呈示 | 13. 教师在分析与综合知识方面做得如何 |
| | 14. 语言是否形象、生动、精炼、逻辑性强 |
| | 15. 教师整个课堂情绪如何，是否受到师范生的影响 |
| 对话 | 16. 讲解内容是否符合师范生的学习目标 |
| | 17. 讲解、理答方式是否恰当 |
| 指导 | 18. 强调重、难点，引起注意 |
| | 19. 如何掌握师范生的学习情况？A 训练习题；B 提问；C 其他 |
| | 20. 怎样对待师范生的错误？A 及时纠正；B 不管；C 延迟纠正 |
| 机智 | 21. 教师处理突发事件的能力如何 |
| | 22. 教师是否有非语言行为（表情、移动、体态语） |

表 4 - 9　强化技能评价细则

| 评价指标 | 指 标 细 则 |
| --- | --- |
| 准备 | 1. 师范生课前准备用具（教科书、笔记本、学案） |
| | 2. 师范生对新课的预习 |
| 倾听 | 3. 师范生是否认真倾听教师授课 |
| | 4. 是否能复述教师讲课或其他同学的发言 |
| | 5. 倾听时，是否有辅助行为（记笔记、查阅资料、回应等） |
| 互动 | 6. 积极回答教师提问，主动参与讨论 |
| | 7. 师范生是否接受这种强化方式 |
| | 8. 师范生是否有行为变化，与教师有共鸣、认同、默契 |
| 自主 | 9. 能否有序地进行自主学习 |
| | 10. 自主学习效果如何 |
| 达成 | 11. 通过正强化，师范生是否感到满足，鼓励 |
| | 12. 通过负强化，是否能够巩固知识 |
| | 13. 师范生在教师进行强化后，是否立即引起注意 |
| 环节 | 14. 教师选择哪种强化方式，效果如何？A 语言强化（口头；书面）；B 动作强化（微笑；手势；沉默；点头，摇头；目视）；C 标志强化；D 活动强化；E 即时强化；F 延时强化 |
| | 15. 强化方式是否符合师范生年龄特点、认知水平 |
| | 16. 强化是否以正强化为主 |
| 呈示 | 17. 教师强化是否自然、得体、中肯、适度、富于亲切感 |
| | 18. 是否善于控制自我感情，一视同仁，耐心热情 |
| 对话 | 19. 通过强化是否向师范生提供线索、方法，帮助完善认知 |
| 指导 | 20. 采用何种辅助教学媒体指导师范生自主、合作、探究学习（挂图、模型、音频、视频、PPT 等），效果如何 |
| 机智 | 21. 是否根据师范生的行为变化选择恰当的强化方式 |
| | 22. 教师能否根据实际情况对师范生适时地使用强化技能 |

表 4 - 10　结束技能评价细则

| 评价指标 | 指 标 细 则 |
| --- | --- |
| 准备 | 1. 师范生课前准备用具（教科书、笔记本、学案） |
| | 2. 师范生对新课的预习 |
| 倾听 | 3. 师范生是否认真倾听教师授课 |
| | 4. 是否能复述教师讲课或其他同学的发言 |
| | 5. 倾听时是否有辅助行为（记笔记、查阅资料、回应） |

| 评价指标 | 指标细则 |
|---|---|
| 互动 | 6. 积极回答教师提问，主动参与讨论 |
| | 7. 师范生对结束类型是否感兴趣 |
| 自主 | 8. 能否有序地进行自主学习 |
| | 9. 自主学习效果如何 |
| 达成 | 10. 师范生是否意识到进入结束环节，主动参与，互动 |
| | 11. 师范生倾向何种结束手段（语言、彩色板书、手势） |
| 环节 | 12. 教师选用哪种结束方式，效果如何（A 概括总结；B 分析比较；C 巩固练习；D 串联结块；E 歌诀、游戏法；F 其他） |
| | 13. 结束方式与内容是否与教学目标相适应 |
| | 14. 结束部分是否安排师范生活动（练习、提问、小结等） |
| | 15. 教师是否布置作业 |
| 呈示 | 16. 教师对知识的概括是否简练、明确、具体、清楚 |
| | 17. 教师是否暗示师范生进入结束环节，唤醒师范生注意 |
| 对话 | 18. 是否启发思维，培养能力，留下思考空间 |
| 指导 | 19. 采用何种辅助教学媒体指导师范生自主、合作、探究学习（挂图、模型、音频、视频、PPT 等），效果如何 |
| 机智 | 20. 处理突发事件是否得当 |
| | 21. 呈现哪些非言语行为（表情、移动、体态语、沉默） |

# 第四节　化学微格教学项目化学习案例

此次师范生教学技能大赛，作为项目化学习汇报，旨在提高师范生的微格教学技能，促进师范生专业综合实践能力的发展，为师范生提供一个锻炼自我、提升自我的平台，展示良好的教学实践水平和风采，提升实践意识，引导就业观念。此次大赛既是对化学师范生微格技能水平进行了一次集中检阅，也为师范生们提供了学习、交流、展示的平台，对进一步提高师范生教学技能具有重要意义，同时，为项目化学习划上圆满句号。邀请一线优秀教师评审指导，促使师范生能够积累直接的教学经验，提高综合教学素质。

## 一、项目策划

具体项目策划见表 4 – 11。

表4-11 项目策划书

| 项目名称 | 化学微格教学技能项目化学习 |
|---|---|
| 项目内容 | 以提高化学师范生的教学技能和科研能力为根本，以解决师范生教学技能实践中所面临的实际问题为目标，大力推行"辩课"项目化学习，鼓励化学专业师范生热爱教师职业，刻苦钻研，不断提高自身的化学教学素质和能力 |
| 项目目标意义 | 通过开展"以平等的姿态，质疑的精神，变革的力量，钻研的态度进行深度评课"为主题的辩课活动，为化学师范生提供探索新课程背景下有效课堂观察的平台，切实提高师范生教学技能。辩课在促进师范生专业发展方面具有以下意义：第一，辩课在教学技能训练中为师范生与教师搭建一个可以平等对话的平台；第二，辩课的过程就是师范生自我诊断的过程；第三，辩课的结果提升其专业思维的水准，促进其对教学问题的深刻理解和把握 |
| 前期准备 | 为做好化学师范生实验技能培训工作，特此成立培训工作小组，培训内容包括：<br>教育理论培训：学习教学设计所涉及的基本教育理论、教学理论，了解化学教学改革的趋势。<br>教学设计技能训练：理解教学设计的概念，了解教学设计的方法，通过训练掌握制定教学目标、分析和处理教材、了解师范生、制定教学策略和编写教案的方法。<br>教学媒体技能训练：了解教学媒体的种类和功能，掌握现代教学媒体的使用方法及教学软件的制作方法；能根据教学内容和师范生的特点选择、使用教学媒体，设计制作教学所需的教学软件及简易教具。<br>教学设计文本书写培训：交流介绍历年参赛经验，就教学设计文本书写过程中的格式、内容进行规范；重点介绍教学设计中常用的概念图、思维导图等软件，从而增强师范生的信息技术的使用能力。<br>新课程理念培训：介绍新课程发展过程中的一些前沿理念，为提升新理念下进行创新教学设计，形成独特的、个性化的教学风格奠定基础 |
| 实施方案 | 开展辩课活动。以项目组为单位，确定辩课主题。如导入技能的设计与运用、教学情境创设，重点、难点的把握，课堂提问的艺术，课堂强化的艺术，教学方法与媒体的利用等，小组之间围绕主题展开平等对话，寻找对策，达成共识。采取多媒体课件授课、课堂讲授、课堂研讨、案例分析、探究性学习、自我研修相结合。活动最终各组提交《师范生微格技能训练常见问题汇总与分析》开题报告、论文、结题报告、汇报课件、反思总结。<br>（1）筛选11级教学视频，从中选出典型教学片断。<br>（2）分析典型教学片断，针对"辩什么""怎么辩"做进一步设计与分析。<br>（3）设计师范生教学技能"辩课"的模式、实施步骤。<br>（4）跟踪"宁夏大学师范生教学技能大赛"，反复观看比赛视频，进行辩课。<br>（5）进入实习学校后，听经验丰富的中学教师的不同类型的课程，进行记录，组织辩课。<br>（6）总结师范生有效技能训练十大常见问题及解决意见附案例评析。<br>实施计划：<br>第一阶段：成立小组，进行人员分工。查阅文献、收集典型教学片断、设计调查问卷等。 |

续表 4 – 11

| 项目名称 | 化学微格教学技能项目化学习 |
|---|---|
| 实施方案 | 　　第二阶段：设计师范生教学技能训练"辩课"的一般模式与实施步骤。以 11 级教学片断先进行试行。<br>　　第三阶段：针对我院"师范生教学技能大赛"教学片断进行辩课、评课。讨论出阻碍师范生有效技能训练的十大热点问题。<br>　　第四阶段：选取银川几所中学实习听课，针对十大问题提出较为合理的解决策略或改进意见。<br>　　第五阶段：总结归纳，撰写报告 |
| 创新点 | 　　辩课是一种新型教研方式。这种方式更加强调开放和参与，更加强调民主和平等，更加强调独立思考。让大家从不同层面、不同角度，把自己或深或浅、或高或低的真实想法通通亮出来。通过彼此间的积极互动，真正实现上课者和听课者之间的平等对话，普通教师与专家名师之间的平等对话。辩课使得"我们不仅仅在倾听，我们还要思考；我们不仅仅在思考，我们还要发出自己的声音"，从而增加了思维碰撞和砥砺的成分。<br>　　(1) 通过"辩课"实施，在同课异构的基础上，促进师范生优化微格教学技能。<br>　　(2) 通过"辩课"内容，促进师范生深度挖掘教材、教法。<br>　　(3) 通过"辩课"平台，使得师范生形成学习共同体，提高教学技能 |

## 二、项目启动

具体项目启动方案见表 4 – 12。

### 表 4 – 12　项目启动方案

| 活动名称 | 微格教学技能大赛动员会 |
|---|---|
| 活动主题 | 平等的姿态，质疑的精神，创新的力量，钻研的态度 |
| 活动地点 | 多功能活动室 |
| 活动参与人员 | 化学师范生、课题组教师 |

一、活动目的

为保证宁夏大学首届化学师范生教学技能大赛的顺利开展，充分调动同学们参加此次赛事的积极性，让更多的同学参加到此次赛事中来，学院举办化学师范生教学设计大赛动员会

二、实施步骤安排

(1) 在学院网站和公告栏宣传此次动员会，增加宣传力度，要求我院师范生和教师准时到场参加。

(2) 宣告比赛主题、要求、时间、流程以及成绩评定标准。

(3) 说明参加此次大赛的目的和意义，分析咱们的优势和劣势，鼓励大家积极参与。

(4) 邀请往届参赛师范生进行经验分享。

(5) 由指导教师介绍参赛经验。将参赛选手进行分组：导入、提问、讲解、演示、强化、变化、试误和结束等技能小组。

(6) 结成小组，分配指导教师。讨论培训计划、地点和时间。

(7) 整理选题清单，每人至少选定四个参赛选题

## 三、项目中期

具体项目中期活动见表 4-13。

表 4-13　项目中期活动方案

| 活动名称 | 世界咖啡带来的思考 |
|---|---|
| 活动主题 | 如何利用课堂观察表进行评课和辩课 |
| 活动地点 | 多功能活动室 |
| 活动参与人员 | 化学师范生、课题组教师 |

一、活动背景

通过微格教学对各个技能的深入训练，一定能够使师范生的各项教学技能得到跨越式的提高。技能训练的好坏更是我们关注的地方，将课堂观察运用到微格技能评价中，使得对师范生技能训练程度有一个科学合理的评价，既有利于教师对师范生的评价，更有利于师范生借助课堂观察这一工具进行自我评价，从而能够不断加强师范生的各项教学技能

二、活动目的

基于"世界咖啡"的培训理念，帮助学员创设温馨、和谐的交流氛围，让师范生能够敞开心扉进行深入的交流、深入的讨论、深入的学习，在多角度分析课堂观察评价表的应用价值的基础上，探讨了教师教学、师范生学习、课程性质、课堂文化等四个维度观察点的设计依据和应用要点，以期提供微格教学技能评价可视化的思维模型，指导教学反思实践

三、活动培训

设计观察评价表的最终目的就是将观察评价表应用于课堂的观察，观察评价表将各技能在训练中要注意的各个问题，具体化为一个个的观察点，将整个技能拆解为一个个小单元，在课堂上通过对师范生此技能的各个点进行观察记录，从而收集到师范生在技能训练中存在的问题，针对发现的问题来帮助师范生不断完善，因此观察评价表帮助我们真实反映出师范生技能训练的整个过程，不仅为师范生提供了发现自身不足的有效材料，促进其自我反思，也有利于观察者的技能学习与锻炼

四、实施步骤安排

| 程　序 | 活　动 |
|---|---|
| 设定主持人 2 名 | 播放导入技能训练视频。<br>主持人：通过导入技能，容易调动师范生对新课的兴趣和师范生对新课学习的热情，使教师的教学目标轻松完成，易有积极性和教师配合，达到师生思维同步。下面请各桌从教师教学、学生学习、课程性质、课堂文化四个维度对导入技能训练视频进行分析和评价 |
| 来到"咖啡屋"，分桌就座 | 建立"圆桌讨论"，聆听他人之言，鼓励大家发表，联结多元的观点。要求每一桌推选一名桌长进行咖啡桌主持，推选另一名记录员进行概括和归纳。面对面的圆桌式的座位，咖啡和水果上桌。调动汇谈气氛 |
| "咖啡"上桌 | 找到自己的咖啡桌，桌长组织讨论，每人发言（1 次不超过 3min，可以多次）桌长负责对本桌针对研讨问题提出 5 个主要观点 |
| 再来一杯，如何？小组其他成员进行换组讨论 | 桌长留下，其他成员分散到其他咖啡桌。桌长热情介绍本桌首轮观点。来宾介绍自己咖啡桌讨论结果，对新到咖啡桌发表观点 |

续表 4 – 13

| 程　序 | 活　动 |
|---|---|
| 再来第三杯，进行第二次换组讨论 | 　　桌长留下，其他成员第二次分散到其他不同咖啡厅，同上轮。各桌集合，汇聚本桌观点。<br>　　桌长记录、补充、完善上述 5 条观点 |
| 进行成果展示 | 　　各桌集合，汇聚本桌观点。桌长或代表汇报，主持人及学员代表点评活动内容与形式，其他成员进行补充<br>　　桌长向全班同学展示本桌的观察记录和分析评价表，并简洁概括设计的理念和特点，其他师范生可以进行补充或反驳，分别发表其看法，提出进一步改进的措施和建议。准备 5min 的汇报内容 |
| 汇谈成果 | 　　各小组讨论结果：见表 4 – 14 |

五、活动总结

运用评价表观察化学师范生微格教学的训练过程，按照评价表中的观察点来观察师范生的微格教学技能，不仅提高了评课效率，同时提供了评价的方式，使评价任务更加具体化。微格教学技能评价体系为师范生微格教学技能评价提供了理论依据，师范生借助观察评价表，根据观察结果撰写分析报告，有效完成评价任务。参与评价的化学师范生一致认为微格教学技能评价体系提高了评课效率，使评课任务更加具体，评价结果的呈现有理有据

六、活动准备

（1）纸张：大白纸 30 张；（2）笔：马克笔、彩笔若干；（3）电脑、音响、音乐：轻音乐，U 盘；（4）咖啡、水果等，会场布置

### 表 4 – 14　导入技能案例分析表

| 维度 | 授课教师行为 | 意见或建议 |
|---|---|---|
| 教师教学 | 　　（1）利用"指纹破案"的故事引出碘元素，再由碘元素引出课题卤族元素。但是绕的圈子有些大了，未能正确建立符合教学需要的情景。<br>　　（2）此次训练用时 4min，视频播放就占据 1min40s，而视频又没有将化学知识破案原理交代清楚，所以这块设计比较失败。<br>　　（3）在播放视频前，教师没有给师范生提出需要思考的问题，导致导入的目的性不强，偏离教学内容。<br>　　（4）教师在上课开始，手里一直拿着粉笔转，这样会分散师范生的注意力，影响教师形象。<br>　　（5）语言流畅，表达清晰，用语规范，但是略显不自然，没有与师范生进行眼神的交流，眼神一直以向下 45°望去。<br>　　（6）讲台上除了一台笔记本电脑和一根粉笔，其他教学用具都没有 | 　　（1）可以做一个碘显示指纹的小实验，引出课题。<br>　　教师可以像讲故事一样将整个视频进行转述，直接将你所表达的知识穿插进来。避免绕一个很大的圈子，反倒将师范生的兴趣吸引到其他问题上。<br>　　（2）在上课开始后，尽量不做与教学无关的行为，不出现影响教师形象的动作，不做分散师范生注意力、破坏课堂气氛的事情。<br>　　（3）教师上课一定要将课本、教案放在桌子上。如果出现遗忘，可以随时翻看。同时也是为师范生做榜样，提醒师范生上课要准备好学习用具 |

| 维度 | 授课教师行为 | 意见或建议 |
|---|---|---|
| 学生学习 | (1) 师范生准备的学习用具有：课本、笔记本。<br>(2) 师范生对导入方式感到很迷惑，不知道跟本节课有什么联系。<br>(3) 导入开始时全部的师范生都注意力很集中，直到播放到后面的时候，有大部分师范生不怎么看视频。<br>(4) 师范生没有讨论，没有思考的机会，一直在听教师讲解 | (1) 导入方式紧扣教学内容，设置的教学情境要凸显化学学科特点。<br>(2) 导入要把握最佳兴趣时间，在有限的时间将内容引出来。<br>(3) 可以为师范生提出问题，让师范生进行思考讨论，预测碘为什么能作为指纹鉴定 |
| 课程文化 | (1) 课堂气氛沉闷，师生互动很少。<br>(2) 教师自始至终没有特意关注某个师范生，或是照顾集体感受，一直在背课。<br>(3) 教师的情绪良好，但并没有影响带动师范生 | (1) 以探究实验导入，让师范生配合教师操作。<br>(2) 联系旧知识预测实验结果，讨论形成原因 |
| 课堂性质 | (1) 教学目标不明确，导致导入设计失败。<br>(2) 未能关注在教学过程中获得的反馈信息，只是就自己准备的内容一个接一个地进行。<br>(3) 预设教学资源没能帮助学习目标达成。<br>(4) 没有生成与学习目标有关的资源 | (1) 熟悉教学内容，熟悉课本。参考其他专家的教学设计。<br>(2) 及时根据师范生的反馈调整教学策略。<br>(3) 资源利用要选择适当，要能体现学科特点，教学目标。<br>(4) 不能就导入而导入，导入要与教学内容密切联系 |

## 四、项目结题

具体项目结题报告见表 4 - 15。

**表 4 - 15　项目结题报告**

| 项目名称：化学微格教学技能项目化学习 | |
|---|---|
| 项目实施 | 为了促进师范生教学技能提高，本次比赛有来自化学师范专业 2011 级的 40 名选手参赛，参赛选手们经历了 4 个月的指导学习，经过了初赛的层层选拔，最终有 10 份参赛作品进入决赛。决赛共分说明设计思路、现场授课、即席演讲和辩课四个环节。有 10 个项目组参加了辩课研讨活动，就教学技能的运用、类型、方法等方面提出问题，展开辩论，在相互平等与尊重的氛围中，大家畅所欲言，求同存异，真正促进了教师教学水平的共同提高。参加评选的选手准备充分，精心设计，教学方法灵活，体现了各自的教学风格，促进了师范生的共同成长 |

续表 4 – 15

| 项目总结 | 本次比赛得到了学院领导的大力支持，在师范生的积极参与下，呈现出四大亮点。 <br><br> 亮点一：本次比赛不仅邀请了学校、学院领导，也诚邀我区重点中学的资深教师出席。并为参赛选手们做了精彩的点评，为师范生面试提出几点建议。 <br><br> 亮点二：在以往比赛的经验基础上，为了适应新形势、新课改对教师提出的新要求，以就业为导向，此次初赛特别增加了教案评比，在决赛增加即席演讲环节，旨在提高师范生的教学设计能力和语言表达能力，为社会培养出综合能力较强的明日之师。 <br><br> 亮点三：与以往选手的黑板授课相比，本届比赛选手们全部使用了多媒体与板书相结合的教学方式，还有借助思维导图进行授课，提高了课堂效率，优化了课堂教学，改变教与学的方法，充分体现了新课程改革的素质教育理念。 <br><br> 亮点四：比赛过程中穿插了颁奖环节，旨在表扬优秀、树立模范，鼓励学院师范生再创佳绩。 <br><br> 此次教学技能大赛不仅为全院师范生提供了一个展示自我、挑战自我的舞台，也是对师范生综合素质的一次检验，对于提高化学师范生综合职业能力具有重要意义 |
|---|---|

## 五、项目作品

项目作品包括项目小组的开题报告和结题报告，具体见表 4 – 16 和表 4 – 17。

### 表 4 – 16　项目开题报告

项目名称：化学师范生微课程案例评析

项目成员：黑晓霞　张亚茹　陈思彤　孙婕

一、立项依据（项目的意义、前期工作及现状分析）

（一）项目意义

评课作为教师必备的实践性知识，只有通过行动中体验才能达到学会和提高的目的。微格教学中的师范生自评和生生互评给评课技能训练提供了最好的实践机会。研究过程中选取典型的教学技能训练视频，结合各技能本身的功能、类型及要素，采用多维度、多层级的观察量表进行全方位定量、定性的评价，实现教与评的同步提升。主要包括以下几方面的意义：第一，帮助师范生更全面高效地发现技能训练中的不足，促进其有针对性的改善；第二，帮助师范生更客观有效地评价技能训练中的内容，深化其评课能力和意识；第三，为下一届师范生的微格评课训练提供参考；第四，为微格微课程的开发提供导学材料。

（二）前期工作

（1）查阅资料，深入了解各种技能的类型、要素、功能，对其进行细致的分析，结合过往评价研究，找出适合不同技能的评价方式。

（2）学习视频的剪辑和制作等相关教育技术。

（3）观看往届师范生微格训练和评课视频，对其内容和过程进行学习，总结经验，寻找可突破和可优化的地方。

（三）现状分析

评课作为教师必备的实践性知识，只有在行动中体验才能达到学会和提高的目的。但是目前的微格教学中的反馈与评价多由指导教师实施。师范生对评课既不重视也未得到充分的训练。而且，目前国内外对如何在微课程教学中进行评课技能训练也鲜见报道。而且，微格教学技能评价以教师点评、本小组师范生互评为主，对师范生教学技能的学习和提高起到了一定的作用，但受限于时间、设备等客观条件，存在很多不尽如人意的地方，与微格教学训练模式网络化发展不协调。通过对微格教学技能评价现状的分析，我们将会针对不同技能训练的教学方式进行更加细致的评价，并且做出一个评价的方案，给后面的师范生的微格教学提供理论依据、导学材料

二、实施方案

（1）前期学习阶段：查阅文献资料，学习评课理论和相关教育技术；观看往届微格训练和评价视频，总结经验，寻找突破和优化点。

（2）量表制作阶段：在已有观察量表基础上，结合不同技能的功能、类型和要素等对量表进行改进。

（3）视频筛选阶段：观看 11 级化学师范班教学技能视频，从中选出不同微格技能的典型训练片段。

（4）分析研究阶段：运用已制作的观察量表，分析典型教学片断，对师范生的技能训练进行分析评价，找出不足，总结反思。

（5）实施应用阶段：对上述评课研究进行影像录制和编辑，在下一届师范生微格训练前进行播放和培训，为其后期的微格训练和评价提供参考，也为微格微课程提供导学材料。

实施计划：

2014.4：成立小组，进行人员分工。

2014.4 ~ 2014.5：查阅文献、搜集资料，学习相关教育技术；学习往届微格评课方式。

2014.5 ~ 2014.7：在已有观察量表基础上，结合不同技能的功能、类型和要素对量表进行改进。

2014.7 ~ 2014.8：观看 2011 级化学师范班级教学技能视频，从中选出典型教学片断。

2014.8 ~ 2014.11：运用已制作的观察量表，分析典型教学片断，分析评价师范生的技能训练过程，找出不足，总结反思。

2014.11 ~ 2014.12：录制评课视频的，进行后期编辑；同步继续修改和完善观察量表。

2014.12 ~ 2015.3：总结归纳，撰写报告。

可行性分析：

在过往的教学中，我们积累的大量的素材，包括：多版本微格教材和相关文献；多届师范生的微格训练和评课视频；"四维度、三层级"的微格技能观察量表。这些充实的资料都为本次的研究奠定了坚实的基础。吴晓红教授在化学微格训练方面有着多年的经验，作为指导教师会给我们的研究指定明确的道路，加上我们团队的不懈努力和精诚合作以及学校和学院给予的技术支持，相信本次研究会在规定时间内保质保量地顺利完成

三、创新点简介

在查阅大量文献资料和观看大量往届视频的基础上，结合各技能的功能、类型和要素等丰富原有"四维度、三层级"的观察量表，更全面有效地找到师范生微格技能训练中的不足，提高其教学技能的同时，促进了师范生评课能力的提高。即观察量表的制作较以往来说更全面具体，有针对性。除此之外，在众多训练视频中筛选出最有代表性的进行分析，无论是训练视频，还是重新录制的评价视频，都为下一届的微格课程提供了有效的参考

四、预期目标及成果形式

（1）完成为本届师范生的微格教学的纠错工作。

（2）设计评价方案，为下届师范生的学习提供评价案例。

（3）总结导学材料，为师范生的微格微课程提供参考。

（4）成果形式：研究报告 1 篇

### 表 4 - 17　项目结题报告

项目名称：化学微格教学微课程案例评析

项目成员：黑晓霞　张亚茹　陈思彤　孙婕

项目主要研究内容及成果摘要：

（1）构建了化学师范生微格教学技能评价体系。该评价体系主要包括提问技能课堂观察量表、变化技能课堂观察量表、演示技能课堂观察量表、强化技能课堂观察量表、试误技能课堂观察量表、讲解技能课堂观察量表、导入技能课堂观察量表、结束技能课堂观察量表。

（2）提供了化学师范生微格教学技能评价案例。选取 2010 级和 2011 级化学师范微格教学中的典型视频，利用评价体系对各个技能的训练进行综合性评价形成案例，为后面的师范生的评课提供了参考材料。

（3）录制了化学师范生微格教学技能评价微课程。将形成的化学师范生微格教学技能评价案例，录制成微课程放到学校化学微格教学网站，给下届师范生提供课前学习资源，也为微格微课程的开发提供导学材料。

成果摘要：（1）完成为本届师范生的微格教学的纠错工作。（2）设计评价方案，为下届师范生的学习提供评价案例。（3）总结导学材料，为师范生的微格微课程提供参考

续表 4 - 17

项目效果自我评价（包括预期目标、最终结果、研究过程、心得体会等）：

本项目预期完成为本届师范生的微格教学的纠错工作；设计评价方案，为下届师范生的学习提供评价案例；总结导学材料，为师范生的微格微课程提供参考这三项任务，本小组成员能够按时完成研究任务，撰写了研究报告。

在研究过程中，本文先在崔永溺课堂观察研究的基础上，对变化技能、强化技能、演示技能、提问技能的课堂量表中的 21 个视角中的观察点进行了丰富，构建出化学师范生微格教学技能评价体系，能够更全面地去评价师范生的技能训练。然后结合建构主义理论、发展评价理论和微课程评价理论，利用丰富后的观察量表，选取 2010 级和 2011 级化学师范生微格教学中的典型视频进行了评价，并形成评价案例，录制成微课程。通过此次研究，我们对于化学微格教学有了更深刻的学习，相信我们在今后的教学工作中也尽量克服相同问题的出现

## 六、项目反馈

具体化学微格教学项目化学习调查问卷见表 4 - 18。

**表4－18　化学微格教学项目化学习调查问卷**

| 项目 | 问卷内容 | 调查结果 |
|---|---|---|
| 学习兴趣调查 | 1. 对学习《化学微格教学》课感兴趣的程度 | A 很感兴趣；B 感兴趣；C 一般感兴趣；E 很不感兴趣 |
| | 2. 你对《化学微格教学》课感兴趣的原因是 | A 考试成绩；B 教师讲得好；C 能够系统地学习教学技能；D 学习资源丰富，实践机会多 |
| | 3. "化学微格教学"课的教学模式完全不同于其他课程，我觉得很感兴趣 | A 很符合；B 符合；C 不符合；D 一般符合；E 很不符合 |
| | 4 "化学微格教学"课的教学注重实践训练，我愿意投入更多精力和热情 | A 很符合；B 符合；C 不符合；D 一般符合；E 很不符合 |
| | 5. 指导教师具有丰富的教学经验和极大的耐心，使得我愿意向教师认真学习 | A 很符合；B 符合；C 不符合；D 一般符合；E 很不符合 |
| 学习方法 | 6. 当学习遇到困难时，我会先尝试通过查阅文献资料，有一定想法后再去跟教师同学请教 | A 很符合；B 符合；C 不符合；D 一般符合；E 很不符合 |
| | 7. 在教学技能训练过程中，我会经常观察、模仿优秀教学录像和名师公开课视频 | A 很符合；B 符合；C 不符合；D 一般符合；E 很不符合 |
| | 8. 我希望每次公开课都能突破自我，所以课下总是认真练讲，反复推敲，直到满意为止 | A 很符合；B 符合；C 不符合；D 一般符合；E 很不符合 |
| | 9. 正式讲公开课前，修改教学设计的次数 | A 少于5 遍；B 不少于10 遍；C 不少于20 遍；D 基本没有修改过 |
| | 10. 经过多次修改，现在对教学设计比较满意 | A 很符合；B 符合；C 不符合；D 一般符合；E 很不符合 |
| | 11. 目前对教学设计最满意的地方在于 | A 教学模式；B 教学方法；C 教学过程；D 教学媒体；E 教学素材 |
| | 12. 正式讲公开课前，独自或在小组、教师面前完整练讲的次数 | A 少于5 遍；B 不少于10 遍；C 不少于20 遍；D 基本没有练过 |
| | 13. 反复修改和多次试讲，现在对自己的公开课比较满意 | A 很符合；B 符合；C 不符合；D 一般符合；E 很不符合 |
| | 14. 目前对公开课还不满意的地方在于 | A 书写板书；B 课堂提问；C 课堂讲解；D 师生互动；E 演示实验；F 课堂导入 |
| | 15. 随着练讲次数的增加，我对自己的要求越来越严格，发现的问题越来越多 | A 很符合；B 符合；C 不符合；D 一般符合；E 很不符合 |

续表 4－18

| 项目 | 问卷内容 | 调查结果 |
|---|---|---|
| 学习方法 | 16. 随着观摩课次数的增加，我学到了更多优秀的教学方法和模式，并在教学中得以应用 | A 很符合；B 符合；C 不符合；D 一般符合；E 很不符合 |
| | 17. 我更喜欢和指导教师、小组成员集体备课 | A 很符合；B 符合；C 不符合；D 一般符合；E 很不符合 |
| | 18. 我敢于在教师和同学面前表达内心的想法 | A 很符合；B 符合；C 不符合；D 一般符合；E 很不符合 |
| | 19. 评课中，每次教师和同学对我的教学提出质疑，我会耐心、细致地重新解释一遍 | A 很符合；B 符合；C 不符合；D 一般符合；E 很不符合 |
| | 20. 课后，我会将教师和同学提出的意见认真思考，并及时作出改正 | A 很符合；B 符合；C 不符合；D 一般符合；E 很不符合 |
| | 21. 每次试讲后，我都会对自己的教学过程反思 | A 很符合；B 符合；C 不符合；D 一般符合；E 很不符合 |
| 了解感受体会收获 | 22. 经过一学期训练，我接受项目化学习 | A 很符合；B 符合；C 不符合；D 一般符合；E 很不符合 |
| | 23. 在评课中，教师和同学给你提出的意见和建议，能帮到自己，感到比较满意 | A 很符合；B 符合；C 不符合；D 一般符合；E 很不符合 |
| | 24. 我觉得评课中难免有不同的意见和争论，通过有理有据的辩论是有必要的，能够为自己积累更多经验 | A 很符合；B 符合；C 不符合；D 一般符合；E 很不符合 |
| | 25. 教学技能训练中，我从指导教师和同学身上学到很多经验和技巧，对我会有很多帮助 | A 很符合；B 符合；C 不符合；D 一般符合；E 很不符合 |
| | 26. 现在对自己比较有信心，迫切希望走进真正的中学课堂锻炼自己 | A 很符合；B 符合；C 不符合；D 一般符合；E 很不符合 |
| | 27. 今后从事教育，我更愿意成为一名研究型教师，而不是成为一成不变的教师 | A 很符合；B 符合；C 不符合；D 一般符合；E 很不符合 |

## 七、项目总结

　　经过一学期的化学微格教学项目化学习，在学期末指导教师和师范生共同进行项目化学习总结，主要包括以下几个方面：学习内容、实践内容、学习成果、跟踪指导，具体内容见表 4－19～表 4－22。

### 表 4 – 19　项目学习内容总结表

学　习　内　容

❖　四个目标维度：

知识：了解技能的概念、功能和类型；

领会：理解技能的构成要素和应用要点；

应用：编写规范的教学设计，并反复练讲；

评价：熟练运用课堂观察量表进行训练案例评析。

❖　十二个技能：导入技能、变化技能、提问技能、板书技能、讲解技能、组织技能、演示技能、强化技能、语言技能、试误技能、结束技能、信息化教学技能

### 表 4 – 20　项目实践内容总结表

实　践　内　容

❖　（1）微课程：每项技能依具体情况进行 2～5 节的微课设计，均包括该技能微课的设计目标、设计内容、实施情况和设计反思四个方面，共计 60 节微课程。

❖　（2）视频观摩：观看往届优秀微格技能训练视频共计 120 盘光碟、全国优质课比赛视频 40 盘光碟。

❖　（3）导师指导：项目导师参与其学习全过程，并进行一对一指导。

❖　（4）角色扮演：师范生扮演教师为全班做公开展示课。

❖　（5）网站互动学习：化学微格教学，微视频、微教案、微习题和微反馈等学习资源置于化学精品资源共享课网站

### 表 4 – 21　项目学习成果总结表

学　习　成　果

❖　隐形成果：教学观念改变、实验技能掌握、实验研究能力提升。

❖　显性成果：12 个文献资料包、40 份微格教案、公开课视频、每人 20 张板书照片、40 份自评报告、40 份他评报告、12 本项目化学习成果册、40 个评课视频、12 个辩课报告册、480 篇听课感言

### 表 4 – 22　项目跟踪指导表

跟　踪　指　导

❖　听课评课：每次听课写 1 篇听课感言，每人主负责一个评课。

❖　公开课：公开教学 1 次，录视频课 1 节。

❖　指导教学：辅导下一届师范生技能训练 1～2 次。

❖　反思学习：每个子项目完成 1 篇学习反思。

❖　课题研究：每组完成一项科研课题，包括科研课题的选题、开题、实施、结题答辩

思考与交流

本学期化学微格教学项目化学习结束后，请各项目组共同完成优秀作品推荐表（表4－23），总结每个成员所完成的任务，创建的项目作品文件夹截图粘贴在表格中，按标准参考文献格式记录学习过的文献。项目组每个成员需要完成个人学习总结表（表4－24），记录自己在项目化学习过程中所遇到的问题、解决办法、心得体会等。

**表4－23　优秀作品推荐表**

| 项目名称 | | | | |
|---|---|---|---|---|
| 小组成员 | | | | |
| 学习内容和所完成任务列表 | 基于微课学习 | 基于问题学习 | 可视化教学设计 | 课堂观察评价 |
| | | | | |
| 打包文件（作业汇总截图） | | | | |
| 看过的文献、教案（不少于20篇） | | | | |

**表4－24　个人学习总结表**

| 项目名称 | | | |
|---|---|---|---|
| 姓名 | | | |
| 任务完成情况 | 主要负责 | 合作完成 | 所参加的培训活动 |
| | | | |

以下问题要求结合自身训练情况描述，条理清晰。（宋体5号，行间距18磅）

（1）内容：针对本学期的训练技能，在理论学习中有哪些疑惑；在学习过程中觉得哪些知识是最不容易接受的；理论学习是否能恰当运用到实践训练中，如果不能，认为是理论学习中的哪个环节出现了问题。要求：结合自身训练的技能真实详细地描述以上内容；字数不低于800字；条理清晰。

（2）内容：针对本学期所用评价量表进行完善，如各级指标的扩展，各级指标间逻辑顺序的调换，请详细说明修改内容和依据。要求：结合自身评课的真实情况进行详细描述，字数不低于800字；条理清晰。

（3）内容：对本学期开展辩课活动，提出建议修改的地方进行详细说明，如辩课的流程、内容、方式等。要求：结合案例说明，字数不低于800字，条理清晰

# 第五章　化学教学设计项目化学习

"中学化学专题教学设计"课程是高等院校化学师范专业的一门专业必修课，目的是培养具有一定的化学教学设计能力和教学研究能力的中学化学教师。为培养师范生形成先进的教育教学理论，强化师范生教学设计能力，改革和创新师范生教学设计能力培养模式，优化教学设计能力的发展路径，进行教学设计能力发展的项目化学习方案的探索很有必要。

以提高师范生化学教学设计能力为核心，围绕化学概念、化学用语、元素化合物等10个模块设计项目，结合项目学习的内涵、要素和实施，分别从设计原则、设计思路、项目学习活动进行理论构建。从实施框架、实施过程、实施计划进行教学设计项目化学习实践探索，师范生"同课异构"项目化学习。以差异性的对比和反思为基础，以不同的课例呈现形式为载体，为师范生教学设计研究和教学反思提供更为有效的途径，并在此过程中完善课堂观察评价表和项目化学习评价细则，有助于师范生确定自己教学设计能力的发展规划，实现职业生涯管理。

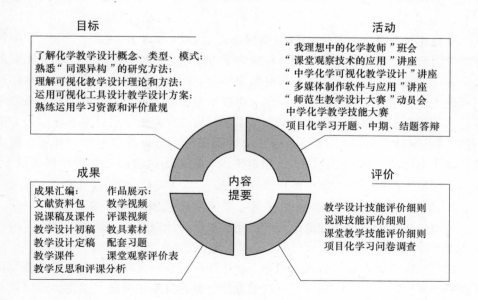

**目标**
了解化学教学设计概念、类型、模式；
熟悉"同课异构"的研究方法；
理解可视化教学设计理论和方法；
运用可视化工具设计教学设计方案；
熟练运用学习资源和评价量规

**活动**
"我理想中的化学教师"班会
"课堂观察技术的应用"讲座
"中学化学可视化教学设计"讲座
"多媒体制作软件与应用"讲座
"师范生教学设计大赛"动员会
中学化学教学技能大赛
项目化学习开题、中期、结题答辩

**成果**
成果汇编：
文献资料包
说课稿及课件
教学设计初稿
教学设计定稿
教学课件
教学反思和评课分析

作品展示：
教学视频
评课视频
教具素材
配套习题
课堂观察评价表

**内容提要**

**评价**
教学设计技能评价细则
说课技能评价细则
课堂教学技能评价细则
项目化学习问卷调查

# 第一节 化学教学设计项目化学习的设计

本节重点论述改变教学现状的新模式的构建过程，通过分析相关理论依据，并从明确项目化学习设计思路、确定项目学习目标、精心预设学习活动等三方面进行详细设计，构建适合中学化学教学设计与实践项目化学习方案。

## 一、方案构建

从设计目的、设计意义分析入手，明确该项目化学习究竟要完成哪些任务，为什么要完成这些任务，并归纳总结出完成这些任务师范生所需要的能力和相应的理论知识。由此得出化学教学设计项目化学习的设计方案。

### （一）设计目的

"化学教学设计与实践"课程的目的在于通过概念的理解、示范录像的观摩，以师范生模拟课堂教学为主，由师生共同对教学案例进行分析和研讨，促进师范生的教学设计和实践能力的提高。设计项目化学习方案的目的在于完善化学师范生教学设计训练体系。设计"同课异构"项目，目的在于促进师范生教育理论和教学实践的有效融合，师范生通过对比不同教学设计所绽放的不同精彩，进行差异性反思。借助课堂观察技术，优化项目化学习评价手段，促使师范生诊断教学设计中难以发现的不足，帮助师范生认识教学设计中的误区和盲点，提高师范生的教学设计的科学性和规范性，也进一步提升师范生的教学设计能力。

1. 设计项目化学习方案，完善化学师范生教学设计训练体系

项目化学习要求师范生在教师指导下，通过以"自主、探究、合作"为特征的学习形式，以作品制作和项目汇报为学习结果的一种学习方案。而在原有的教学设计训练中，师范生训练的最终结果是交一份教案和课件，教师很难全面监控师范生在教学设计实践的学习深度，难以帮助师范生发掘个人潜力和突破教学设计，从而失去了教学训练的意义。基于此，构建化学教学设计项目化学习方案下的"同课异构"过程，项目小组共同研读课标、分析教材地位和作用，能培养师范生的团队合作、交流能力，通过说课、试讲、试教以及共同评议等活动，有利于师范生在以后的工作中尽快进入角色。

2. 开展同课异构项目，促进师范生教育理论和实践的有效融合

师范生按照教学设计的理论要求来完成教学设计以及课堂教学，核心目的在于培养教学设计的规范性、合理性和有效性。通过"同课异构"项目化学习，同一项目组师范生在指导教师的指导下研读课程标准以及教材、分析优秀教学设计资料，在此基础上自己独立完成教学设计，再通过集体说课，试讲实践以及共同的评议、反思，达到共享教学资源和分享各自教学智慧的目的，能有效促进教

育理论与教学实践的融合。并且开展同课异构项目可以鼓励师范生在实践的过程中进行行动研究，行动研究关注的是特定情境中的特定问题，即关注师范生教学设计、课堂教学实践的规范性、合理性与有效性，它既是教育、教学理论的应用过程，又是教育、教学理论学习的进一步深化与发展，也是初步建构师范生课堂教学实践性知识的一个环节。

3. 借助课堂观察技术，优化项目化学习评价手段

项目化学习以过程性评价为主，评价内容围绕项目化学习过程和同课异构设计两方面。例如师范生在项目化学习中是否合理安排项目计划、是否融入项目小组、是否达到项目要求。课堂观察在同课异构设计评价中，就是要比较不同授课人在师范生学习、教师教学、课程性质以及课堂文化等维度的不同，这样的评价更具有针对性。要求师范生不断进行角色互换，既扮演教师、专家的角色，又扮演师范生的角色，在角色的互换过程中，快速准确地认识课堂，体验教学。

（二）设计意义

同课异构项目紧扣基础教育课程改革和中学化学新课程，精心选取中学化学教学的核心内容和课堂教学案例作为项目研讨的素材和学习资源，紧密结合现代教学论和教学方式改革的热点专题，有助于师范生比较教学设计、教学过程和教学效果的异同。

1. 有助于师范生比较教学设计的异同

不同的教师对相同教学内容的理解会有深浅程度的不同，对教材创造性使用程度不同。创造性使用教材必须要依托于教材、优化教材、超越教材。从这个意义上讲，依托教材是创造性使用教材的出发点，优化教材是创造性使用教材的支撑点，超越教材是创造性使用教材的着力点。在同课异构中，尽管师范生对教学内容的理解难以一步到位，但每次讨论后都会有新收获，每次讲一遍就会有不同心得，特别是观摩别人的"同名课"和专家的评议课之后，通过比较会对教学设计有更深的理解，逐步达到课程标准的要求。

2. 有助于师范生比较教学过程的异同

教学过程主要包括教学重点、难点的确立，教学方法的选择和教学环节的设计。在教学的过程中，在同课异构中，由于授课人对教学内容的领悟不同，对教学重点、难点的确定往往大相径庭。同样，教学方法的选择也体现着教师的教学理念与教学风格，教学内容的多样性与教学对象的差异性决定了教师应以教学的内容为主导，选择适合师范生的教学方法。因此，在同课异构中，教学过程可谓异彩纷呈，通过对比性分析，既搭建了一个展示教学风采的平台，又在观念的碰撞中实现了双赢。

### 3. 有助于师范生比较教学效果的异同

对于相同教学内容,在课堂设计时可以充分发挥自己的智慧,不同教师授课其教学效果不同。教学效果受教学目标的达成度、师范生的参与度和课堂容量等多个因素的影响,在同课异构中,每个师范生不仅需要和同组其他成员比较教学效果的异同,还需要不断进行自我诊断。因为听课者对授课人的教学效果如何是有明显的感受,授课人对教学效果的反思可以结合指导教师和听课人的评议和反馈来深入反思,从而提出改进方法。

### (三)设计方案

以"中学化学教学设计与实践"课程为依托,以教学设计能力培养为核心,开展项目化学习,使师范生成为项目活动中"教""学""评价"的多重主体,采用任课教师、一线中学教师双轨指导模式,通过对化学师范生教学实践能力培养进行理论研究,借助"同课异构"活动,以具体教学模拟和课例研讨为主要的培养途径,以基础教育课程改革对教学设计提出的新要求、高等院校的教师职业技能对师范生技能训练提出的要求为设计原则,构建"同课异构"项目化学习方案。多条线索并进,让师范生通过具体的教学演练和优秀教学案例观摩,在教学设计方法和技能、教学观念和教学方式、教学实践能力等多方面都有提高和发展,并采用多样化评价手段对师范生进行全程评价。化学教学设计项目化学习设计思路具体可参考图 5-1。

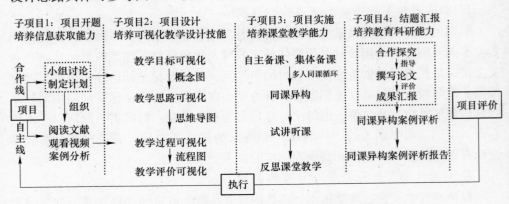

图 5-1 化学教学设计项目化学习设计思路

同课异构项目的基本程序是:师生拟定课题—成立"学习共同体"—集体备课—分头备课—集体说课—试讲实践—评课议课—公开观摩—资料汇编—活动评价的过程。由教师提供或由师范生自主选择教学课题后,项目小组开始进行同课异构教学设计,从教案的收集、教学设计方案与课题教学实施到课后评价,都由师范生合作完成,加深师范生对教学设计知识和技能的了解。教师扮演指导与解答疑难、评价的角色,为师范生提供教学指导和帮助,通过积极参加教学设计大赛，激发师范生对教学设计的兴趣和动力。形成以文献扩充教材，以科研促进学习，以师范生教学设计大赛，促进师范生教学设计和实践能力的提高和综合素质的发展。

（1）集中备课"明同""析异"。项目小组一起分析课程标准、教材设计、学情分析等，既明确共同的教学内容、目标要求、一般方法与基本途径，教材中要把握的重点难点、优势不足，又明确有哪些资源可供开发、哪些教学模式可供选择等。这不仅能通过集思广益使师范生在更高起点上统一认识，达成共识，还能对那些经验缺乏、不善于驾驭教材的师范生起到引导作用，帮助其准确解读课标与教材，使其在备课与实施中有明确的目标与方向。

（2）分头备课"循同""构异"。项目小组围绕共同的教学内容、目标分头准备，结合自身特点设计教案，探寻个性化与多样化的教学手段与方式。

（3）集中说课，"求同""存异"。将各人教案复印后传给其他成员，人手一份，然后组织说课，主讲者先说明自己的设计与思路，为其他师范生提供示范，大家围绕其设想进行评议，对各人的设计加以比较，既辨明优劣，达成共识，在相互学习中取长补短，形成比较成熟的教学思路，又同中"存异"，有不同的构思与设想，采用不同的教学模式。

（4）分头试讲，集中听课，"呈异""思同"，通过上课、听课展示各自的风采与本领，领略他人的风格与特色。又通过比较，学习他人的长处与优势，使共性的要求得到贯彻，经验得到推广，方法得到掌握。

（5）集中评课，"究同""彰异"。项目组进行案例分析和问题探究，借助课堂观察技术对各成员的课题实录进行相互比较，总结带有规律性的一般经验和共同教训，分析各自的特色与风格，找出各人的亮点与缺陷，针对暴露的问题寻找对策，提出改进意见。

（6）分头反思，"析同""明异"，教师针对活动过程进行反思，总结共性经验，分析自己的差距不足。再次修改教学设计，重新录课，小组进行教学设计资料汇总，完成项目化学习。

（四）方案解读

1. 一个内容

同一个教学内容决定了同课异构的"同"，教学内容的选择范围应该是中学化学现行教材中的某个课题。选择的基本要求是具有一定的教学研究价值，适合师范生试讲训练。首先，课题应是新授课，不宜将复习课、习题课作为初登讲台的师范生试讲训练的课题；其次，课题的主要内容应为该学科的核心知识，如基本概念、基本原理，蕴含学科思想方法或重要技能的内容；第三，课题的内容有着广泛应用，与日常生活、其他学科联系紧密，具备一定的探究性和开放性等特征。课题的选择可由指导教师与项目组成员共同拟定，也可由学科组教师统一拟定多个课题供项目组自主选择。

2. 两个维度

从构成维度看，"同课异构"项目化学习中应包含静态的教学设计和动态的教学实践两个维度。同课异构项目鼓励师范生面对同一教学内容，立足于教学实践，遵循教学规律，在同伴的帮助下，充分利用各种教学资源和技术，进行个性化教学过程构思，并在不断优化构想后付诸实践，使自己对课堂教学的认识和教学规律的把握历经一个螺旋式上升的"认识—实践—再认识—再实践"的认知建构过程。

3. 三个结合

结合微格教学技能训练 微格教学作为培养教师教学技能的重要手段，在师范院校已被广泛应用于训练师范生的教学技能。"同课异构"项目化学习在操作中可以有效地结合微格教学训练模式，利用微格教学的录放设备，有针对性地训练师范生的某几项教学技能，如导入技能、提问技能、演示技能、强化反馈技能等。

结合说课训练 说课作为教学研究的一种重要形式，在师范生的培养中具有重要的作用。在实践中，由于缺乏必要的引领和同伴的互助，很多师范生把说课训练当成任务，难以从说课训练中获得专业成长。说课项目要求项目组在试讲前先进行集体说课，说出各自教学设计的意图和依据，通过比较和讨论进一步深化自己对教学内容的认识，有利于师范生掌握说课技能、技巧，把握说课的实质和要点。

结合课堂观察技术 "同课异构"项目注重教师和同伴的评价，要使评议阶段更具实效性，应采用课堂观察技术，提高师范生参与和讨论的程度与广度，避免了过去因对本节内容不熟悉，缺乏独立思考而使评课和议课流于形式、浮于表面。由此，大大提高了师范生自我反思的能力，针对细小和个别问题，可以通过回放与对比，提高评议与反思水平。

4. 四项基本原则

具体如下：

（1）以同一主题为基础的原则。"同课异构"项目建立在"同课"的基础上，即是项目主题必须统一，才有了比较的内容、比较的范围和比较的标准，才能对师范生的"异构"过程进行比较和研讨。

（2）以同伴协作为桥梁的原则。协作是开展项目化学习的重要方式，也是促进教师专业成长的重要手段。"同课异构"项目必须依赖于同伴间的协作，通过对比不同教学设计，发现各自的亮点和不足，并在共同的研讨反思中获得教学启示，从而实现自身的成长和教学设计的改进。

（3）以课例分析为载体。教学课例是指某节课或某些课的教学实际场景。

完整的课例素材包括教学设计、教学实录和教学反思，教学设计有教学设计总体思路、教学设计说明等；教学实录既有细致描述，又有处理后的课题教学场景以及教学片段；教学反思有教学设计反思与课堂实践教学反思。在同课异构中，课例的比较使异同更为清晰，成为同课异构的主要载体。"同课异构"项目的主体部分便是对同一教学篇目不同教师形成的不同课例进行对比研究，通过对具体的课的分析探讨"课"背后呈现出的教学问题，分享教学经验，获得理论的提升。一是把新课程的相关理念转化为具体的教学方案，用新的课程理念指导自己的教学行为；二是把课堂上存在的某个问题或某些问题作为深入思考的对象，引起师范生思考。

（4）以教学反思为核心。教学反思是指教师对自身或者他人的教学活动进行批判性思考，对行为本身以及行为背后的原因、规律等进行积极主动、持续深入的探究和思考，从中发现教学问题，获得有效教学启示的过程。按阶段分，教学反思可以分为课前、课中、课后反思，教学反思是"同课异构"项目的归宿。人们常说写一辈子教案未必能成为教学名师，但是坚持写教学反思一定会快速成长，未经过反思的教学，难以实现提高和改善，对教学设计的认知也无法达到系统和深刻的程度。

项目化学习过程中，师范生学习的参与度更高，自主性更强。更能凸显项目化学习的优势即以师范生自主学习为中心，学习内容项目化，项目难度梯度化。通过实施项目化学习，师范生合作探究的能力逐步提高，对教学设计的分析更加透彻，多人多角度的分析更加到位，发现的问题更加具有普遍性，改进方法更具综合性、全面性。因此，开展项目化学习，有助于化学师范生教学设计能力的培养与提高。

## 二、项目学习目标制定

本项目的核心目标是为了提高化学师范生教学设计能力，教学设计能力主要关注解决问题的能力，运用系统化方法分析教学问题、设计解决教学问题方案、检验方案的有效性并作出课程设计的能力。分别为理解分析师范生学情能力、教学目标编制能力、教学内容重组能力、教学过程设计能力、教学策略选择能力和课堂突发事件的处理应变能力。教师要想具备较强的教学设计能力，需要加强理论知识的学习，对各种现代教育理念和国家相关教育改革文件加强学习，不断地提高自身理论素养，要熟悉和掌握常用的教学设计应用模式，并且在实际的教学过程中运用系统化教学设计方法创设教学资源和完成教学任务。要求经过项目化学习师范生应当具备良好的教学设计能力，具体包括：

（1）学情分析的能力。学情分析是确定教学目标的基础，是教学内容和教材分析的依据，是教学内容组织的落脚点。经过训练的师范生需要达到如下目标：能够对学习者认知发展、智力发展、认知起点等进行分析，能够通过查阅师范生测验，及时了解师范生对原有知识的掌握情况。能够以结构化的图示描述师范生已有知识与能力和待学知识与待提高能力。

（2）教学目标设计的能力。教学目标是指预期的学习结果，是教学设计的起点和归宿，确定教学目标的依据是课程标准的要求、教学内容、师范生的基础和教学的条件。经过训练的师范生需要达到如下目标：能够把握科学性、全面性、层次性、差异性、操作性、连续性、侧重性、预设性和生成性的原则。能够利用可视化教学设计工具设计教学目标，能够描述教学三维目标间的层次和逻辑顺序，能够描述教学目标预设发展的过程，使教学目标设计呈现可视化、可操作、可评价的特点，为教学设计能力提供了培训和提高，使师范生不断地学习、不断地探索，从而提高教学设计能力。

（3）教学内容设计的能力。教学内容是对课程内容和教材内容的重新选择和组织，是对化学教学资源的利用和开发。经过训练的师范生需要达到如下目标：能够根据师范生的特点和教训目标，对教材的内容进行分析、选择、编排、组织的能力。在组织分析教材时，能够对教学内容的重点、难点和疑点准确把握，挖掘突破这些重点和难点的教学策略。

（4）教学活动设计的能力。教学活动设计是教师有目标、有计划、有组织地引导师范生完成教学任务的过程。经过训练的师范生需要达到如下目标：能够根据师范生个性特征和认知发展规律，设计有针对性的教学活动。能够挖掘和设计课本以外的、与师范生生活密切相关的、具有教育意义的信息资源进行教学活动设计。能够及时了解师范生学习效果，及时作出反馈和调整，促使教学活动顺利进行。

（5）教学媒体设计的能力。教学媒体是教学过程中传输信息的手段，能够增强师生互动，帮助师范生理解知识、发展智力。教学媒体包括挂图、模型、投影仪、录音和录像。经过训练的师范生需要达到如下目标：能够根据不同教学内容、教学目标、教学对象和教学条件的要求，选择合适的教学媒体，以达到最佳教学效果。

（6）编写教案的能力。教案是教师进行教学设计时，以课时或课题为单位设计的教学方案。经过训练的师范生需要达到如下目标：能够把一节课的教学设计"图纸化"，其中教学内容、教学目标、教学要点、课的类型，教学方法、学习方法、教具、时间进程、练习设计等是编写教案的要点。

（7）教学评价设计的能力。教学评价是依据教学目标和课程标准，对教学活动的结果、过程等进行描述或判断的过程。经过训练的师范生需要达到如下目标：能够确定评价内容，能对教学设计思路、教学方案、课堂实践教学进行评价，能够对评价标准进行设计和选择，经过自评、师评和他评，确定是定量评价还是定性评价，是形成性评价还是总结性评价。

### 三、师范生学习活动设计

"中学化学教学设计与实践"课程规划分成教学设计概述、课堂教学设计、自主学习设计、多媒体软件设计、竞赛系统培训设计等五个项目单元进行教学。经过这样的知识结构重新规划后，能够辅助师范生开展化学教学设计项目化学习。化学教学设计项目学习活动设计具体可参考表5-1。

表5-1 化学教学设计项目学习活动设计

| 教学项目 | 课上学习单元 | 课下学习单元 |
|---|---|---|
| 中学化学教学设计概述 | (1) 化学教学设计概述；<br>(2) 化学教学设计类型；<br>(3) 化学教学设计模式；<br>(4) 优秀教学设计案例展示；<br>(5) 新课程理念下的说课 | (1) 选定教学内容或课题；<br>(2) 资料检索、阅读整理；<br>(3) 参考设计；<br>(4) 学习日志 |
| 课堂教学设计 | (1) 教学内容的选取与组织；<br>(2) 教学方法和策略的选择；<br>(3) 师范生学习活动实践及指导；<br>(4) 教学设计和实践评价 | 教学设计思路分析：<br>(1) 教材分析；<br>(2) 内容分析；<br>(3) 学情分析；<br>(4) 设计重点；<br>(5) 教学模式；<br>(6) 教学设计特色 |
| 自主学习设计 | (1) 化学概念原理教学设计的方法与策略；<br>(2) 化学用语教学设计的方法与策略；<br>(3) 元素化合物教学设计的方法与策略 | 教学设计方案：<br>(1) 教学目标；<br>(2) 教学内容；<br>(3) 教学重点、难点；<br>(4) 教学方法；<br>(5) 教学用具；<br>(6) 教学过程 |
| 多媒体软件设计 | (1) 可视化教学工具培训；<br>(2) 思维导图软件；<br>(3) 多媒体课件制作；<br>(4) 电子白板在教学中的应用；<br>(5) 视频录制及制作 | (1) 教学设计可视化、word 排版；<br>(2) 制作说课和公开课课件；<br>(3) 公开课观摩；<br>(4) 处理教学视频 |
| 竞赛培训设计 | (1) 教学设计辅导；<br>(2) 课件制作辅导；<br>(3) 模拟授课辅导 | |

# 第二节　化学教学设计项目化学习实施

本节重点论述如何设计项目化学习的实施框架、实施流程，如何利用 PPT 绘制实施框架图和流程图，如何进行项目选择、项目选定后如何实施，实施过程中如何记录师范生学习过程。

## 一、实施框架

在化学师范生教学设计训练过程中，反映出化学师范生教学设计能力上存在的诸多问题，提出基于"同课异构"教学设计项目化学习的实践研究。首先成立项目化项目小组，并按照项目所需进行明确分工。对于本次项目进行探讨，确定初步思路之后，确定项目所需要的资料、案例、文献、视频等，进行具体分工，明确成员阶段性任务，完成项目准备。项目实施过程中，通过具体的分析交流、案例评析、总结反思，得出本次项目化学习的成果。在此基础上进行项目交流和评价，最后对于本次项目化学习作出总结。

### （一）实施方式

**1. 一人"同课多轮"**

同一组师范生围绕同一教学内容，进行连续两次或多次的教学设计试讲，然后在指导教师和其他师范生的帮助下，截取相关教学片段对教学课堂进行回顾，利用观察评价量表进行深入的观察和细致的分析，优化自己的教学设计、教学思路、教学方法及课堂组织能力等教学行为，以提高课堂教学效果。

**2. 多人"同课循环"**

围绕同一教学内容，师范生在上届师范生改进后的教学设计上继续进行修改以达到精致化。在这个过程中，上届师范生的教学设计和课堂观察结果都是下一届师范生进行新一轮设计和课堂教学的基础。最后达到借他山之石，助自我成长。进行集体备课，成员依次进行执教，项目小组一起听课评课，然后反思修改，逐步提炼出具有典型意义、推广价值的典型课例和精品课例。

**3. 多人"同课异构"**

围绕同一教学专题，对同一教学内容，项目组给出相异的教学设计，经过一轮或多轮研究课，在教学中通过不断的比较、借鉴与反思，提高了师范生教学技能和教学理念，培养师范生独特的教学风格和个人魅力。

### （二）实施框架

师范生通过"同课异构"项目，观摩和讨论名师教学实录，自主完成教学设计，小组合作议课，体验教学过程，在项目化学习过程中不断形成自己的教学认知。所形成的教学认知在实践教学中得以应用，在反馈调整的过程中进一步完善教学，即经历三个阶段：感知阶段—构建阶段—修正阶段。实现三阶段需要经历感性认识、理性分析、实践应用、反馈调整四个步骤。"同课异构"项目化学习，由多名任课教师和化学课程与教学论研究生组成指导教师，对师范生进行教学和指导，课下师范生按照项目要求进行项目准备，到课上进行模拟教学，再由指导教师针对授课表现进行一对一点评。同时，课上全程录像，师范生课后再结合录像和教师点评进行反思。化学教学设计项目化学习的实施框架可参考图5-2。

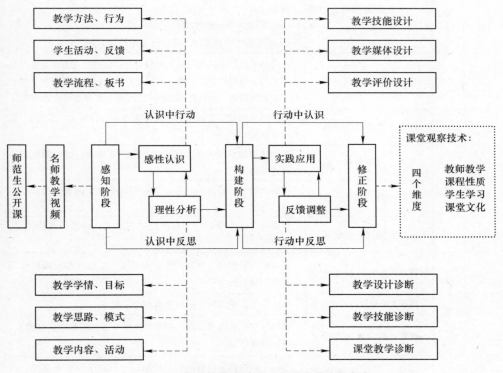

图5-2　化学教学设计项目化学习的实施框架

## （三）实施细则

项目学习目标的制定由案例研讨、同课异构、课堂观察三个子项目学习构成。案例研讨子项目包括4个任务，分别是明确项目和制订计划、研读教材和课程标准、观看视频和小组讨论、撰写反思。同课异构子项目包括4个任务，分别是分析教学设计、分析教学技能、分析课堂教学、撰写反思。分头备课子项目包括3个任务，分别是教学设计思路分析、教学设计特色分析、教学设计方案。集体备课子项目包括说课和讲课两个任务，会诊研讨的任务就是进行评课。每个任务规定不同的学习目标，师范生也可就个人情况进行修改。化学教学设计项目实施细则见表5-2。

## 表 5 – 2　化学教学设计项目实施细则

| 序号 | 项目 | 项目任务 | 具 体 实 施 |
|---|---|---|---|
| 1 | 视频观摩 | 任务1 明确项目、制订计划 | 讨论角色分工、实施计划日程安排 |
| | | 任务2 研读教材、课程标准 | (1) 理清知识结构，领会编写意图，研究思想和方法；<br>(2) 明确为什么教，教什么，怎样教，教的怎样 |
| | | 任务3 观看视频、小组讨论 | (1) 结合教学实践的具体情境，寻找教育理念与化学教学的合理结合点；<br>(2) 积累多样化的教学设计；<br>(3) 挖掘优秀教学设计背后所隐藏的教学理念 |
| | | 任务4 撰写反思日志 | 反思如果自己面临相同场景会怎么办；我的处理方式是基于什么出发点，依据是什么；想达到何种目的；这样的处理方式是否能实现我的目的；为什么我和他人的处理方案存在如此大的区别 |
| 2 | 同课异构 | 任务1 分析教学设计 | 分析教学模式、教材处理、教学重难点处理策略、设计思路、教学方法等 |
| | | 任务2 分析教学技能 | 把握技能的要素，掌握技能使用的注意事项，能够熟练运用技能进行教学 |
| | | 任务3 分析课堂教学 | 把握教学内容安排的原则，能够创设有意义的教学情境和设计教学活动 |
| | | 任务4 撰写分析报告 | 将集体讨论中争辩、质疑问题进行思考，转换为教研课题，撰写报告 |
| 3 | 分头备课 | 任务1 教学设计思路分析 | 备课标、备教材、备师范生、备教法。能够对教材内容和理论基础明确分析 |
| | | 任务2 教学设计特色分析 | 明确指出教学设计中的特色和理论说明 |
| | | 任务3 教学设计方案 | 明确思路、重点和难点，明确能力提升点；明确掌握障碍点；明确知识联系点 |
| 4 | 集体备课 | 任务1 思维导图进行说课 | 明确共同的教学内容、目标要求、一般方法与基本途径，教材中要把握的重点难点、优势不足，又明确有哪些资源可供开发，有多少方式可供选择 |
| | | 任务2 分头试讲、集体听课 | 通过上课、听课展示各自的风采与本领，领略他人的风格与特色，对各人的设计加以比较，既辨明优劣，达成共识，在相互学习中取长补短，形成比较成熟的思路与模式 |
| 5 | 会诊研讨 | 集中评课，"究同""彰异" | 围绕课标中的目标要求进行案例分析和问题探究，通过不同方案的实践验证与相互比较，总结带有规律性的一般经验和共同教训，分析各自的特色与风格，找出各人的亮点与缺陷，针对暴露的问题寻找对策，提出改进意见。分头反思，"析同""明异"，教师针对活动过程进行反思，总结共性经验，分析自己的差距不足 |

## 二、实施流程

### （一）项目任务

1. 项目准备

具体任务包括理论学习，案例研讨。首先学习化学教学设计的理论基础、含义和设计模型，帮助师范生从整体上认识化学教学设计的基本理论，了解化学教学设计的整体思路。详细具体地介绍化学教学设计的策略，包括化学课程内容分析、化学学习者分析、化学教学目标设计、化学教学活动设计以及化学教学评价设计，帮助师范生掌握进行化学教学设计的具体方法和策略。

其次，让师范生观摩全国中学化学教学名师课堂实录、全国青年教师优质课视频和往届师范生教学视频，从中师范生能够观察到本节课所采用的教学方法、教学流程、师范生活动以及师生互动反馈。学习和研究各位教师精彩纷呈、各有千秋的教学实录，不仅是要让师范生了解和学习优秀教师在这些课中所呈现的优秀教学设计与有效教学操作流程，而且还要了解、学习和研究高层次、高水平的化学教师教学设计所蕴含的教育教学思想和教学观念，并鼓励师范生在潜心学习教育教学理论和观看成功课例视频的过程中，进一步体会和研究一节有效的化学课的要素、原则和要点，并注意博采众长、刻苦钻研、独立思考、积极实践，逐步实现自己的教师专业化成长，最终形成自己的教学风格，从而更加积极、科学、有效地开展教学活动。

2. 项目开题

具体任务包括确定选题、文献调研、确定研究思路及方法、开题报告撰写及汇报。师范生就各位教师授课的差异性在思维上产生疑惑，究竟哪一种方式更胜一筹呢？通过查阅资料，对师范生已有知识与能力和待学习的知识与技能进行分析，在此基础上，确立师范生进一步深入学习的知识和需要培养的能力。依据课程标准、教学内容特点、师范生的学习情况等设计教学目标。根据师范生的特点和教学目标，对教材的教学内容进行重新编排和组织，使得教学内容既有严谨的逻辑结构，又符合师范生的认知规律。要对学习活动的模式进行设计，如在实验探究模式下，如何创设情境来激发师范生学习兴趣，进而提出问题或是由师范生发现问题，进行假说并设计实验验证假说，形成结论的思路。"感性认识—理性分析"不是一个简单的过程，而是多个过程的不断循环、螺旋上升，是师范生建构教学认识的重要过程。师范生在认识中行动，积极形成自己的教学思想；在认识中反思，对比思考不同的教学所产生的不同效果。

3. 项目设计

具体任务包括教学设计思路分析和教学设计方案，教学设计方案就是对教学设计思路的进一步落实，具体描述教学目标，教学内容，教学方法，教学重点、难点，教学过程，板书设计，学案设计等。教学模式的选择是否有利于师范生学习，问题情境如何创设，教学重难点的确立是否依据教学目标，教学过程是否循循善诱、注重启发师范生思维，这些方面都需要师范生进行自我诊断。教师的教学技能是开展教学活动必不可少的一项能力，根据教学技能的要求以及学科的特点，主要对导入技能、讲解技能、提问技能、实验操作技能及高级技能进行设计。"实践应用—反馈调整"是不可分割、相辅相成的过程，是师范生进一步升华教学认识不可缺少的步骤。师范生在行动中认识，以真实体验加强认识的提高；在行动中反思，以亲身经历促进反思的全面性。建构师范生自我诊断程序以"反思性实践"为取向，突出强调对技能训练过程中的各个方面进行自我诊断，促进教学能力快速地提升。

**4. 项目实施**

具体任务教学设计，即对教学实施过程进行预先设计。教学设计既要从细微处入手，精心策划每一个教学环节，又要从整体出发，高屋建瓴；细微之处要体现整体观念，整体观念也要落实在每一个教学环节中。只有这样，教学设计的整体构建才能明确根本方向，充分实现教学目标的达成。通过对教学设计中教学模式、教材的处理、教学重难点、设计思路、教学方法和学习方法等内容进行诊断，实现教学设计能力的有效提升。教学设计的诊断关注师范生的教学设计中包含的各个方面，以反思性诊断为主要形式。

**5. 项目结题**

具体任务包括教学设计定稿汇编，结题报告撰写、结题答辩，主要考核结题报告是否符合书写、排版规范，是否内容充实，研究深入，是否思路清晰，表达准确，逻辑严谨。

**6. 项目反思**

具体任务师范生在诊断时既要关注单项技能的训练，更要注重强化技能的综合运用。切实了解并发现课堂教学行为中真实存在的问题，在问题中不断反思。课堂教学的诊断关注师范生在真实课堂的表现。课堂教学的诊断帮助师范生在认识实施教学过程中需要关注的方面，形成正确的教学观，在教学观念的统领下，指导师范生表现出规范的合理的课堂教学行为，明确课堂教学过程中各项活动的正确处理和调控。

**（二）实施流程**

化学教学设计项目化学习需要经历项目准备、项目开题、项目设计、项目实施、结题汇报等 5 个过程，每个过程需要完成的具体项目任务不同，构建如图 5 - 3 所示的化学教学设计项目化学习实施流程。

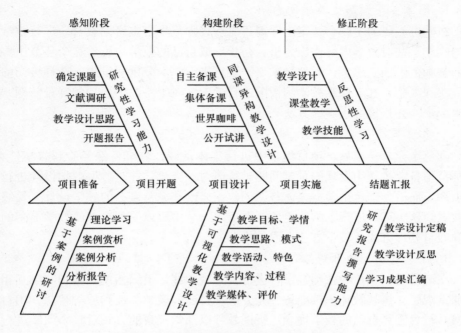

图5-3　化学教学设计项目化学习的实施流程

（三）具体实施

项目化项目小组成立：成员确定，并确立组长、副组长，项目推动者、项目监督员、项目交流记录者，小组分工可见图5-4。

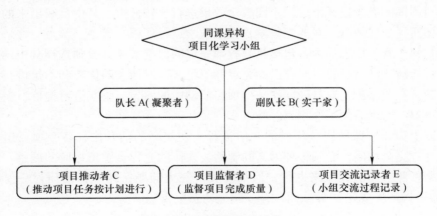

图5-4　同课异构项目分工

"同课异构"项目的一般操作程序是：确定课例—个体备课，形成教学构思—集体备课，完善教案—课堂展示，课堂观摩—课后研讨，形成反思材料。

1. 个体备课，形成教学构思

在确定教研的主题，选定上课篇目之后，师范生自主研读教材，进行教学资料的收集，并对教学内容作出分析，初步形成自己的教学构思。这个环节主要依靠的是师范生独立思考，对教学重点、难点进行深入分析和设想，选择恰当的教学方法和策略，并对课堂教学的情况进行预设。对于备课中遇到的疑难问题，要做出标记，并积极寻求突破方法。

2. 集体备课，完善教案

师范生充分备课后，项目组集中进行集体备课，分享备课经验和教学资料，就师范生备课过程中发现的疑难问题进行研讨和交流，并对典型教学设计进行分析点评。而后，师范生根据集体备课的收获修改和完善自己的教学设计，最终形成教案。这个环节展现了师范生的备课成果，从中可以受到更多的教学灵感的激发和教材处理方式、教学方法选取的借鉴。

3. 课堂展示，公开观摩

在试讲后，找指导教师签字，进行公开观摩课，组织相关教师和同学互相进行课堂观摩。执教教师积极准备，充分展现自己的教学个性和教学智慧，用自己的教学行为阐释自己的教学理念。听课教师以课堂观察的方式对整个课堂进行观察和记录，既要观察师范生的学习行为，分析师范生的学习状态，从而判断师范生的学习效果，又要思考执教教师的教学行为，分析其课堂优点所在和不足之处。

4. 课后研讨，反思总结

在整个项目组成员完成教学之后，要及时组织小组成员进行课后的研讨和反思，对不同的教学设计形成的不同教学效果进行比较分析，其中反映出来的问题要集体研讨加以解决，对典型教学、亮点教学进行评析、借鉴、学习，并形成反思的材料。教学反思的内容包括执教教师完成的课堂实录，教师选择其中的教学片段进行对比诊断反思，对自己的亮点和不足，以及他人的优势和不足进行反思和诊断，在此基础上对自己同课异构项目活动中的感想、收获进行提炼，撰写成书面材料，为以后的工作积累经验。

以上为"同课异构"项目的一般流程，在实际的活动中，各个项目组具体情况并不完全相同，受到各种因素的制约，操作的流程会做出相应的调整，而并不严格按照上述的程序来进行，但都要关注三大问题，即"课前研讨—预设"，"课后研讨—生成"，"异—同—异—同—动态生成"。

**三、实施计划**

在项目化学习过程中，项目计划安排是否合理，将直接影响到项目完成的效率。因此，项目化学习需要提前规划好实施计划，并将任务提前分工，避免出现学习活动流于形式、探究性学习的时间不够、项目来不及精细化处理，项目计划临时被打乱的情况。化学教学设计项目实施计划包括准备、实施、结束等三阶段，各阶段计划各不相同，具体见表5-3～表5-5。

表5-3 化学教学设计项目准备阶段计划

| 基本环节 | 教学内容 | 师范生准备 |
|---|---|---|
| 基本理论学习 | 化学教学设计 | 教材：中学化学可视化教学设计与案例 |
| | 化学教学方法 | |
| | 化学教学模式 | |
| | 化学教学策略 | |
| 软件培训 | 可视化教学设计 | 电脑、思维导图软件、概念图软件 |
| | 可视化教学设计方法 | |
| | 思维导图软件培训 | |
| | 概念图软件培训 | |

表5-4 化学教学设计项目进行阶段计划

| 主要内容 | 目的与要求 | 教学方式 | 备注 |
|---|---|---|---|
| 铁的重要化合物（人教版必修1第三章第二节） | 掌握高中化学的教学设计，较熟练地进行课堂教学 | 教学观摩，课堂教学分析与评价，项目化学习 | 实践性课程，每生 (1) 15min 说课，45min 讲课，1h 评课；(2) 多媒体辅助教学演练；(3) 优质课公开观摩 |
| 氧化还原反应（人教版必修1第二章第三节） | 掌握初中化学的教学设计，较熟练地进行课堂教学 | 教学观摩，课堂教学分析与评价，项目化学习 | |
| 元素（人教版九年级上册第三单元课题3） | 掌握初中化学的教学设计，较熟练地进行课堂教学 | 教学观摩，课堂教学分析与评价，项目化学习 | |
| 氯水性质及成分探究（人教版） | 掌握高中化学的教学设计，较熟练地进行课堂教学 | 教学观摩，课堂教学分析与评价，项目化学习 | |
| 物质的量（鲁科版必修1第一章第三节） | 掌握高中化学的教学设计，较熟练地进行课堂教学 | 教学观摩，课堂教学分析与评价，项目化学习 | |
| 铝的重要化合物（人教版必修1第三章第二节） | 掌握高中化学的教学设计，较熟练地进行课堂教学 | 教学观摩，课堂教学分析与评价，项目化学习 | |
| 原电池（人教版选修4第四章第一节） | 掌握高中化学的教学设计，较熟练地进行课堂教学 | 教学观摩，课堂教学分析与评价，项目化学习 | |
| 燃烧条件的探究（九年级上册第七单元） | 掌握初中化学的教学设计，较熟练地进行课堂教学 | 教学观摩，课堂教学分析与评价，项目化学习 | |

表5−5　化学教学设计项目结束阶段计划

| 项目结束阶段 |
| --- |
| 汇总反思，制作本次项目化学习成果：研究报告册 |
| 考核分为板书组、实验组、思维导图组、概念图组，师范生进行抽签，决定考核方式。每人准备10min的授课内容进行公开课观摩，运用技能评价量表进行评价，放大技能运用效果 |
| 每小组制作视频，回顾项目学习成果，进行交流。组间、组内共同评价项目实施成果，教师进行总结。对项目进行反馈和总结，总结经验和反思需要改进提高的地方 |

# 第三节　化学教学设计项目化学习评价

本节介绍在化学教学设计项目化学习中，以形成性评价、比较性评价、诊断性评价和总结性等方式评价师范生的项目化学习过程和效果，针对教学设计、说课技能、课堂实践教学等制定评价细则。师范生在项目化学习中依照评价细则的要求安排自己的学习和行为，从而自我不断完善。

## 一、项目评价方法

### （一）形成性评价

形成性评价又称过程性评价，是在教育过程中为调节和完善教学活动、引导教育过程正确而高效地前进，而对师范生学习结果和教师教育教学效果所采取的评价。形成性评价一般是在项目化学习进行过程中开展，其目的是了解师范生动态学习过程，及时反馈信息、及时调节，使计划、方案不断完善，以便顺利达到预期目的，而不是判断优劣、评定成绩。

### （二）比较性评价

比较评价主要体现在两个方面。一是师范生之间的评价，因为师范生在"同课异构"项目中所授内容具有同一性，所以师范生之间的横向比较就很明显。通过不同教师对课堂教学的不同设计，来评价谁的设计更符合教材或者更适合师范生；看哪种教学组织形式更容易被师范生接受，看哪位教师的目标达成度最高。二是师范生个人的比较评价。这主要体现在师范生个体项目化学习前后差异，例如经过训练某些技能会不断提高，有些技能可能变化不大。这种评价要看师范生在第一次教学设计的基础上是否有较大的修订，添加、修改的地方是否有价值等。这种比较评价可以促进师范生专业技能的发展。

### （三）诊断性评价

诊断性评价是指在教育教学活动开始前，为使计划更有效地实施而进行的对评价对象的基础、条件的鉴定，目的是了解评价对象的基础和情况，为解决问题搜集资料，找到解决问题的办法，以便指导。通过对教学设计中教学模式、教材的处理、教学重难点、设计思路、教学方法和学习方法等内容进行诊断，实现教学设计能力的有效提升。师范生通过对比不同教学设计所绽放的不同精彩，在差异性反思的基础上，促使师范生诊断教学设计中形形色色的错误、认识教学设计中的误区和盲点，提高师范生的教学设计的科学性和规范性，也进一步提升师范生的教学设计能力。

（四）总结性评价

总结性评价是指教学活动项目告一段落或完成以后进行的评价。其目的是为了解这项活动达到预期目标的情况，是在教育活动发生后关于教育效果的判断。总结性评价并不仅限于活动结束之后进行，在活动之中进行的旨在对活动效果的评价同样是总结性评价。

**二、项目评价细则**

教学评价是根据一定的客观标准对教学过程和教学结果所进行的价值判断。它一般是研究教师的教和师范生的学的价值的过程。教学评价的内容有很多，一般包括对教学过程中教师、师范生、教学内容、教学设计、教学方法等诸多因素的评价，对"同课异构"项目化学习的评价，不应该停留在单一性标准上，而应更注意其有效性。基于此，设计了教学设计技能、说课技能、课堂教学技能三个方面的评价细则。

（一）教学设计技能

通过问卷调查发现，大多数师范生通过理论学习基本掌握了教学设计的理论知识，并且对教学设计持有高度重视的态度。然而，师范生在课堂教学中碰到了各种各样的问题：教学重难点不够突出、教师与师范生缺乏有效互动等。导致这些问题的直接原因便是：前期教学预设不足，师范生对教学内容的重难点分析能力不足；对学习者分析不足，未能准确找到学习者的学习需要；不能恰当使用教学策略与教学媒体展示教学内容，激发学习者的学习兴趣与积极性等。

鉴于此，将评价体系中教学设计技能所涉及的二级指标划分为：（1）熟悉教材，掌握教学内容与其他知识点的知识脉络体系，明确教学内容的重难点；（2）对学习者进行分析的能力，发现学习本节内容的内部条件；（3）发现学习者学习方面的需要，确定总的学习目标；（4）教学目标的编写；（5）教学策略的选择；（6）恰当选择教学媒体与教学策略相结合来表现课堂教学内容。具体评价细则见表5－6。

表5-6　教学设计技能评价细则

| 评价指标 | 指标描述 | 具体说明 |
|---|---|---|
| 教学内容分析 | 分析教学内容 | 解读课标。明确本节课的教学内容在教材中的地位和作用，明确与前后章节教学内容的关联 |
| 学习者分析 | 发现已具备学习本节课教学目标的内部条件 | 对学习者进行分析主要从认知发展水平、认知结构、知识能力基础、学习阻碍点、学习动机 |
| 学习需求分析 | 发现学习者学习方面的需要，确定总的教学目标 | 找出师范生在学习方面的需要，发现教学问题，确定本节课的总教学目标 |
| 教学目标编写 | 编写不同层次的教学目标 | 教学目标应体现学习结果的类型及其层次性。教学目标的表述应力求明确、具体、全面并具有观察和测量性 |
| 教学策略的选择与设计 | 选择与设计合适的教学策略或组合进行教学内容的教学。制作教学思路图和模式图 | 教学策略的选择与设计能够考虑教学目标、教学内容、学习者特征、教学环节和条件等 |
| 教学媒体的选择与使用 | 掌握教学软件、课件的制作及使用。恰当使用教学媒体辅助课堂内容的教学 | 课堂中综合运用多种教学媒体辅助课堂教学，教学媒体的使用以调动师范生学习兴趣、突破难点、创设情景、提供材料等为目的，做到最大限度激发师范生学习兴趣 |

## （二）说课技能

说课主要讲述本节课的主要知识点及其联系，要说明通过什么方法或手段来突出重点、突破难点，使用何种教具等。好的说课应该有以下几个重要特征：即突出教学理念，诠释教学思想，体现教学能力，展现教学境界，展示演讲才华。化学教学设计项目化学习中很重要的一个环节就是说课，同一个内容，通过说课展示你的教学思路和见解，表明你的教学设计与其他教学设计的不同之处，设计说课评价细则，便于师范生把握如何写出切实可用的说课稿。说课技能评价细则具体可参考表5-7。

表5-7　说课技能评价细则

| 评价指标 | 评价细则 |
|---|---|
| 说教材 | （1）教材分析正确、透彻，说出知识的前后联系，教材所处地位及处理方法；<br>（2）教学目的准确、具体，符合大纲要求，符合师范生实际；<br>（3）联系大纲、教材，正确说出确定教学目的、重点、难点的理论根据 |

| 评价指标 | 评价细则 |
|---|---|
| 说教法 | (1) 选择恰当、多种、有启发性的教学方法；<br>(2) 准备合适、多种教具和学具；<br>(3) 结合教学目的、教材特点和师范生年龄特征，贴切具体地说出所选教法的理论根据 |
| 说学法 | (1) 教给师范生合适的学习方法，能恰当运用学习方法培养能力；<br>(2) 具体并有针对性地说出学法指导的理论根据；<br>(3) 教学目的明确，结构合理，层次清楚；<br>(4) 分清主次，突出重点，抓住关键，分散难点；<br>(5) 教法运用恰当灵活，有创新，启发诱导得当 |
| 说教学过程 | (1) 教学内容和渗透的思想观点科学、正确；<br>(2) 准确地把握教材的深度、广度、难易程度；<br>(3) 教学目的明确，结构合理，层次清楚；<br>(4) 分清主次，突出重点，抓住关键，分散难点；<br>(5) 教法运用恰当灵活，有创新，启发诱导得当；<br>(6) 体现学法指导和逻辑思维能力的培养；<br>(7) 多媒体网络教学手段运用恰当，演示正确；<br>(8) 练习紧扣教学目的，分量适当，具有针对性；<br>(9) 各环节安排的理论根据正确、恰当、具有针对性 |
| 教学基本功 | (1) 普通话标准，语言流畅，准确，精练；<br>(2) 说课姿态自然、大方；<br>(3) 板书字体工整，布局合理，重点突出 |

（三）课堂教学技能

课堂教学技能要求教师能够完成课程的讲授、掌控课堂的教学进度。主要包括：（1）利用多种方式将学习者导入课堂学习情境之中，调动学习者学习的积极性与主动性。（2）讲授教学内容时，教学语言规范、表达清楚，能够对教学知识点做到准确、有效讲解。（3）在课堂教学过程中，能够寻找适当的设问时机，对学习者进行有针对性、有启发性的提问。（4）能够运用语言、表情、动作强化师范生的行为。（5）结构化板书布局合理，文字书写规范，多媒体辅助教学。（6）通过变化教学媒体，变化师生相互作用形式，引起师范生的注意和兴趣，维持正常的学习秩序。（7）学习者能够在教师教学评价中得到有意义的反馈。（8）课堂结束后，归纳总结课程内容，使学习者巩固、拓展所学知识。课堂教学技能评价细则可参考表 5 – 8。

表 5-8　课堂教学技能评价细则

| 评价指标 | 指标描述 | 具 体 说 明 |
|---|---|---|
| 导入 | 将学习者导入学习情景中 | 能够利用实物呈现、多媒体教学,运用建立问题情景的方式,引导师生的思维,激发师范生求知欲 |
| 讲解 | 教学语言规范、表达清楚,对教学知识点进行准确、有效的讲解 | 能够运用语言辅以各种教学媒体,引导师范生理解教学内容并进行分析、综合、抽象、概括。语言做到精炼、准确、清晰、逻辑性强 |
| 提问 | 营造活跃的师生交流氛围,提出不同层次的问题,激发师范生思考和主动提问 | 问题设计要明确,具有目的性。问题表述准确,具有科学性。问题设计要新颖,具有趣味性。问题要有思考价值,具有启发性。提问要层次分明,具有适度性 |
| 强化 | 运用语言、表情、动作强化师范生的行为 | 能够综合考虑教学内容、师范生特点等寻找最佳切入点,设计适当强化方式 |
| 变化 | 通过变化教学媒体,变化师生相互作用形式,引起师范生的注意和兴趣,维持学习秩序 | 变化形式符合教学实际的需要,凭借教学机制,及时作出判断或调整教学节奏,使教学过程自然流畅 |
| 板书 | 结构化板书布局合理,多媒体辅助教学 | 板书与教学媒体的使用能够反映教学内容,突出重难点,促进师范生思维,对教学媒体演示结果作出正确的解释、说明与总结 |
| 结束 | 归纳总结知识点,使学习者巩固,拓展所学知识 | 能够对整堂课进行启发性的归纳总结,突出重点,使学习者对整堂课所学的知识形成系统认识 |

# 第四节　化学教学设计项目化学习案例

## 一、项目策划

具体项目策划见表 5-9。

表 5-9　项目策划书

| 项目名称 | 基于化学师范生教学设计项目化学习 |
|---|---|
| 项目内容 | 为充分调动师范生积极投身于课堂教学设计训练,学院将开展同课异构教学设计大赛,探索有效课堂教学模式,开展"同课异构"项目,以相同的教学内容、不同的教学设计进行教学研讨,以打造富有特色的教学设计为目标,加强师范生对课堂教学策略、方法、评价和师范生学习方法指导等方面的研究,督促师范生勤学习、重研究、多交流,进一步提高师范生的教学设计能力和教学素质 |
| 项目目标意义 | 紧紧围绕提高课堂教学设计能力这一主线,通过"项目组选定课题—个人教学设计—公开观摩课—课后评价互助提高"等环节,帮助师范生潜心研究教材、理解教材、激活教材,解决教学中遇到的实际困难,加强师范生对教学内容处理、教学方法选择、教学流程设计、教学媒体使用等方面的理解和掌握,积极转变教学设计思路,真正实现同伴互助。同时发挥教学设计的创造性,形成个性化教学风格,促进师范生的专业化成长,营造良好的学习氛围 |

| 项目名称 | 基于化学师范生教学设计项目化学习 |
|---|---|
| 前期准备 | 教材教法培训：进一步领会课程改革的指导思想、改革目标以及新课程标准所体现的理念，了解化学课程改革的突破点以及教学的建议，使师范生在对教材进行充分分析和研究的基础上，将理论运用于实践，制定相应的教学及评价策略；进一步深入学习相关学科的课程标准，开展学科教材教法培训，帮助师范生解读教材，优化教学方法。<br>　　普通话技能培训：介绍普通话的基本发音以及标准，就选手学习成长地区易出错的发音进行剖析讲解并帮助其纠正。<br>　　板书技能培训：了解书写技能的要求；掌握执笔、运笔的方法，纠正不正确动作和姿势；掌握整体板书的布局结构安排、间架结构的安排，纠正有关的书写毛病。<br>　　课件制作培训：展示历年比赛课件，就课件中的色彩搭配、界面布局、如何插入视频等进行介绍；就如何做到解说到位、课件和讲解切合主题进行了示范讲解。<br>　　教学机智培养：介绍化学课堂常见的教学事故，并针对事故提出正确的解决策略，使师范生能够在突发教学事件的特定情境中，对非预设的新情境、问题采取及时有效的行动策略。<br>　　说课技能培训：了解说课内容，掌握书写说课稿的技巧，努力使所说课的每个环节到位，做到"说深""说实""说准""说精" |
| 实施方案 | 第一阶段 宣传发动阶段<br>　　制定"同课异构"项目实施方案，并积极宣传开展"同课异构"项目的意义，正确认识"同课异构"对提高师范生教学设计水平、促进师范生专业成长的好处，引导师范生积极参加"同课异构"项目活动之中。<br>　　第二阶段 课堂教学实施阶段<br>　　具体实施按照同项目组成员选定课题，进行分头备课、集体备课，公开观摩课，课后评课互助提高等环节。在公开课之前，提交教学设计方案、讲稿、说课设计、课件，课后反思在观摩课活动结束后上交。<br>　　第一项：说课<br>　　说课要求：教师说一课时内容。每ı说课时间不超过12min。说课为课前说课。说课教师要提前把说课稿印发给参加活动的评委。评课人要做好记录，填好《说课评价表》中有关说课的部分，当场进行打分。<br>　　第二项：讲课<br>　　讲课要求：讲课的课题应该与说课的课题相同，讲课教师要提前把讲课教案印发给参加活动的评委。听课评委要做好记录，填好《讲课评价表》中有关讲课的部分，当场进行打分。每一位师范生须认真准备，研讨教材，设计各具风格的教法。课前制作精美的课件或教具。每一位教师既是授课者，又是评价者，因此要处理好评价与被评价的关系，并定位好自己的角色。每份教学设计打印一式六份，于课前提供给各组传阅。<br>　　第三项：反思<br>　　反思要求：反思的课题应该与讲课的课题相同。听课人对授课人的课均要评议，并于本学期末上交一篇高质量的"听课心得"，将稿件电子稿发到指定邮箱中，将评选出优秀的"听课心得"上传到学院网站上。授课人写一篇教学反思连同教学设计和课件一同上传到学校网站上。<br>　　第四项：评课<br>　　评课要求：听评公开观摩课，活动结束后，参赛教师要将说课稿、上课教案（教学设计）、设计的课件，课后反思以及评课表的纸质稿及电子版上交，并各自留好底稿。<br>　　第三阶段"同课异构"大赛阶段<br>　　为提高化学教师职前教育质量，鼓励化学专业师范生热爱教师职业，刻苦学习，不断提高自身的化学教学素质和能力，促进各年级之间的积极交流。本次大赛分为初赛和决赛两个阶段。初赛为课堂教学设计展评，要求从现行中学化学教材中任选一课时的内容，按照新课程理念进行课堂教学设计。参评的教学设计要突出创新，将教学理论与课堂实践紧密结合。具体内容包括三部分：一是"教学设计思路分析"，通过对教材内容、师范生情况等的分析，阐明教学设计的基本思路；二是"教学设计方案"，主要包括教学目标、教学重难点、教学过程、板书设计等；三是"教学设计特色"，简要地阐述该教学设计的特色和创新 |

| 项目名称 | 基于化学师范生教学设计项目化学习 |
|---|---|
| 创新点 | 一是针对在"同课异构"项目活动中出现的问题或现象，引导师范生提出自己的意见和建议，促进教研活动的有效开展。<br>二是根据"同课异构"项目活动的开展情况，及时总结活动开展过程中的得失，不断总结经验，对出现的问题进行研究，找出科学的解决方案，促进课堂教学设计能力的不断提升。在活动举行过程中，邀请学校领导、中学教师观摩指导 |

## 二、项目启动

具体项目启动方案见表 5 – 10。

表 5 – 10　项目启动方案

| 活动名称 | 教学设计大赛动员会 |
|---|---|
| 活动主题 | "以赛促学""以赛促干""以学促行" |
| 活动地点 | 多功能活动室 |
| 活动参与人员 | 化学师范生、课题组教师 |

一、活动目的

为保证全国化学师范生教学设计大赛的顺利开展，充分调动同学们参加此次赛事的积极性，让更多的同学参加到此次赛事中来，学院举办化学师范生教学设计大赛动员会

二、实施步骤安排

（1）在学院网站和公告栏宣传此次动员会，增加宣传力度，要求我院师范生和教师准时到场参加。

（2）宣告比赛主题、要求、时间、流程以及成绩评定标准。

（3）说明参加此次大赛的目的和意义，分析咱们的优势和劣势，鼓励大家积极参与。

（4）邀请往届参赛师范生进行经验分享。

（5）由指导教师介绍参赛经验。将参赛选手进行分组：思维导图组、概念图组、手持实验组、实验设计和探究组。

（6）结成小组，分配指导教师。讨论培训计划、地点和时间。

（7）整理选题清单，每人至少选定四个参赛选题

## 三、项目中期

具体项目中期活动方案见表 5 – 11。

## 表 5–11　项目中期活动方案

| 活动名称 | 世界咖啡带来的思考 |
|---|---|
| 活动主题 | 如何将教学设计可视化 |
| 活动地点 | 多功能活动室 |
| 活动参与人员 | 化学师范生、课题组教师 |

一、活动背景

教学设计实现可视化可以运用概念图、思维导图或直接手绘画图等方式。可视化教学设计的研究不是专注于这些图形，而是依据思维的逻辑顺序，找出可视化呈现形式的基本规律，指导教学设计可视化的实现，降低教学设计可视化的难度。引领师范生分析以往难以突破教学设计的阻碍点，体验合作学习的乐趣，相互分享学习心得与体会，进而将本次培训的意义进行深化

二、活动目的

基于"世界咖啡"的培训理念，帮助学员创设温馨、和谐的交流氛围，让学员能够敞开心扉进行深入的交流、深入的讨论、深入的学习，在多角度分析教学设计可视化价值的基础上，探讨了教学目标、教学过程、教学模式等方面设计过程可视化的方法，以期提供教学设计可视化的思维模型，指导教学实践

三、活动培训

通过上机训练，学习基于技术、基于纸笔、基于 NovaMind 绘制思维导图，基于 PPT 绘制框架图、概念图梳理教学设计思路，呈现教学设计思路与教学过程、教师行为、师范生活动等的关系，便于青年教师提高教学设计能力

四、实施步骤安排

| 程序 | 活动 | 备注 |
|---|---|---|
| 设定主持人2名 | 主持人：通过借鉴可视化教学设计模板，反复修改教学设计，通过一对一指导，多对一指导，最终形成成熟的教学设计，组织一起听两位教师的公开观摩课，两位教师也将设计意图、思路等进行简单说明后，组织一起评课议课，两位授课教师将大家的意见与建议进行汇总和加工，再次与指导教师进行讨论后，形成最后的教学设计。反复地修改、推敲、试讲，好的教学设计需要不断雕琢。如何将教学设计可视化设计，请大家就教学目标、教学过程、教学模式三个角度讨论如何可视化显示 | 最好设定两名教师或者骨干成员 |
| 来到"咖啡屋"，分桌就座 | 建立"圆桌讨论"，聆听他人之言，鼓励大家发表，联结多元的观点。要求每一桌推选一名桌长进行咖啡桌主持，推选另一名记录员进行概括和归纳 | 面对面的圆桌式的座位，咖啡和水果上桌。调动汇谈气氛 |
| "咖啡"上桌 | 找到自己的咖啡桌，桌长组织讨论，每人发言（1次不超过3min，可以多次），桌长负责对本桌针对研讨问题提出5个主要观点 | |
| 再来一杯，如何？小组其他成员进行换组讨论 | 桌长留下，其他成员分散到其他咖啡桌。桌长热情介绍本桌首轮观点。来宾介绍自己咖啡桌讨论结果，对新到咖啡桌发表观点 | 用思维导图记录彼此观点，只描述关键词或出现图形 |
| 再来第三杯，进行第二次换组讨论 | 桌长留下，其他成员第二次分散到其他不同咖啡厅，同上轮。各桌集合，汇聚本桌观点 | 桌长记录、补充、完善上述5条观点 |

| 程序 | 活动 | 备注 |
|---|---|---|
| 进行成果展示 | 各桌集合，汇聚本桌观点。桌长或代表汇报，主持人及学员代表点评活动内容与形式，其他成员进行补充 | 桌长向全班同学展示本桌的思维导图，并简洁概括设计的理念和特点，其他师范生可以进行补充或反驳，分别发表其看法，提出进一步改进的措施和建议。用思维导图进行汇报，准备 5min 的汇报内容 |
| 汇谈成果 | 各小组讨论结果：<br>采用图示的形式使得教学目标设计思路可视化，不仅明确地表现出教学目标具体落实的方向，也直观地展现出教学目标分层设置，逐步实现的过程性。教学目标可视化为设计者设计教学目标的思维支架，教学目标作为在实际教学中的导航，对后期的教学以及评价都具有一定指导作用，是检查、评价教学成效的尺度和标准。以图示的形式呈现出具体的教学活动对应的教学目标，使得教学目标更具体、可观察、易于评价和精细化。同时，借助时间轴精细化地预设每一个时间段内所要达成的教学目标，实现教学目标的指导性和实用性价值。<br>采用图示的形式使得教学过程设计可视化，教师按照教学活动在时间和空间上的发展变化，使得教学过程条理更加清晰，逻辑结构更加严谨。呈现出教学过程动态生成性质，将序列发生的事件按照时间的进展依次呈现，表示其内在的逻辑结构，体现教学过程的发展性和互动性，以及各个环节的交互性和层次性。同时，教学过程设计中各个环节的设计意图可以并行表达，将思路随着设计过程的深入而拓展。总之，教学过程的可视化设计呈现师生活动过程中多种形式的交流，提醒教师有意识地关注师范生，通过这种多向交互作用，推动教学过程的顺利进行。<br>采用图示的形式使得教学模式设计可视化，以图示的形式，呈现教学模式设计的思路框架，有效地引导教师选择合适的教学模式，并将这种思维过程外显化，便于教师的思维表达和信息交流。通过对课程和教材的地位、教师和师范生的特点以及教学条件的归纳，形成完整的要素分析，从而获得教学模式。根据选定的教学模式，直观展现教学模式具体的操作步骤，为教学实践提供清晰的指导 | |

五、活动总结

教学设计过程可视化的设计思路，不仅成为可操作的实践计划，更成为一个解决问题的思路，实现了教学内容图示化，设计思路可视化。可视化教学设计的图示并不强调复杂性和优美性，而更注重的是思维表达的直观性和流畅性。图示关注图形的组织形式和图形的结构关系，注重信息之间的流通关系和隐性联系之间的表达，突破传统教学设计复杂的文字表述形式，使得教学设计如一幅优美的图画，简单清晰地呈现出教学思路，体现教学设计理念对教学实践的指导作用。同时，画图的过程简化了教师的备课形式，降低了设计者的认知负荷，也为设计者的创新、创造提供广阔的平台

六、活动准备

（1）纸张：大白纸 30 张；（2）笔：马克笔、彩笔若干；（3）电脑、音响、音乐：轻音乐、U盘；（4）咖啡、水果等，会场布置

## 四、项目结题

具体项目结题报告见表 5 – 12。

表 5 – 12　项目结题报告

| 项目名称 | 化学教学设计项目化学习 |
|---|---|
| 项目实施 | 　　本次比赛有来自化学师范专业 2010 级、2011 级 48 名选手参赛，相关专业师范生近 300 人观摩了决赛。参赛选手们经历了 6 个月的指导学习，经过了初赛的层层选拔，最终有 11 名选手进入决赛。决赛共分模拟授课和即席讲演两个环节，选手们开发思路、力求创新，以探究、任务驱动、模型教学等不同的教学模式赋予自己的课堂不同的教学设计，纷纷在规定比赛时间内以自己独特的教育理念、创新的课堂模式、自信的笑容及强烈的感染力展现了他们对教育事业的热爱和自身良好的风范。<br>　　（1）全班分为六个组，由教学论教师和研究生共同带队。在辅导期间严格考勤，保证每位师范生每天能按时坚持训练。<br>　　（2）督促每位师范生每天认真观摩优质教学比赛视频至少两个。做好听课记录，通过课堂反思，提高教学技能。<br>　　（3）辅导期间，各组之间协调做好同课异构活动，达到经验分享，促进共同提高。<br>　　（4）指导教师帮助师范生确定参赛选题，针对具体的教学设计分析和设计思路，进行必要的交流讨论。<br>　　（5）坚持每周与参赛选手进行主题交流，了解他们实践中存在的问题、困惑，通过交流探讨，帮助解决存在的问题。<br>　　（6）在辅导期间，收集相关材料，发现实践中的亮点，鼓励师范生创新思维，坚持不懈修改作品 |
| 项目总结 | 　　宁夏大学吴晓红、杨文远教师带队参加第四届全国高等院校化学专业师范生教学素质大赛，此次大赛由中国教育学会化学教学专业委员会、中国化学会化学教育委员会、教育部教学指导委员会化学分委会共同组织，四川师范大学化学与材料科学学院承办。大赛为全国性重要赛事，分为"教学设计"和"现场说课"两个阶段进行。评委组认真仔细的从来自全国众多教学设计中挑选出优秀作品，经过专家认真评定，宁夏大学化学化工学院 11 级本科师范生分别在此次大赛的"教学设计大赛"和"说课大赛"中喜获佳绩，共获"教学设计"大赛师范生陈思彤等一等奖 5 名，"现场说课"大赛师范生王希霞特等奖 1 名、黑晓霞等一等奖 4 名。吴晓红教师、杨文远教师、化学课程与教学论硕士研究生毕吉利、高霞、孙婕、任斌、黄金莎、肖敏、李文婷等获"优秀指导教师奖"。<br>　　参赛选手以优良的综合素质和对教学内容的准确把握赢得了评委的肯定，得到与会专家、评委的一致好评。同时，本次比赛也反映了化学化工学院以狠抓学风建设为契机，以多种形式的特色项目为抓手，努力提高师范生的专业技能与综合能力，坚持"以赛促学""以赛促干""以学促行"的原则，切实帮助师范生提高讲课技能。本科师范生取得如此喜人的成绩是参赛师范生们认真精心的准备以及全体师范班教师和同学共同努力的结果。此次比赛能够取得优异成绩也是宁夏大学化学化工学院多年高度重视本科教育，不断加强课程教学改革，全面提高师范生综合教学技能的充分体现，为学院争得荣誉。<br>　　此次全国高等院校化学专业师范生教学素质大赛提高了化学专业教师职前教育质量，增强了化学专业师范生对教师职业的热爱，不断地提高自身化学教学素养和能力，同时促进了各高等院校之间的合作交流 |

## 五、项目作品

项目作品包括项目组开题报告和结题报告，具体见表5-13和表5-14。

表5-13 项目开题报告

项目名称：教学设计案例评价——以宁夏大学师范生教学设计训练为例

项目组成员：黄茹霞 王红霞 祁 龙 张美燕 咸海燕

一、立项依据（项目的意义、前期工作及现状分析）

（一）项目意义

目前，高校里师范生教学能力的培养，主要以师范生校内的试讲训练为主，而试讲训练主要要解决师范生按照教学设计、教学论的理论要求来完成教学设计以及课堂教学，核心是要解决这一过程的规范性、合理性和有效性。利用"同课异构"的模式训练师范生教学实践能力能够有效促进教育、教学理论与教学实践的融合。在"同课异构"的训练模式下，不同师范生运用不同的教学风格、选择不同的教学方法、设计别样的教学环节进行教学。这对于师范生听评课、发现自身优点与缺陷都有一定指导意义，对于提升师范生的教育教学质量，加强师范生的教学设计能力都起着举足轻重的作用，同时对促进师范生专业发展，提升师范生的专业素养，无疑具有重要意义。同时，在同课异构这一平台上，师生、生生之间能够达到共享教学资源和分享各自的教学智慧。这个过程既是一个实践的过程，更是一个行动研究的过程。

（1）为师范生提供更多交流互动的平台，使师范生教学设计的思维更加多元化，形式更加多样化，内容更加具体化和丰富化。

（2）为中师范生提供自主和合作学习的有效途径，鼓励师范生积极参与教学设计。

（3）为师范生发现自身的不足提供广阔的机会，激励他们钻研教材，依据自己的教学特色与班级师范生的现状进行教学设计。

（二）前期工作

（1）查阅相关文献及资料，对资料进行分类总结。

（2）参与银川十八中组织的同课异构"元素"观摩课，并对其进行详细的分析总结。

（3）制定师范生推行"同课异构"教学模式的具体实施细则。

（4）选定高中化学现行教材中的两个课题作为研究对象。

（5）在10级化学师范班中成立"同课异构"试行小组。

（三）现状分析

目前"同课异构"活动已经成为教研活动的一种重要形式，也成为促进教师专业成长的一种重要途径。各个中小学都在积极地开展"同课异构"教研活动，以此来不断提升教师的专业能力。而高校对于师范生教学能力的培养，目前仅限于提供微格教室，给予师范生试讲试教的机会，师范生初步只能形成教学实践能力、树立关于学科教学基本观念的环节，也是将所学的相关理论付诸实践的一个过程。但现有的训练模式在实践中存在诸多问题，不利于培养新课改所需求的研究型、反思型教师。师范生缺乏参与中学化学教学的设计以及钻研教材的机会，缺乏教学设计的多样性和策略性的能力，也没有足够的机会去提升自己的教学设计能力。因此，结合"同课异构"教学模式的诸多有利条件，提出在化学化工学院10级师范生中试行"同课异构"教学模式以此来培养师范生的教学设计能力。

二、项目实施方案、实施计划和可行性分析

（一）实施方案

1. 选定课题

原则：具有一定教学研究价值的课题 2 个（化学原理方向和有机物质性质方向），使得对"同课异构"教学模式的研究更具有代表性和可操作性，利于师范生可以从各个角度对课题进行分析，也利于研究的结果具有代表性。

2. 辅导设计

原则：要求师范生的教学设计要注重教学方法的选择、重难点的确立、重难点的有效突破、课堂提问的有效性、教学环节的有效性等方面。使师范生在达到对课本的深入研究之后，能够结合教学要求设计符合师范生特点、利于教学目标达成的有效教学设计。

3. 课堂实践

组织化学化工学院 10 级师范班的全体师范生参与"同课异构"观摩课。原则：要求每一位师范生都参与对教学重点、难点的确立，教学方法的选择和教学环节的设计。对重点、难点的确立是否合理，解决的策略与方法是否有效；教学方法的选择是否体现了新课程的基本理念，是否符合教师个人风格与特点；教学环节是否有利于达成教学目标等各个环节进行讨论。取别人之所长，不断提升自己，避别人之所短，不断完善自我，使师范生教学设计的思维更加多元化，形式更加多样化，内容更加具体化和丰富化。

（二）实施计划

第一步：成立小组，进行人员分工（主要包括资料查找及收集、培训同课异构、分发调查问卷、研究报告撰写等）。第二步：进一步组织师范生对同课异构的实施细则进行改进和完善。做好前期准备工作。第三步：对化学化工学院 10 级师范生进行"同课异构"教学模式培训，并对培训过程中存在的问题及时记录。第四步：组织化学化工学院 10 级师范生参与"同课异构"观摩课的研讨与分析总结。第五步：总结归纳，撰写研究报告。

预期进展：

| 2013. 3. 5 ~ 2013. 3. 15 | 成立创新实验小组 |
| --- | --- |
| 2013. 3. 15 ~ 2013. 4. 25 | 查阅文献、搜集资料、进行综述 |
| 2013. 4. 25 ~ 2013. 5. 10 | 制定同课异构教学模式的实施细则，并不断完善 |
| 2013. 5. 10 ~ 2013. 6 | 进行"同课异构"观摩课的教学设计 |
| 2013. 6 ~ 2013. 7 | 分发调查问卷并收集反馈信息 |
| 2013. 5. 25 ~ 2014. 3 | 撰写研究报告 |

（三）可行性分析

我们的项目组已经参与过银川市十八中开设的"同课异构"初中化学"元素"的教研活动，积累了一定的研究经验，并且我院 2010 级师范生本学期开设化学专题教学的课程，可以为"同课异构"教学活动的开设提供实践研究的机会，同时，我院的微格教室里，录音、录像设备齐全，极大地便于我们对"同课异构"课程进行记录和分析。目前，前期工作已经顺利地开展，后期的研究条件也已经具备，已经具备了研究的有利条件

续表 5 - 13

三、创新点简介

利用"同课异构"的模式训练师范生教学实践能力能有效促进教育、教学理论与教学实践的融合。在"同课异构"的训练模式下，同一个训练小组的师范生经历与指导教师一道进行课标研究以及教材、参考资料的分析，然后在此基础上自己独立思考完成教学设计，再通过试讲实践以及共同的评议、反思，达到共享教学资源和分享各自的教学智慧。这个过程既是一个实践的过程，更是一个行动研究的过程。

（1）教学性：既有利于讲课师范生的"反思"，也有利于其他师范生的"学"和"反思自我"，互利互惠，互助合作，共同达到专业素养的不断提高。

（2）创新性：既是教学方法的创新，更是师范生培养模式的变革，真正体现基础教育课程改革的新理念，一切以加强师范生从教能力为目的，高效快速提升师范生的教育教学设计能力。

（3）启发性："同课异构"活动的进行可以引发师范生的教学设计兴趣和对课本知识教学方法的思考，师范生之间教学思想的交流和碰撞，有利于师范生设计出更适合中师生特点、更高效的教学设计。

目前，我校师范生培养的模式仅停留在理论的学习以及试讲、试教的层面，师范生缺乏钻研中学课本，以及教学设计的能力，"同课异构"教学模式的实施，定能够有效、快速地提升师范生的教学设计能力

四、预期目标及成果形式

（1）使师范生熟练掌握教学设计能力，不断更新教学方法。

（2）帮助师范生解决教学设计简单、枯燥、无从下手的问题。

（3）帮助师范生发现自身从教的不足和缺点，激发师范生研究教材的积极性。

（4）使师范生教学设计的思维更加多元化，形式更加多样化，内容更加具体化和丰富化。

（5）研究报告册

**表 5 - 14　项目结题报告**

**项目名称：** 教学设计案例评价——以宁夏大学师范生教学设计训练为例

**项目成员：** 黄茹霞　王红霞　祁　龙　张美燕　咸海燕

一、项目主要研究内容

（1）教学设计收集、分析。不同教师教学设计稿、教学设计分析、教学过程反思、辩课实录。

（2）针对教学过程，对不同的教学设计中存在的争议开展辩论。

（3）教学过程反思后进行教学设计改进，探寻师范生技能训练中主要存在的问题，培养师范生深度挖掘教材和教法的能力。

（4）对于问题的发现和提出有助于师范生发现技能训练中存在的问题及时改进。在辩课的过程中，探究有效的教学策略，提升师范生专业水平。

二、项目成果摘要

**目　录**

录制同课异构教学视频，收集教学名师视频，并刻录光盘。

三、项目效果自我评价（包括预期目标、最终结果、研究过程、心得体会等）

　　预期目标中的研究报告册以及课堂评价量表、辩课过程的录制，都能很好地完成，取得了较多项目成果。研究过程中小组成员定期集合，一起分析整合教案、搜集资料、辩课等，团体合作交流，在这个过程中大家都学习到了很多，团队成员之间更加了解，建立了深厚的友谊，同时团队的能力都有很大提升。在此感受与我一同实习的同学为我提供的教案，特别感谢 12 级师范生马青等同学给予我的配合。

　　通过深入了解和学习"同课异构"，我感受到同课异构对于教师的教学提升有很大的帮助，更好地在教学过程中实践同课异构，开发教师新潜能，发挥教师的群体智慧，优化课堂教学，有效地提高教师的个人发展水平。更好地完成新课程理念下优秀教师的转变。同课异构促进教师团队的交流，使不同教师形成多元化的教学模式，教学艺术的多方面体现，通过团体智慧的集合历练，总结提升，在有限的教学资源下，使教师总结出更加适合师范生的教学基本规律。同时也持续地为教师提供一个可供交流、学习、展示、完善的平台。

　　通过对北京师范大学王磊教授组织的"高端备课"了解，使我感受到"高端备课"就是结合新课程必修模块和选修模块的典型内容进行"教学设计与策略"研讨。集体备课可以集中多人的智慧与经验于一体，有利于提高教学效果，有利于帮助上课教师会诊自身的教学特点，做到扬长避短，有利于教师在高起点上发展。

　　通过撰写小论文，让我熟练掌握、文献查阅的方法、文献管理器的使用、Word 排版等。通过论文投稿，我学习到寻找期刊、查相似度、在线投稿等。这些对我今后的工作有十分重要的意义

## 六、项目反馈

化学教学设计项目化学习调查问卷见表 5 - 15。

表 5-15 化学教学设计项目化学习调查问卷

| 项目 | 问卷内容 | 调查结果 |
|---|---|---|
| 学习兴趣调查 | 1. 对学习"中学化学专题教学设计"课感兴趣的程度 | A 很感兴趣；B 感兴趣；C 一般感兴趣；D 很不感兴趣 |
| | 2. 你对"中学化学专题教学设计"课感兴趣的原因是 | A 实践机会多；B 课程内容丰富；C 能够系统地学习教学设计；D 学习资源丰富，实践机会多 |
| | 3. "中学化学专题教学设计"课的教学模式完全不同于其他课程，我觉得很感兴趣 | A 很符合；B 符合；C 不符合；D 一般符合；E 很不符合 |
| | 4. "中学化学专题教学设计"课的教学注重实践训练，我愿意投入更多精力和热情 | A 很符合；B 符合；C 不符合；D 一般符合；E 很不符合 |
| | 5. 指导教师具有丰富的教学经验和极大的耐心，使得我愿意向教师认真学习 | A 很符合；B 符合；C 不符合；D 一般符合；E 很不符合 |
| 学习方法 | 6. 在同课异构活动中，同学总能给我很多启发 | A 很符合；B 符合；C 不符合；D 一般符合；E 很不符合 |
| | 7. 在教学设计训练过程中，我会经常观察、模仿优秀教学录像和名师公开课视频 | A 很符合；B 符合；C 不符合；D 一般符合；E 很不符合 |
| | 8. 我希望每次公开课都能突破自我，所以课下总是认真练讲，反复推敲，直到满意为止 | A 很符合；B 符合；C 不符合；D 一般符合；E 很不符合 |
| | 9. 正式讲公开课前，修改教学设计的次数 | A 少于 5 遍；B 不少于 10 遍；C 不少于 20 遍；D 基本没有修改过 |
| | 10. 经过多次修改，现在对教学设计比较满意 | A 很符合；B 符合；C 不符合；D 一般符合；E 很不符合 |
| | 11. 目前对教学设计最满意的地方在于 | A 教学模式；B 教学方法；C 教学过程；D 教学媒体；E 教学素材 |
| | 12. 正式讲公开课前，独自或在小组、教师面前完整练讲的次数 | A 少于 5 遍；B 不少于 10 遍；C 不少于 20 遍；D 基本没有练过 |
| | 13. 反复修改和多次试讲，现在对自己的公开课比较满意 | A 很符合；B 符合；C 不符合；D 一般符合；E 很不符合 |
| | 14. 目前对公开课还不满意的地方在于 | A 书写板书；B 课堂提问；C 课堂讲解；D 师生互动；E 演示实验；F 课堂导入 |
| | 15. 随着练讲次数的增加，我对自己的要求越来越严格，发现的问题越来越多 | A 很符合；B 符合；C 不符合；D 一般符合；E 很不符合 |
| | 16. 随着观摩课次数的增加，我学到了更多优秀的教学方法和模式，并在教学中得以应用 | A 很符合；B 符合；C 不符合；D 一般符合；E 很不符合 |
| | 17. 我更喜欢和指导教师、小组成员集体备课 | A 很符合；B 符合；C 不符合；D 一般符合；E 很不符合 |
| | 18. 我敢于在教师和同学面前表达内心的想法 | A 很符合；B 符合；C 不符合；D 一般符合；E 很不符合 |
| | 19. 评课中，每次教师和同学对我的教学提出质疑，我会耐心、细致地重新解释一遍 | A 很符合；B 符合；C 不符合；D 一般符合；E 很不符合 |
| | 20. 课后，我将教师和同学提出的意见认真思考，并及时作出改正 | A 很符合；B 符合；C 不符合；D 一般符合；E 很不符合 |
| | 21. 每次试讲后，我都会对自己的教学过程反思 | A 很符合；B 符合；C 不符合；D 一般符合；E 很不符合 |

| 项目 | 问卷内容 | 调查结果 |
|---|---|---|
| 了解感受体会收获 | 22. 您对"同课异构"活动满意度 | A 很满意；B 满意；C 不满意；D 一般满意；E 很不满意 |
| | 23. 在评课中，教师和同学给你提出的意见和建议，能帮到自己，感到比较满意 | A 很符合；B 符合；C 不符合；D 一般符合；E 很不符合 |
| | 24. 您认为"同课异构"活动对提高教学设计和实践能力的促进作用 | A 很大；B 比较大；C 一般；D 比较小；E 很小 |
| | 25. 教学技能训练中，我从指导教师和同学身上学到很多经验和技巧，对我会有很多帮助 | A 很符合；B 符合；C 不符合；D 一般符合；E 很不符合 |
| | 26. 现在对自己比较有信心，迫切希望走进真正的中学课堂锻炼自己 | A 很符合；B 符合；C 不符合；D 一般符合；E 很不符合 |
| | 27. 您认为此次项目化学习最大收获在于（多选） | A 得到教师和同学帮助和肯定；B 把个人智慧汇集成集体智慧，积累大量教学设计；C 参赛取得满意成绩；D 接触到很多教学理念和教学设计工具 |

## 七、项目总结

经过一学期的化学教学设计项目化学习，在学期末指导教师和师范生共同进行项目化学习总结，主要包括以下几个方面：学习内容、实践内容、学习成果、跟踪指导，具体内容见表 5 – 16 ~ 表 5 – 19。

**表 5 – 16　项目信息内容总结表**

| 学习内容 |
|---|
| ❖ 四个培训维度：理论的全面化、实践的具体化、体验的有效化、反思的深度化。 |
| ❖ 十项学习内容：理论课教学大纲、实验课教学大纲、教学计划、理论教材和实训教材、教学教案、教学课件、课程作业、教学案例、教学录像等 |

**表 5 – 17　项目实践内容总结表**

| 实践内容 |
|---|
| ❖ （1）模拟上课：观看往届公开课视频、全国优质课比赛视频。 |
| ❖ （2）板书设计：借鉴可视化教学设计模板，再次修改教学设计，通过一对一指导，多对一指导，最终形成成熟的教学设计。 |
| ❖ （3）上机训练：学习基于技术、基于纸笔、基于 NovaMind 绘制思维导图，基于 PPT 绘制框架图、概念图梳理教学设计思路。 |
| ❖ （4）即席讲演：师范生扮演教师为全班做公开展示课。 |
| ❖ （5）以赛促学：通过大赛促进师范生教学技能和教学设计理念的提升 |

### 表5-18 项目学习成果总结表

**学 习 成 果**

❖ 隐形成果：对教材的处理、对知识的取舍、对教学内容的组织、对课堂教学线索的设计、对教学手段的采用、对课堂教学节奏的把握。

❖ 显性成果：12个文献资料包、40份说课设计、教学设计、公开课视频、每人20张板书照片、40份自评报告、40份他评报告、12本项目化学习成果册、40个评课视频、480篇听课感言

### 表5-19 项目跟踪指导表

**跟 踪 指 导**

❖ 听课评课：每次听课写1篇听课感言，每人主负责一个评课。
❖ 公开课：公开教学1次，录视频课1节。
❖ 指导教学：辅导下一届师范生参赛训练。
❖ 反思学习：每个子项目完成1篇学习反思。
❖ 课题研究：每组完成一项科研课题，包括科研课题的选题、开题、实施、结题答辩

## 思考与交流

本学期化学教学设计项目化学习结束后，请各项目组共同完成优秀作品推荐表（表5-20），总结每个成员所完成的任务，创建的项目作品文件夹截图粘贴在表格中，按标准参考文献格式记录学习过的文献。项目组每个成员需要完成个人学习总结表（表5-21），记录自己在项目化学习过程中所遇到的问题、解决办法、心得体会等。

### 表5-20 优秀作品推荐表

| 项目名称 | | | | |
|---|---|---|---|---|
| 小组成员 | | | | |
| 学习内容和所完成任务列表 | 视频学习阶段 | 同课异构设计阶段 | 评课反思阶段 | 学习汇总阶段 |
| | | | | |
| 打包文件（作业汇总截图） | | | | |
| 看过的文献、教案（不少于20篇） | | | | |

### 表 5-21　个人学习总结表

| 项目名称 | | | |
|---|---|---|---|
| 姓名 | | | |
| 任务完成情况 | 主要负责 | 合作完成 | 所参加的培训活动 |
| | | | |

以下问题要求结合自身训练情况描述，条理清晰。（宋体 5 号，行间距 18 磅）

1. 在"物质的量"这节课的教学中，你想到哪些导入方式？请给出具体教学设计。

方案一：

方案二：

方案三：

2. 请说明"离子反应"在整个高中化学课程中的地位和作用。

3. 相比于文字的教学设计和可视化教学设计，你倾向于哪种设计？请说明观点不少于 5 条。

# 第六章 教育实习项目化学习

教育实习是高等院校师范专业的必修课程任务，使师范生的教育理论和教学实践相结合，增强师范生对基础教育的认识、升华其教育理论、锻炼其教学能力。本章立足于教学实践，在师范生专业化发展、基础教育课程改革背景下，探讨教育实习项目化学习方案，促进化学师范生实践教学能力的全面提高。

本项目从化学师范生实习培养要求入手，结合项目化学习理论内涵、要素和实施流程，分别从设计原则、设计思路、项目学习活动进行理论构建。在实施过程中，由大学教师和中学教师合作指导，采用"请进来走出去""量体裁衣"等相结合的方式，积极组织师范生进行教育实践，借助"课堂观察"技术记录和评价实习情况。以适应化学师范专业化发展的需要，确立教育实习项目实施框架、实施过程、实施计划。

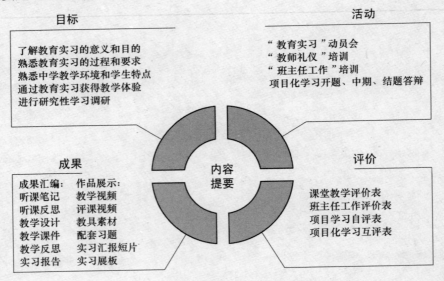

**目标**

了解教育实习的意义和目的
熟悉教育实习的过程和要求
熟悉中学教学环境和学生特点
通过教育实习获得教学体验
进行研究性学习调研

**活动**

"教育实习"动员会
"教师礼仪"培训
"班主任工作"培训
项目化学习开题、中期、结题答辩

**成果**

| 成果汇编： | 作品展示： |
| --- | --- |
| 听课笔记 | 教学视频 |
| 听课反思 | 评课视频 |
| 教学设计 | 教具素材 |
| 教学课件 | 配套习题 |
| 教学反思 | 实习汇报短片 |
| 实习报告 | 实习展板 |

**内容提要**

**评价**

课堂教学评价表
班主任工作评价表
项目学习自评表
项目化学习互评表

## 第一节 教育实习项目化学习设计

教师专业化是当今世界教师教育和师资队伍建设的共同趋势，也已经成为当前我国教师教育改革的焦点问题。教师的职前教育阶段（师范教育环节）对教师的专业化具有举足轻重的地位和作用。教育实习作为师范教育中一个重要的环节，有其非常重要的地位和作用。教育实习是师范生在指导教师的指导下，将所学的专业基础知识、基础理论和基本技能，综合运用于中学教育实践，培养从事中学教学工作能力的一门重要的实践性课程，其对师范生的专业发展具有不可替代的特殊作用。教育实习是教师专业人生的起点，作为教师职前培养一部分，其质量和水平以及改革的成功与否，将对能否顺利实现教师专业化有至关重要的作用和意义。本章以教育实习为研究起点，重点对其实习模式予以分析，解决实习路径、怎么组织实习等问题，为今后教育实习提供借鉴。

**一、方案构建**

教育实习是高等院校培养中学师资必不可少的重要环节，是培养师范生良好师德，巩固专业思想，锻炼和提高教育教学能力等方面不可缺少的环节，为师范生将来从事教学工作、教学管理工作打下坚实的基础。当代科学技术的高速发展，知识积累的迅速更新，以及基础教育的改革发展都对教育实习提出了新的要求和挑战。因此，必须从教师专业化的角度来重新审视教育实习，使教育实习能真正成为教师专业人生良好的起点，为师范生的专业发展及成为正式教师后的专业发展奠定坚实的基础。

（一）设计目的

教育实习具有实践性、情景性、问题中心性等特点，但往往由于时间短、模式单一、指导教师不足等原因而流于形式，不能发挥其良好的实践性学习的作用。如何采取正确而有效的策略，使教育实习走出困境，可以从以下几点改革考虑：一是要突破传统观点中把教育实习当做培养师范生的教学技能而进行的活动，从专业化的视角重新审视它的功能；二是教育实习的目的要由单纯地熟悉教育和教学扩展到培养师范生的教学反思能力和教育研究能力；三是教育实习的时间安排要由毕业前的一次性实习扩展为整个大学阶段都要不间断进行的教育实习和实践，包括教育教学基本功训练、教学观摩与见习、教材与教法研究、分散实习、集体实习等；四是要由单纯以教师为主导的集中实习向给予实习生一定自主权的多种实习形式转变，包括鼓励实习生进行分散实习、单独实习、定向顶岗实习、求职实习等。

开展教育实习项目化学习，一是要努力提高教育实习在课程体系中的比重，除加强集中教育实习外，还应适当增加在大学二、三年级的见习时间。二是要改变现有实习结构，使实习变得更为灵活多样，为教育实习创造条件，可逐步增加教育实习的研究性学习和反思性学习活动，比如与当地中学合作组织化学活动课，以实验为基础，培养中师范生的科研意识和动手能力，同时也探索化学教学中开展活动课的规律。此外，可以加强教育科研方法实践性学习，将教育实习与毕业论文设计紧密联系，结合教育实习帮助师范生选择毕业论文课题，在实习中深入调查研究，积累素材。一方面可以加强实习的针对性；另一方面，避免毕业论文空谈理论、脱离实践的情况。

如何进行全程教育实践，在教师的指导下以教学实践为主、获得理论知识和基本教学技能、提高综合素质，项目化学习理念提供新的思路，将教学实习作为一个项目，分为教育见习—教育演习—教育实习—教育研习四个子项目，从大学二年级开始采用分散见习、教育演习、集中实习和教育演习相结合。

（二）设计意义

全面贯彻落实以师范生的发展为本理念，充分相信师范生、依靠师范生，充分发挥师范生自主学习、合作探索、自我管理的潜能，通过团队的合作激发师范生的创造性思维，促使师范生高效、优质地完成实习任务，培养具有自主、合作、创新精神和能力的明日之师。

（1）提高实习生的教育实践能力、协调能力、独立生活能力，提高专业化水平。实习生在实习学习进行教育教学工作，积极开展课程开发与实施、教学设计与组织、师范生教育与班级管理，促进理论与实践的紧密结合，有效地提高教育实践能力，增强专业素质。

（2）通过与中学结成合作共同体，加强与中学教师的交流，为师范生提供指导。实习生通过与所在学校教师开展教学研讨，促进实习生更新教育理念，增强为基础教育服务的意识，提高教学素质。

（3）探索有效的师范专业人才培养模式，发展高等院校与中学的合作关系，推动高等院校积极探索师范专业培养模式，实现教育专业水平和学科水平同步提升。延长教学实践时间，充实教学实践内容，收集教育实习学习成果，不断地超越和创新已有的教学水平，促进师范生提高教学能力。

（4）加强就业指导，为师范生创造良好的择业平台。通过就业指导课、班主任工作课、教师礼仪课、就业咨询、邀请中学教学名师做讲座等多种形式，加强毕业生求职择业指导，为师范生进行职业发展规划设计，帮助他们转变就业观念，确定合理的择业目标。同时，主动加强与用人单位的广泛联系，做到既了解本专业师范生的特点，又熟悉用人单位的优势，积极主动地为他们牵线搭桥，为师范生提供更广阔的就业空间。

（三）设计方案

开展项目化学习，使师范生成为项目活动中"教"与"学"的双主体，采用大学教师、一线中学教师双轨指导模式，通过对教育实习体系进行理论研究，构建教育实习项目化学习方案。让师范生通过具体的教学演练和优秀教学案例观摩，在教学设计方法和技能、教学观念和教学方式、教学实践能力等多方面都有提高和发展，并采用多样化评价手段对实习生进行综合评价。项目实施包括教育见习—教育演习—教育实习—教育研习四个阶段性的实习，采取分阶段集中实习方式，从大学二年级至三年级安排教育见习，三年级下学期安排教育演习，四年级上学期安排教育实习，四年级下学期安排教育研习，涵盖师范生职前教师教育实践的全过程。教育实习项目化学习设计思路具体见图6-1。

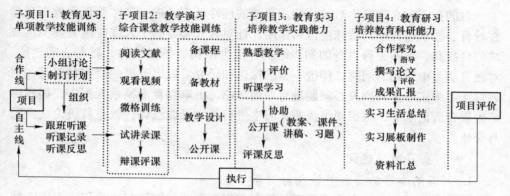

图6-1  教育实习项目化学习设计思路

教育见习是教育实习的前期行为，教育演习是教育实习前的实战演练，教育研习是教育实习的后续行为，四阶段实习是一个递进和逐步深化的过程。从项目的立项、项目实施、项目结题，时间跨度可以是几周也可以是一个学期甚至几个学期，都要求师范生能在教师的指导下进行研究性学习。

1. 教育见习

目的在于了解中学教育、教学过程和常规工作，了解教师应具有的教育、教学能力。该项目由师范生自主联系见习单位，开展为期1周的教育见习。主要任务是听课，做好听课记录。目的在于切实感受课堂气氛，了解初高中师范生的认知水平，听课的重点是学习如何备课、如何讲课、怎样系统地把知识传授给师范生，怎样驾驭整个课堂。

2. 教育演习

目的是通过化学微格教学技能和教学设计训练，对师范生进行分组训练，指导师范生结合自己的实际情况，编写微格教案，进行模拟试讲、试讲录课、评课反思。有针对性选择需要掌握的教学方法、技巧等进行角色扮演和模拟训练，利用试听技术及时记录反馈，并由指导教师和同伴做出评价和分析，根据反馈信息，针对自己的不足进行反复练习，直到达到训练目标，从而促进师范生熟练掌握。

3. 教育实习

目的是全方位接触中学教育和教学过程，全面培养实习生素质及能力。通过教育实习树立现代教育观，养成良好的职业道德，践诺为人师表的规范，熟悉中学教育、教学现状及中师范生身心特点，掌握教学基本方法，学会应用现代教育技术，学会做班主任工作的一般方法和技能，培养从事教育科研的初步能力，掌握教育调查的基本方法。

4. 教育研习

目的在于提高师范生对教师职业道德的理性认识，进一步体验现代教育观念在教育、教学过程中的特殊地位和作用，针对教育实习的个人或普遍表现不足或缺陷再提高，不断完善自身的知识结构、能力结构、技能结构，提高心理素质，对教育实习中遇到的问题，作进一步的探讨和研究。提出改进的措施和对策，对教育实习中实习生共同关心问题进行专题讨论，听取教育专家系列报告，提高师范生教育理论水平，组织同级优秀实习生进行教学录像点评，教育科研论文撰写与交流。

（四）实习网站建设

1. 可容纳丰富的资源且能及时更新

网站将提供师范生实习所需要的教案和视频资源，能够解决他们实习资源缺乏、资源无序存放和缺少个性化资源等问题。同时，师范生既是资源的享用者，也是资源的创造者和提供者，在借鉴别人资源的同时，也可将自己的视频、教案、反思等资源上传，达到资源共享与积累的目的。

2. 可提供突破时空的教育实习资源

师范生可根据自己的时间，自由安排阅读材料、备课、录像以及参与讨论和评价，改变了过去实习需要召集人员事事碰面的方式。如实习生所在实习单位有教研活动或是讲课比赛，可以将信息发布在平台上，或是将活动中收集到的资料发布在网站上，供师范生学习。

3. 可提供完整的实习资源管理

为每一个师范生建立一个模块即为电子版"实习成长袋"，用于上传实习生见习、演习、实习和研习阶段性成果和日志，实习指导教师与实习合作教师的评语，还可以呈现出自己实习的视频、备课与教学反思的文本材料等。规范化与自主化，不仅能够有效存储师范生实习的所有资源，可以让更多的师范生了解同伴的进程和状态，督促自己的目的。

丰富且实用的资源库是师范生教育实习平台的基础内容。资源库里包括文本资源和视频资源两个部分，它们分别按学科和年级两种菜单方式呈现。视频资源包括一线教师教学实录并按文件夹分类呈现的录像，按全国教师优质课大赛视频、特级教师授课实录、一线教师授课视频和师范生授课视频、国内辅导机构五大分类，它们可让师范生下载观看、案例分析；也包括一些存在典型问题的课堂教学视频，供师范生讨论、分析，以发现问题、分析问题和提出自己对问题的解决办法，通过对师范生成长过程中常出现的教学不足来加深对教学理论的认识和形成恰当的教学行为。

## 二、教育实习项目要求制定

教育实习项目化学习需要经历见习、演习、实习、研习四个阶段，每个阶段的项目要求侧重点不同，整体呈现项目要求逐渐螺旋式提升的效果，图 6 - 2 教育实习项目要求可参考。

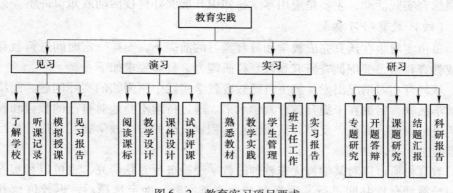

图 6 - 2　教育实习项目要求

### （一）见习要求

教学见习是教育实习的中心任务，目的是使实习生初步掌握中等学校所实习学科教学各个环节的基本要求。教学实习在指导教师帮助下进行，初步接触教学实际，增强对本专业学科知识的感性认识，学习教学方法和教学技能。

### （二）演习要求

坚持互相听课和评议制度。在备课、试讲等活动中，应该虚心向指导教师学习，认真听课、完成听课笔记。发扬团结互助精神，互相学习、互相帮助，共同提高。特别是同一实习小组的实习生，必须集体备课，必须互相听课，互相评议，并认真做好听课和评议的记录。具体要求见第四、五章。

### （三）实习要求

每个实习生必须认真钻研所实习学科的教学大纲、新课程标准和课程内容，掌握教材的精神实质，对于基本理论、基础知识和基本技能，要力求弄懂弄通。要求讲授新课 8 节以上。深入了解中师范生的学习情况，针对师范生的实际，确定教学目标、重点、难点、教学方法，写出详细教案，要进行集体备课。为确保课堂教学质量，每节课上课前必须进行检查性预讲，同组实习生参加听课，并邀请原科任教师参加。预讲后由听课师生提出意见，实习生对教案进行修改和补充，最后送原任教师审阅批准后方能试教。

认真做好批改作业和课下辅导的工作，认真研究作业的正确答案，特别是对比较复杂的疑难问题，要经过集体研究，讨论出正确答案，向指导教师请教，获得审批后，才能着手批改作业，作业批改后，应先在小组内互相检查防止错漏，或批改后送回指导教师审阅后才发给师范生。对于作业中的普遍错误，要进行集体辅导，对于作业中个别错误，要进行当面辅导。

了解掌握全班师范生的思想、学习情况，制订班主任工作计划。每个实习生上一次主题班会课，独立组织一次班活动。每个实习生都要组织和指导中师范生开展综合实践活动，主要是应用本学科知识开展课外科技活动或知识讲座。

（四）教育研习要求

每位实习生在认真完成教学和教育实习的前提下，安排一定时间进行教育调查或教育科研，锻炼调查研究和教育科研能力。具体要求如下：

从教育实习情况出发，解决自己教育教学实践中所面临的实际问题。围绕教育教学活动，目的在于提升教育教学水平。通过持续不断地对自己的教育和教学行为进行研究、实践、反思，从而汇总、积累自己的教育教学智慧，提升自己的教育教学水平。

教育科研可以对某学科优秀教师的教学经验进行专题研究，也可以和实习学校指导教师合作共同进行某项教育教学改革实验。确定选题后，返校进行开题答辩。

写出调查报告或科研论文（3000字以上）。此项成果是教育实习成绩评定的重要依据之一。优秀调查报告或教育科研论文，可作为毕业论文。

教育调查和教育科研能力是中小学教师必须具备的基本素养，可以以实习点为单位小组合作完成教育调查报告，合作人数最多不超过5人。必须明确注明分工，依据每个人完成情况逐个打分。

（五）实习作业要求

作业1：每个实习小组写一份总结，总结包括实习基本情况（授课年级、班主任、教材选用、授课内容、章节题目、授课班级等），实习心得体会，小组特色、主题班会（题目、内容、组织）、实习情况统计表，其他内容自定。电子版在指定日期前上传，打印版返校时上交。

作业2：每项作业以一个实习小组为单位建一个文件夹，以实习单位命名，压缩发送。包括实习教案：（1）实习手册全部填写，指导教师签字。（2）每人一份教案纸质版、电子版。实习录像：每人至少录一节实习录像。实习照片：实习小组在实习学校工作照、与实习指导教师合影、板书、主题班会、课外活动、组织实验、运动会等照片最少15张，反映实习真实情况。

作业3：集体实习需要做"同课异构"教学设计课题：一个实习小组选以"某某"一节内容的课堂教学，针对听不同教师对同一内容的实际授课，进行"同课异构"教学设计分析。第一部分：记录教师的实际教学活动中的教学设计、教学实施过程。第二部分：从新课导入、概念学习、习题设计、讲解、师范生评价等方面，比较分析不同的教学策略所产生的不同教学效果。第三部分：借鉴授课教师的教学设计，参考指导教师的意见将这一节内容进行教学设计。

作业4：制作展板用于实习汇报。实习返校后，每个人一定有很多感受要跟同学分享，将这些感想、记录下来的点滴动手制作展板，将此作为永远的记忆。学院会提供展板，大家可以将自己的教案、批改的师范生作业、听课日志、实习照片等作为展示，集体实习以实习单位，自主实习自行结伴五人一组制作展板，内容和形式自定。

### 三、项目学习活动设计

本项目的学习活动的设计主要通过名师进课堂、化学教材分析、优秀毕业生返校讲座、名校教授讲座等活动，使师范生更近距离了解中学化学教学改革和实践。邀请了国内知名专家学者、教研员及中学一线教师围绕基础教育课程改革的核心内容与热点专题，做不同层面的报告。报告人可以是来自高校的专家学者、来自教研部门的教研员、中学一线教师。这些不同层面的讲座具有追踪前沿、素材翔实、表达生动、理论与实践相结合的特点，能够开阔师范生的视野，激起思想的碰撞。

（一）中学名师进课堂系列讲座活动

2014年6月3日和4日，化学化工学院举行了中学名师进课堂系列讲座活动，分别邀请西夏区教研员刘建青老师和银川一中教学名师何卫宁老师给2011级和2012级化学教育专业学生进行专题讲座。

刘建青老师以"化学课改十多年的反思"为题，围绕化学新课改面临的问题、现代教学过程、中小学教学原则和课改的反思等几个方面作了细致的分析阐述，并以中学课程为例，引出如何发挥学生的主观能动性上好一堂课，赢得学生的一致好评。

何卫宁老师以"做有魅力的老师"为题，围绕学会做人，学会和老师同学相处，学会坚持、认真，学会管理班级，做学生喜欢的老师，提高自身的专业素养等方面结合自己的工作实际作了深入浅出的讲解，博得学生的阵阵掌声。

通过此次系列讲座，师范生普遍反应收获很大，不仅领略了中学名师的风采，更重要的是了解了作为中学老师应该如何备课，如何育人，如何不断提高自身的素质适应即将面临的中学教学环境。此外，希望学院今后能多组织此类的活动。

邀请唐徕回民中学初中部化学学科陈桂玲老师为2012级化学师范专业学生做了题为"电子白板在初中化学实验（复习课）"的专题报告。陈老师从该节课的教学内容分析、教学目标、教学重难点、教法与学法分析、教学设计、板书设计、教学反思这七个方面和师范生分享了自己在利用电子白板教学过程中的经验心得，以及如何利用电子白板进行虚拟实验的演示、操作来帮助学生梳理、巩固和实验教学有关的知识和能力。交互式白板的这一优点大大提高了学生学习的有效性，提高了复习的效率。

邀请自治区特级教师安长忠老师介绍了自己在多年的教育和教研工作中积累的教学经验，如何抓好本学科的教学特点，引导学生读好课本，用好课本，正确处理好课本与练习题的关系；如何想方设法地抓好学生记忆能力的培养，课堂教学"六原则""五环节"以及学生获得牢固知识的"八步骤"。如何落实分类推进、分类培养、分层教学、分类指导的专题讲座。

邀请银川一中化学学科组长刘艳萍老师介绍中学化学教师应具备的教学素养和课堂教学基本要求，她谈到有效的教学是指教师通过一系列的变量促进学生取得高水平成就的教学。有效的教学总是着眼于教学目标的取得。有效的教学就是引导学生积极参与智力学习的教学；有效的教学就是能够激发学生学习欲望，促进学生积极地掌握知识以及团队工作和解决问题的技能，提高批判性思维能力和建立终身学习态度的教学与学习。有效的教学就是指学生在教师的指导下成功地达成了预定学习目标的教学。

邀请银川一中校长蔺晓林做了题为"高效课堂"的讲座，他谈到"高效课堂"就是用尽可能少的时间获取最大教学效益的教学活动，我们现在提倡的"高效课堂研讨，其目的就是做到两个减轻，两个提高，即减轻教师的教学负担，减轻学生的学习负担，提高教师的教学效益，提高学生的学习效益，最终达到提高教育质量的目的。教师要做好充分的课前准备，要充分利用课堂的有限时间，"高效课堂"一是课堂气氛要融合，二是课堂节奏要明快，三是要注重课堂效益。学生养成课前预习的习惯，教师在传授知识的同时，还应注重学生学习方法的指导。课堂学习习惯：课堂上我们可以指导学生要严格要求自己。课后巩固习惯不可少，复习包括两方面的内容：一是记忆性的复习，二是应用性的复习。

（二）化学教材分析讲座

2014 年 10 月 10 日，兴庆区教育局教研室韩香宁老师在化学化工学院 303 室为 2012 级化学（师范）班全体同学做讲座。

韩香宁老师对人民教育出版社出版的九年级化学教材进行全面的讲解和分析。首先介绍教科书的基本结构，随后分别进行探究、实验、练习与应用、资料卡片、练一练等各栏目的作用和功能，强调教学内容的重难点，并联系实际体现教育要侧重情感态度价值观，要运用多样的教学形式和教学手段。理论讲解后，师生共同观看了分子运动演示、粉尘爆炸改进实验、红磷燃烧实验、木炭的吸附性等创新实验的视频。讲座结束后，同学们纷纷表示自己对九年级教材有了深刻的认识，了解化学的研究内容、范围和特点，对今后师范生进一步的学习及走入中学课堂树立了信心。

（三）优秀毕业生返校系列讲座

宁夏大学化学化工学院化学教师教育学科组邀请宁夏理工大学教师毕吉利为2012级师范生做了"微型化学实验"讲座。毕吉利老师是宁夏大学化学化工学院2011级研究生，在校期间获得国家励志奖学金，并荣获"品牌研究生"的称号，现担任宁夏理工大学化工原理专业授课教师。此次讲座由吴晓红教授主持。院长刘万毅首先肯定了本学期师范专业所取得的成绩，鼓励师范生在今后的学习工作中不断学习，努力创新，为就业打下坚实的基础。

毕吉利老师在讲座中，主要介绍了微型化学实验的起源和发展过程、多种改进方法，展示十多个微型实验模型。毕老师结合自己的学习和工作经历，鼓励学生认真对待每一件事情，做好大三、大四学年的学习规划，并坚信不懈地努力才会有收获。林枫老师强调师范生要继续坚持苦练教学基本功，鼓励师范生积极参加"化学微型实验设计"项目，设计出更有创意的微型实验。纳鹏军老师提出可以将微型实验的思路引入无机化学、分析化学中加以开发和应用。

吴晓红教授做了总结，她认为，此次讲座信息量大，使用方法和技巧多，模型丰富，能够拓展学生的视野。她希望师范生能够积极准备参加到项目化学习中，通过自主创新，小组协作，圆满完成"化学微型实验设计"子项目。

2015年3月18日上午9点，宁夏大学化学化工学院化学教师教育学科组邀请了我院2011级化学课程与教学论专业硕士毕业生、宁夏石嘴山市第三中学教师高霞，为2012级、2011级师范生做题为"备战2015宁夏化学特岗考试及课堂观察在中学教学中的应用"讲座。

讲座伊始，高霞老师分析了当前师范类毕业生面临的就业机遇与挑战，介绍了宁夏特岗教师考试的招考形式与备考流程等。随后，高霞老师分析了2014年宁夏特岗教师考试化学卷题型以及试题常考内容，并与在座同学分享了自己的备考经验与面试技巧。希望同学在2015年面试中做到四要：要有条不紊、要声情并茂、要真诚坦率、要新颖独到。

最后吴晓红教授做了总结，并对我院师范生就业寄予了希望。希望我院应届师范生在2015年宁夏特岗教师考试备战中，发挥宁大学子刻苦钻研的精神，努力备战，取得佳绩。

（四）名校教授系列讲座

宁夏大学化学化工学院化学教师教育学科组特邀北京师范大学刘克文教授，陕西师范大学周青教授和杨承印教授在化学化工学院303室为2012级化学（师范）班全体同学做讲座。

周青教授做了"初中化学的教学目标与意义"讲座。主要从感性认识与化学现象、化学概念与原理、化学用语、科学探究等方面对化学教学目标与内容进行了阐述与分析。以全面发展的学生、对科学的认识、尊敬与热爱、化学眼光、化学思维、运用思维与技术方法认识与改造自然的能力阐述了化学教学的意义。

　　周青教授建议初中化学教师应当注重培养学生关注与观察化学化学实验现象。其次确立概念在化学思维中的核心地位，加强概念教学的科学性，注重培养学生使用化学用语的交流能力，培养学生使用实验技术认识改造自然的能力。

　　杨承印教授做了"基于新课程的化学教学基本原理和方法"讲座。杨承印教授根据新课程的发展状况，主要从化学知识的源头、化学知识的价值、科学素养、人的发展，化学教师的专业发展，化学知识的教学，促进科学素养提高的方式，科学探究等几个方面展开了专题性讲座。其中在化学知识的源头中，杨教授从化学哲学、自然哲学、科学哲学等方面进入深入透彻的梳理，思路清晰，逻辑主线明确，引导我们更加深刻地认识化学知识，而不是仅仅停留在表观上看化学。在化学教师的专业发展方面，杨教授认为应该从职前教育—专业新手—熟练型教师—专家型化学教师的发展顺序进行。针对化学知识的教学，杨老师认为要以知识为中心和以学生学习为中心相结合的教学策略，明确教学目标与课程目标的一致性和教学评价的多元化。

　　北京师范大学刘克文教授做了"初中化学教师专业发展中化学学科问题"讲座。刘教授从对化学知识的理解，对化学史及研究过程的理解，对化学在社会中应用的理解，对化学实验的认识，对主要的学习心理学的理解，对科学知识本质的认识，对人的学习本质的认识，理解课程和教材的本质，理解教学过程及方法的本质，理解评价的本质，做研究型教师，能针对点问题进行研究，能对大的、全面的问题进行系统研究等细节方面进行了深入系统的分析。使同学们认识到想要成为一名化学学科的教师不仅要具备化学专业的基础知识，还应多学习心理学、教育学、哲学以及其他自然科学，成为一名研究型的专业化学老师。

# 第二节　教育实习项目化学习实施

　　教育实习是师范专业极为重要的实践性学习环节。本节重点讨论在教育实习中开展项目化学习，如何规划实施细则，如何合理地安排实施程序。通过教育实习项目化学习，使师范生在实践中运用所学的专业知识和教学技能，分析和解决实际教育或教学问题，把理论和实践结合起来，积累实践经验，为毕业后走上工作岗位打下基础。

## 一、项目实施细则

### （一）实习安排细则
教育实习安排细则见表6－1。

**表 6 - 1    教育实习安排细则**

| 序号 | 实习安排细则 |
|---|---|
| 1 | 实习点负责教师与实习队长到各实习学校落实教育实习任务和内容 |
| 2 | 实习队长召开全体队员会议，落实个人的实习任务、内容 |
| 3 | 召开实习队长、带队教师会议，部署实习队有关管理工作要求 |
| 4 | 学习教育实习有关文件：教育实习工作手册、教育实习计划、教育实习评价标准等。实习队员根据实习课程的要求进行备课、预讲、公开课教学 |

## （二）见习实施细则

教育见习实施细则见表 6 - 2。

**表 6 - 2    教育见习实施细则**

| 序号 | 见习实施细则 |
|---|---|
| 1 | 到达实习学校后，分别请实习学校领导、科组教师、班主任介绍学校、科组、班级的基本情况，请优秀教师介绍教育、教学的好经验，了解实习学校各项工作和各种规章制度 |
| 2 | 实习生到班级与师范生见面，参加班级活动，了解师范生情况，在原班主任指导下制订班主任工作计划 |
| 3 | 听指导教师的新课、习题课、复习课 |
| 4 | 在教师指导下进行备课、预讲 |

## （三）实习实施细则

教育实习实施细则见表 6 - 3。

**表 6 - 3    教育实习实施细则**

| 序号 | 实习实施细则 |
|---|---|
| 1 | 上好试教课，同组实习生互相听课，做好听课记录，开好评议会，认真总结经验，做到互相学习、互相帮助 |
| 2 | 继续认真备课，写教案，预讲，做好各种课前准备工作 |
| 3 | 及时批改作业，了解教学效果，加强个别师范生的辅导 |
| 4 | 做好班主任日常工作，按计划开展各项活动 |
| 5 | 开展调查研究和教育科研工作，收集整理资料，为做好总结作准备 |

## （四）实习总结细则

教育实习总结细则见表 6 - 4。

**表6－4　教育实习总结细则**

| 序号 | 实习总结细则 |
|---|---|
| 1 | 每位实习生写工作总结和个人鉴定。 |
| 2 | 实习队长收集每位实习生个人总结或专题总结、调查报告等材料，写好实习队工作总结（执笔者免写个人总结），回校后及时将实习总结、调查报告通过教育实习网上交 |
| 3 | 实习队长组织全队同学根据《教育实习纪律、调查与总结评分标准》评定每个同学的教育实习纪律、调查与总结的成绩 |
| 4 | 实习队长负责写出全体队员的小组鉴定，填写好队员的考勤表 |
| 5 | 指导教师写好实习生鉴定，初步评出教学和班主任工作的实习成绩，最后由实习学校签写意见和加盖公章，交领队教师带回教务处教师教育科 |
| 6 | 写好教育调查报告或教育科研论文，回校后三天内将调查报告和个人总结或专题总结、教育实习师范生工作本、班主任工作计划、班或团课讲稿交给本系教学法教师 |
| 7 | 各小组领取并制作展板，在展示会进行交流 |

## 二、项目实施程序

教育实习项目化学习需要经历项目准备、项目开题、项目实施、项目结题、项目反思5个过程，每个过程包含不同的任务，教育实习项目流程具体可参考图6－3。

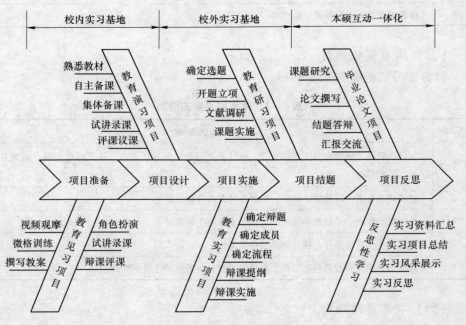

图6－3　教育实习实施流程

（一）准备阶段

在集体实习正式启动前，组织全体师范生召开实习动员会。在动员会上，向师范生强调实习的意义，明确教育实习的任务、要求和作业。完成实习生分组、实习单位分配，安排各实习单位实习生与指导教师会面。

（二）实施阶段

1. 见习项目

见习项目包括了解学校、听课学习、微格训练、授课评价、见习报告等五项任务。"了解学校"需要师范生自己联系见习学校，了解学校基本情况如化学实验室及实验仪器配置情况。"听课学习"需要进行为期一周的听课，了解如何备课、如何讲课、如何对师范生进行学习指导等。"微格训练"包括掌握如何书写教案、撰写规范的教学设计、熟悉教材、课堂教学方法技能等。"授课评价"自主设计教案和教学，并进行视频录制、掌握评价方法、评课记录，熟练运用课堂观察量表进行案例评析。"见习报告"包括撰写见习报告、评价见习报告。

2. 演习项目

演习项目包括阅读课标、教学设计、制作课件、试讲评课等四项任务。"阅读课标"包括阅读课程标准，教材、教参。"教学设计"包括教案撰写、了解九年级和高中生师范生学情、教学资料收集与整理。"制作课件"包括多媒体教学课件制作，结构化板书设计。"试讲评课"需要在公开课前，以小组为单位轮流试讲，互相磨课，试讲后将教学问题进行整理，找到解决和改进的方法。

3. 实习项目

实习项目包括熟悉教材、教师实践、师范生管理、班主任工作、实习报告等五项任务。"熟悉教材"包括认真阅读初高中教材（人教版、鲁科版）并进行教材对比和分析。"教学实践"包括独立准备不少于5份新课授课教案、5份习题课教案、5份复习课教案等。"师范生管理"包括师范生常规活动、组织早晚自习、班级卫生等。"班主任工作"包括主题班会、家访等。"实习报告"包括撰写实习报告、评价见习报告。

4. 研习项目

研习项目包括专题研究、开题答辩、课题研究、结题汇报、撰写报告五项任务。"专题研究"以六大化学教学模块进行高考专题研究。"开题答辩"在与指导教师进行探讨后，确定研究问题，提交开题报告。"课题研究"包括真正深入到课题教学，积极探索理论和实践相结合的途径。"结题汇报"包括在教师指导下，师范生可以以所在实习点为研究对象，也可以联合其他分散实习点共同开展课题研究，师范生完成实习任务后返校时，撰写报告和进行结题汇报。"撰写报告"包括撰写课题报告、评价课题研究进程。

（三）结束阶段

在教育实习期接近尾声时，组织实习答辩及考评，为每一位参与实习生评定出实习效果的优劣。每名实习生将有 15min 的时间进行讲课及实习情况汇报，并由教师评委提问，实习生进行现场答辩，并由教师现场为其打分，评选出优秀实习生。实习汇报后安排实习海报或展板交流，鼓励师生前来观摩，进行交流和讨论，相互学习经验。集体实习汇报和自主实习汇报有所区别，具体要求可参考表6-5 和表 6-6。

**表 6-5　教育实习总结细则**

| | 集体实习汇报 |
|---|---|
| 汇报形式 | 以实习小组为单位，推荐一名实习生汇报 |
| 汇报内容 | 5min 小组及个人实习总结（以视频短片形式展示）；<br>15min 课堂教学（内容抽签） |
| 提交材料 | 实习总结的视频和文档打印稿；<br>课堂教学设计电子版和打印版；<br>实习实践论文、开题报告、结题报告电子版和打印版 |

备注：小组实习作业电子版作业上传到公共邮箱，纸质版作业全部上交才能参加实习汇报

**表 6-6　教育实习总结细则**

| | 自主实习汇报 |
|---|---|
| 汇报形式 | 以个人单位汇报 |
| 汇报内容 | 5min 个人实习总结（以视频短片形式展示）。包括实习学校、指导教师、上课时间、章节题目、授课节数、实习统计表、主题班会、心得体会等 |
| 提交材料 | 个人实习作业全部提交后才能参加实习汇报 |

备注：电子版作业上传到公共邮箱，纸质版作业上交到学科组

# 第三节　教育实习项目化学习评价

本节介绍教育实习项目化学习评价细则的制定，教育见习和教育演习的评价细则可参考第四章第三节、第五章第三节。主要讨论课堂教学评价细则、班主任工作评价细则、实习生自评细则、实习生互评细则。其中，课堂教学评价细则和班主任工作评价细则主要由指导教师进行评定，教师结合评价细则中的描述，结合实习生具体表现情况，给出诊断性评语和最终评价，帮助实习生不断发现自身存在的问题，逐步改正。以往实习生进行自我评价时，不足之处为：评价多以主

观性评价为主，自我分析不够全面，评价不具有深度等。改进后的实习生自评细则从实习态度、课堂教学、班主任工作、教育科研 4 个方面和 24 条评价细则，帮助师范生全面和深度认识自己还有哪些不足，哪些地方需要加强，哪些值得肯定的优点要继续保持。

## 一、课堂教学评价细则

课堂教学评价细则见表 6 - 7。

表 6 - 7　课堂教学评价细则

| 评 价 指 标 | 指 标 描 述 |
| --- | --- |
| 教学态度 | 态度端正，工作认真负责，实习组表现出良好的组织纪律性 |
| 课前准备 | 认真钻研教材和师范生，按时编写出完整规范的教案 |
| 教学内容 | 教材处理得当，重难点突出、难度适宜 |
| 教学方法 | 结合教学内容和师范生实践，灵活选择合适的教学方法，适当引导师范生探究，充分调动师范生积极性 |
| 教学技能 | 教态自然亲切，语言清晰流畅、有逻辑性 |
| | 板书、设计合理，字迹清晰，能够恰当运用教具、多媒体等教学手段 |
| | 提问适时、有启发性，对师范生回答评价适当 |
| | 实验教学中准备充分、操作规范 |
| 教学效果 | 授课清晰完整、有条理，课堂秩序良好，顺利完成教学任务，达到教学目标 |
| 教学反思 | 主动与指导教师交流，积极思考，刻苦努力 |
| 课后辅导 | 作业批改认真、及时评讲，耐心辅导师范生 |

## 二、班主任工作评价细则

班主任工作评价细则见表 6 - 8。

表 6 - 8　班主任工作评价细则

| 评 价 指 标 | 指 标 描 述 |
| --- | --- |
| 工作态度 | 为人师表，态度诚恳耐心，积极主动地配合班主任工作 |
| 工作计划 | 较快熟悉班级师范生情况，制订相应工作计划 |
| 常规工作 | 坚持参加班级早读、做操、班会、自习以及课外活动，处理日常事务 |
| 班级活动 | 组织有针对性的主体班会，内容贴近师范生，注意培养师范生思想道德品质，大多数师范生参与其中，调动师范生的积极性和创造性，效果良好 |
| 工作效果 | 受到师范生尊敬，与师范生形成平等融洽的师生关系 |

### 三、实习生自评细则

实习生自评细则见表6-9。

**表6-9　实习生自评细则**

| 评价指标 | 指 标 描 述 |
|---|---|
| 实习态度 | （1）按实习计划圆满完成实习任务、无请假缺课现象，在实习中严于律己，表现出良好的组织纪律性 |
| | （2）按要求认真、如实、完整地填写实习手册 |
| | （3）态度端正，举止得体，有良好的教师形象 |
| | （4）工作认真负责，尊敬师长，虚心求教，积极总结和反思 |
| 课堂教学 | （5）认真钻研教材和师范生，精心组织教学，按时设计和编写教案 |
| | （6）教材处理恰当，重难点突出、难度适宜 |
| | （7）教学内容科学系统，关注师范生的技能和情感的培养 |
| | （8）结合教学内容和师范生实践，灵活选择合适的教学方法，适当引导师范生探究，充分调动师范生积极性 |
| | （9）教态自然亲切，体态语适度 |
| | （10）教学语言清晰流畅、有逻辑性，音量语速适中 |
| | （11）板书、设计合理，字迹清晰，能够恰当运用教具、多媒体等教学手段 |
| | （12）提问适时、具有启发性，对师范生回答评价适当 |
| | （13）实验教学准备充分，师范生兴趣浓厚 |
| | （14）顺利完成教学任务，授课思路清晰、有条理，课堂秩序良好，气氛活跃 |
| | （15）师范生作业完成良好 |
| | （16）作业批改认真、评价及时，耐心辅导师范生 |
| 班主任工作 | （17）态度诚恳、一丝不苟、积极主动配合原班主任工作 |
| | （18）深入班级师范生中，较快熟悉情况、制订工作计划 |
| | （19）坚持参加班级早读、做操、班会、自习以及课外活动，处理日常事务 |
| | （20）组织有针对性的主题班会，内容贴近师范生，注意培养师范生思想道德品质，大多数师范生参与其中，调动师范生的积极性和创造性，效果良好 |
| | （21）根据师范生特点，思想工作耐心细致，与师范生形成平等融洽的师生关系 |
| 教育科研 | （22）从教育实习的时间出发选题，有一定现实意义 |
| | （23）认真收集资料，运用科学的教育科研方法进行实验和问卷调查，并且进行了教育统计分析 |
| | （24）论文结构完整、观点鲜明、内容翔实 |

#### 四、实习生互评细则

实习生互评细则见表6-10。

**表6-10 实习生互评细则**

| 序 号 | 评 价 项 目 |
|---|---|
| 1 | 在实习中严于律己，无请假缺课现象，表现出良好的组织纪律性 |
| 2 | 尊师重教、态度端正、举止得体，有良好的教师形象 |
| 3 | 积极与小组同伴交流工作中遇到的问题，互相听课，及时总结和反思 |
| 4 | 备课时在组内共享自己的资料，听课后常常给组内提供合理的改进意见 |
| 5 | 出色地完成自己的教学任务，表现出良好的课堂教学技能和化学实验教学技能 |
| 6 | 授课思维清晰完整、有条理，课堂秩序良好，气氛活跃 |
| 7 | 坚持参加班级早读、做操、班会、自习以及课外活动，处理日常事务 |
| 8 | 工作耐心细致，与师范生形成平等融洽的师生关系 |

# 第四节 教育实习项目化学习案例

本节以宁夏大学化学化工学院2011级师范生教育实习项目化学习为例，给出教育实习项目策划方案、启动、中期策划，结合实际实施情况进行项目总结。提供某一组实习小组开题和结题报告，供各位读者参考。

#### 一、项目策划

具体项目策划方案见表6-11。

**表6-11 项目策划书**

| 项目名称 | 化学师范生教育实习项目化学习 |
|---|---|
| 项目内容 | 为充分调动师范生积极投身于中学教学实习，每个教育实习小组就是一个项目小组。学习理论后在教师的指导下，选择研究课题，进行课题论证。根据开题报告，逐步开展研究工作，推进研究进展。实习结束后，整理、分析研究资料，撰写研究报告，进行课题汇报和答辩。收集、汇编研究成果 |
| 项目目标意义 | 教育实习是为师范生打开教师职业大门的关键起步点，已成为全国教师职业专业化发展的重要课题。通过教育实习基地的建设与改革，结合学院的实际情况提出构建宁夏大学"全程教育实习训练"为基地、以中学"全程教育实习实践"为基地，"集体定点教育实习""个体选点教育实习""顶岗包点教育实习"平行推进为途径的"两基三径"新模式 |

| | |
|---|---|
| 前期准备 | 在教育实习工作中，实习分为小组集体实习与个人单独实习。学院给每个实习点配备 2 名实习指导教师，成立了实习领导小组全程跟踪实习教学辅导。小组集体实习单位包括：银川一中、银川二中、银川十四中、银川九中、银川十三中、银川二十四中、银川回民中学、唐徕回中、银川二十中、宁夏大学化学化工学院、长庆石油中学、银川十六中、银川三中等。个人单独实习：单独联系实习单位进行教育实习，涉及石嘴山、中卫、固原、灵武等各个县市中学 |
| 实施方案 | 在实习工作正式启动前，召开了实习动员会。在动员会上，强调了实习工作的意义，指出了实习过程中应尤其注重安全问题，就实习要求和任务培养为师范生做了讲解与指导。<br><br>多位教师负责教育实习的组织与督导，不断总结和完善教育实习"前期培训—过程指导—后期总结"的三段式管理模式。组织好师范生听课、备课、试讲、讲课、录课、评课等环节。强化教育实习过程管理，坚持以带队教师和实习学校指导教师双结合的指导制度，对师范生在教育实习中的从教技能作全程指导，并组织实习生开展公开课、学术讲座等活动。组织实习总结大会，要求师范生自制视频和展板，建立实习总结表彰制度。指导师范生做好实习的反思和总结，强化对教师职业的认识，激发从事基础教育的热情 |
| 创新点 | （1）共建教师团队。指导教师团队既包括面向师范生培养过程，特别是教育教学实践方面的中学教师团队，也包括面向中小学教师专业发展的高校教师团队，两者加以有机整合、系统培训，形成一批引领性的、分类的专业化教师团队，以共同承担好师范生本科阶段培养、师范生就业后的职业提升培训以及学历提升的教育工作，切实开展教师教育职前职后一体化实验，不断推进中小学教师专业化进程。<br>（2）共建资源网站。通过有效合作，共建教师教育资源网站，包括师范生数字化实验网、课堂教学资源网、教学案例资源网等，既为服务于高校师范生的学习与训练，也服务于在职教师的学习与研究，使之成为双方共享的资源平台。<br>（3）合作开展项目研究与成果推广。通过大学和中小学的合作，有计划、有组织地设立一些基础教育与教师教育研究项目，组织高校和中学教师联合开展专题研究，并通过研究项目的合作，逐步建立一批稳定的合作伙伴关系，加强高校教师与中学教师以及中学教师之间的深度联系和交流关系。同时，发挥各方面的积极性，将取得的成果予以推广应用。<br>（4）搭建交流平台。有计划、有组织地安排多种交流活动，增加高校与中小学之间、中小学之间、高校教师与中小学教师之间、中小学教师之间的交流，通过交流有效地促进在校师范生的学习与成长、在职教师的专业能力和专业发展。通过交流，不断总结工作中的经验，发现工作中的问题，同时对如何更有效地开展提出意见和建议 |

## 二、项目启动

具体项目启动方案见表 6 - 12。

**表 6 – 12　项目启动方案**

| 活动名称 | 破冰之旅 |
|---|---|
| 活动主题 | 扬帆启程，开启精彩的实习生活 |
| 活动实施点 | 宁夏大学 |
| 活动设计方向 | 我理想中的中学化学教师 |
| 活动参与人员 | 实习组指导教师、实习生 |

一、活动背景

活动设计缘由：

（1）师范生对自我与教育实习认知水平落后，导致现下实习活动肤浅化和形式化；

（2）想把更优质的教育理念尤其是现代教育技术理念带给更多师范生，优化实习队伍。

活动设计意图：开拓师范生对自我和教育实习的认识，并在培训中提升了自己的综合能力；通过自我提升会以一个更加对口的思路和方式去实施教育实习活动，提升实习质量；同时一起慢慢培养自身魅力，形成自己的教学风格和理念

二、预期收获

（1）实习生通过自我认知环节加深对自己的认识，包括自我价值观、人生观、职业幸福感的感知。

（2）熟悉教师礼仪，以良好的精神面貌参与实习工作。

（3）与指导教师建立良好的学习计划

三、实施步骤安排

| 环节 | 模块 | 备注 |
|---|---|---|
| 1 | 开训仪式 | （1）集合、神秘任务，团队 logo、章程、人员分工；<br>（2）实习安全教育 |
| 2 | 破冰之旅，团队建设 | （1）通过一定的心理疏导，让大家清空自己，从而可以投入到培训中去；<br>（2）团队成果展示、团队概念初步体验 |
| 3 | 大玩家 | 体现实习生自我管理、自我创新、自我幸福感需求 |
| 4 | 励志教育 | 演讲：我理想中的中学化学教师和 Why I Teach |
| 5 | 自我探索 | （1）生命线的串联（引导者引导志愿者搭建自我空间，志愿者自己陪伴自己连接自己的生命线）；<br>（2）用思维导入描绘今后的实习生活 |
| 6 | 导师见面 | 指导教师与实习生沟通，确定短期目标 |

## 三、项目中期

具体项目中期活动方案见表 6 – 13。

### 表 6 – 13　项目中学活动方案

| 活动名称 | 世界咖啡带来的思考 |
|---|---|
| 活动主题 | "质量守恒定律"课例评析 |
| 活动地点 | 多功能活动室 |
| 活动参与人员 | 化学师范生、课题组教师 |

**一、活动背景**

在实习中每个师范生都有机会上公开课，我们要求每个实习生自选一节课作为公开观摩课，自己联系不少于 15 名实习生到实习点听课评课。这次活动是由六中的四名实习生组织"质量守恒定律"公开观摩课，课后 20 名师范生和 4 位指导教师共同参加了课后评课世界咖啡活动。

**二、活动目的**

基于"世界咖啡"的培训理念，帮助学员创设温馨、和谐的交流氛围，让学员能够敞开心扉进行深入的交流、深入的讨论、深入的学习，引领学员分析以往难以突破教学的阻碍点，体验合作学习的乐趣，相互分享学习心得与体会，进而将本次培训的意义进行深化

**三、活动方式**

通过"世界咖啡"的活动交流，围绕课程改革深化过程中学科教学的关键部位和教学中遇到的热难点问题，展开理论与实践相结合，注重方法引领的研究与设计，提高学员的实践智慧、专业水准，促进师范生自我独特教学风格的形成。通过专家介绍并剖析诸多典型课例，突出案例中的问题特征与方法价值，引导学员在广泛充分的参与体验中收获提升

**四、实施步骤安排**

| 程　序 | 活　动 | 备　注 |
|---|---|---|
| 设定主持人 2 名 | 主持人：质量守恒定律是常规探究教学课题，大多数教师会基于教材引导师范生进行探究实验验证，并且以质量守恒定律的得出作为学习的终点。请各位教师思考初三师范生如何开展探究性学习，如何在探究的过程中引发师范生的质疑，培养师范生的创造性思维。通过质量守恒定律的实验探究教学，本次世界咖啡活动请大家畅所欲言总结出实施的策略 | 最好设定两名教师或者骨干成员 |
| 来到"咖啡屋"，分桌就座 | 建立"圆桌讨论"，聆听他人之言，鼓励大家发表，联结多元的观点。要求每一桌推选一名桌长进行咖啡桌主持，推选另一名记录员进行概括和归纳 | 面对面的圆桌式的座位，咖啡和水果上桌。调动汇谈气氛 |
| "咖啡"上桌 | 找到自己的咖啡桌，桌长组织讨论，每人发言（1 次不超过 3min，可以多次），桌长负责对本桌针对研讨问题提出 5 个主要观点 | 基于思维导图绘制的方法，结合课例，从提出的核心探究问题、实验方案设计、组织师范生实施探究等角度进行分析，用思维导图记录讨论关键词 |
| 再来一杯，如何？小组其他成员进行换组讨论 | 桌长留下，其他成员分散到其他咖啡桌。桌长热情介绍本桌首轮观点。来宾介绍自己咖啡桌讨论结果，对新到咖啡桌发表观点 | 用思维导图记录彼此观点，只描述关键词或出现图形 |
| 再来第三杯，进行第二次换组讨论 | 桌长留下，其他成员第二次分散到其他不同咖啡厅，同上轮。各桌集合，汇聚本桌观点 | 桌长记录、补充、完善上述 5 条观点 |

续表 6 - 13

| 程 序 | 活 动 | 备 注 |
|---|---|---|
| 进行成果展示 | 各桌集合，汇聚本桌观点。桌长或代表汇报，主持人及学员代表点评活动内容与形式，其他成员进行补充 | 桌长向全班同学展示本桌的思维导图，并简洁概括设计的理念和特点，其他师范生可以进行补充或反驳，分别发表其看法，提出进一步改进的措施和建议。用思维导图进行汇报，准备 5min 的汇报内容 |
| 汇谈成果 | 各桌讨论结论：<br>教师要充分备课，对探究的主题要明确。如在本节课的探究过程中，教师对于镁条在空气中燃烧前后质量改变的结论自己首先要有科学的质疑和解释，才能在师范生探究过程中给予合理的指导，引导师范生获得最有价值的结论。<br>教师提出的核心探究问题具有创新性，师范生就会认为问题有很大的研究价值敢于质疑，提出问题，设计出探究方案。<br>教师在设计方案探究时，对探究的关键问题要设置一定的台阶，选用合适的仪器，引导师范生将探究进行下去，指导师范生设计可行的定量方案，选取适当长度的镁条，改用电子天平直观准确地得到固体质量等。本探究活动以镁条长度作为影响质量变化的变量，对于为什么选择这一变量作为研究对象，课堂讨论不够充分，对师范生发散思维、系统思考、批判质疑能力的发展不够充分，可进一步优化。<br>在师范生实施探究时，教师对于师范生的探究活动组织要做到收放自如，张弛有度。例如，对于在开放体系中的实验进行质量守恒探究时，因为师范生有时考虑不全面、实验方案设计存在问题而导致错误的结论，教师要让更多的师范生在探究过程中展现自己的思维，将探究教学与创新能力培养结合，而不是放任师范生想怎么做就怎么做的局面 | |

五、活动总结

　　本案例是教师在师范生基本掌握了质量守恒定律后增加的一次拓展新探究活动，在开放体系、复杂背景中应用质量守恒定律，鼓励师范生从新颖独特的角度看问题，集中体现培养师范生创新思维能力。本次活动通过对教学设计精心分析、评讲、雕琢、完善，真正实现了教学相长的理念，以几个细节详细展示操作步骤和操作要点，在教学设计和实施等每个环节始终把师范生的需求作为核心，每个师范生投入最大的热情对待这次讨论，将自己和团队研究的成果拿来与同学分享，在和谐温暖的气氛中交流与学习。师范生纷纷感到这是一次基于问题、突出学术、注重实践的教师培训新体验。就刚才大家讨论的结果还可以进一步思考，比如：怎样更好地组织教学，在一节课中轻松地完成教学任务。怎样让师范生主动提出问题。师范生的设计思维能力不是很强，科学探究能力比较差，活动进程中也不是很主动，习惯了在教师的指导下机械地完成任务。怎样提高师范生的学习兴趣，充分发挥师范生的主体作用，应该是今后教学努力的方向

六、活动准备

　　(1) 纸张：大白纸 30 张；(2) 笔：马克笔、彩笔若干；(3) 电脑、音响、音乐：轻音乐，U 盘；(4) 咖啡、水果等，会场布置

# 四、项目结题

项目结题报告见表 6 - 14。

**表 6 – 14　项目结题报告**

| 项目名称 | 化学师范生教育实习项目化学习 |
|---|---|
| 项目实施 | 　　课题组全体教师一起制订师范生实习计划，联系实习单位、明确实验要求，实习实践活动圆满完成。结合我院的实际情况，我们构建并实施了"两基三径"教育实习模式。"两基"，即以学校和实习点为基础，它是师范生整个在校期间（包括寒暑假）都要不间断地进行的最为完善的教学过程，是包括教学技能训练、教育见习、教材教法研究、模拟教学和教学实践等内容在内，也就是以"全程教育实习训练"为基础的。在此基础上，形成"三径"，即"集体定点教育实习""单独选点教育实习""顶岗包点教育实习"平行推进。<br>　　每个实习点有专门指导教师，负责实习生日常教学及班主任实习工作。教学论课程组教师全部到实习点，对实习生的教学设计、多媒体课件制作、教育实习课题实施全程跟踪辅导。实习过程中，师范生要认真填写学院自编的"化学化工学院教育实习手册"。实习手册包括：教学设计、听课记录、班主任工作、主题班会、师范生访谈、教育案例、实习日志、实习总结等。实习结束后，对实习课题要进行答辩。各实习点选出优秀实习生，进行课堂教学汇报讲课，组织下一届师范生观摩学习 |
| 项目总结 | 　　经过为期 4 个月的实习，在实习生和指导教师的共同努力下，实习工作圆满完成。主要表现在准备充分、见习积极和踏实、实习成效显著三方面，具体总结如下：<br>　　（一）准备阶段<br>　　做好教育实习的各种准备工作，学习备课，写教案，练好师范基本功。在实习出发前，每个人都能按时上交一个主题班会课教案、一份课堂教学方案、一份个人实习计划以及一份实习前的准备总结。<br>　　（二）见习阶段<br>　　到达实习学校后，基本上每个实习生听课数目均不少于 20 节课，其中包括跨年级、跨学科听课。有不少师范生积极参加学科组教研活动。将自己的教学设计拿给指导教师进行请教，在指导教师的帮助下，修改教案、准备讲稿，进行试讲。<br>　　（三）实习阶段<br>　　实习生积极准备，主动和指导教师联系，争取早上课、多上课。基本均能达到讲授新课 10 节以上（不包括重复课），其中 6 节独立课（不需要教师指导，独立写出教案上课）。每节课上课前都能做到预讲，同组实习生按时参加听课，邀请指导教师参加。认真采纳大家提出的意见，对教案进行修改和补充，认真对待每一次授课机会。经常与指导教师沟通，能够协助班主任组织各班会活动，深入了解师范生，与师范生建立师生友谊和信任。能够按照课题计划，在保证不影响实习学校的教学工作的基础上，有序开展问卷调查，进行统计问卷，整理、分析采访座谈等调查活动的资料，分析资料，撰写调查报告或科研论文 |
| 项目反思 | 　　实习返校后每个人都有很深的体会。李艳同学说道：两个月的实习工作虽然短暂，却给我们留下了美好、深刻的回忆。对每个组员来说，这都是一个提高自己、检验所学的过程。两个月里，同学们在教学认识、教学水平、教学技能、师范生管理水平以及为人处世等方面都受到了很好的锻炼，为日后走上工作岗位打下了良好的基础。通过实习，同学们也增强了信心，坚定了信念，向一名合格的人民教师又迈进了一步！<br>　　刘晓晨同学说："要给师范生一碗水，自己就要有一桶水。"因此，自己的知识面一定要广。探索是艰苦的，但是，在这种富有成效的实践中，教师的内心深处充满了喜悦、欢乐和幸福。要想成为一名优秀的教师，不仅要学识渊博，其他各方面如语言、表达方式、心理状态以及动作神态等也都是要有讲究的。通过这次实习，我了解了教师的伟大，教师工作的神圣，教师真的是人类灵魂的工程师，教师的工作不仅仅是"传道、授业、解惑"，而且要发自内心地关心爱护师范生，帮助他们成长。在教授他们知识的同时，更重要的是教他们如何做人，这才是教师工作最伟大的意义所在。<br>　　马涛同学说：实习，是我们步入教师行列的"试金石"，是检验我们掌握知识和运用知识能力的舞台。我感受到：只有对师范生真心付出，才能取得师范生的尊重和信任，而且还要学习更好的教育方法、教育机制，才能高效率地管理好、教育好师范生。实习让我丰富了知识，增长了经验；实习让我坚定了学习的信心，给予了我勇气；实习带来的是无价的人生阅历，是宝贵的一课 |

## 五、项目作品

项目作品包括项目小组开题报告和结题报告，具体见表 6-15 和表 6-16。

**表 6-15 项目开题报告**

项目名称：高中化学教学中迷惑性问题的归因及对策研究

项目成员：姚 慧 黄金莎

**一、立项依据（项目的意义、前期工作及现状分析）**

**（一）项目意义**

迷惑性问题有利于培养师范生的批判性思维。中师范生一般都有自己的个性。主见、敢于质疑他人的意见，但是由于知识掌握不到位及思想还不够成熟，常常对某些问题过于钻牛角尖。为了使师范生的批判思维趋向成熟，在化学教学过程中，教师可以立足教材，适当设计些比较有迷惑性的问题，通过"迷惑"师范生犯错，"诱使"其上当，然后调动课堂氛围，让所有师范生展开讨论。通过对迷惑性问题的有效教学，促使师范生积极参与知识的形成过程，能够帮助师范生多角度、全方位地思考问题，形成良好的学习习惯，提高思维的灵活性和准确性。

本研究立足于教育实习，通过对高中化学中常见的迷惑性问题进行整理归纳，对其容易迷惑师范生的归因进行深入的分析，探讨。最终通过巧妙的设计教学环节，帮助师范生有效突破知识的迷惑之处，获得对知识的清晰、明确的深刻理解。本研究成果不仅为师范生高中化学教学提供教学资源，也为一线教师的试误教学提供材料。

**（二）前期工作**

大量搜集资料，阅读文献。认真研读高中化学必修一、必修二、选修三、选修四、选修五教材。

阅读大量高中化学教学参考书，在参考书中寻找大量迷惑性的问题。

在中学实习阶段（如从平时的教学、批改作业，教学参考书等）巧妙找出并设计容易使师范生迷惑的问题，这些问题主要从化学概念、化学用语、化学原理等方面搜集。

**（三）现状分析**

传统的课堂提问多是教师提出一些正面问题，让师范生回答。在这种形式的教研活动中，往往师范生要么直接不会，要么会给出正确答案，随后教师会点评对与否，教师一旦说出答案，师范生会认为教师说的都是"真理"，不容得质疑。因此，这样的教研形式缺乏即时的交流互动，也缺少思维的碰撞，很难切实促使师范生对问题的理解。况且，疑惑型问题恰是为了克服以上弊端而产生的。教师可以依据教材内容，抓住师范生好奇心强的特点，精心设疑，使师范生处于一种"心求通而未达，口欲言而未能"的不平衡状态，引起师范生的探索欲望

**二、项目实施方案、实施计划和可行性分析**

**（一）实施方案**

本次研究主要分为以下三个阶段：

收集资料阶段：收集高中化学中最常见的四大迷惑性问题（主要包括化学概念、元素化合物、化学原理、有机物等方面）。

分析研究归因阶段：对师范生容易受到迷惑性的归因进行分析，寻找合理的原因。通过访谈一线教师、咨询专家等方式，获得有效的资源。

对策设计阶段：根据寻求到的原因，合理设计教学，实现对高中化学中常见的迷惑性问题的有效突破。本部分是研究关注的重点，教学策略、教学方法的选择都是需要精心设计的。

**（二）实施计划**

第一步：查阅相关文献，认真研读高中化学教材。

第二步：初步完成高中化学常见的迷惑性问题的收集。

第三步：对高中化学常见迷惑性问题进行归纳整理。

第四步：完成迷惑性归因的分析。

第五步：针对迷惑性问题，完成教学设计对策。

预期进展：

| 2014.4.5 ~ 2014.4.15 | 成立创新实验小组 |
|---|---|
| 2014.4.15 ~ 2014.5.25 | 查阅文献、搜集资料、进行综述 |
| 2014.5.25 ~ 2014.8.1 | 初步完成高中化学常见的迷惑性问题的收集 |
| 2014.8.2 ~ 2014.9.10 | 咨询一线教师，对高中化学常见的迷惑性问题进行整理归纳 |
| 2014.9.11 ~ 2014.12.20 | 完成高中化学常见的迷惑性问题的归因分析，并完成分析报告 |
| 2014.12.25 ~ 2015.1.26 | 完成对高中化学迷惑性问题的教学对策设计 |
| 2015.1.27 ~ 2015.2.27 | 完成研究目的报告 |

（三）可行性分析

本研究立足于高中化学教学，重点关注化学教学过程中出现的迷惑性问题，具有现实的指导教学的价值，并且研究成果的实用性以及操作性都非常强。

我们的研究团队即将进入高中实习，在实习的过程中，可以积累大量的迷惑性问题，并且深入教学第一线，能够及时了解师范生化学知识学习过程中遇到的迷惑性问题，及时了解师范生的学习状态。在实践教学的过程中进行课题的研究，在实践中研究，在行动中再研究，将有利于本课题的研究。同时，我们研究团体已经初步掌握大量的资源，极大地便于随时展开研究。目前，前期工作已经顺利地开展，后期的研究条件也已经具备，已经具备了研究的有利条件

三、创新点简介

课堂教学中创设问题情境至关重要，其根本目的在于激活师范生已有的知识经验和学习动机，充分调动师范生参与学习活动的积极性和主动性，为师范生学习消化新知识做好铺垫。因此，化学课堂教学中为了使疑惑型问题情境行之有效，应注意情境的全面性、真实性、情感性、发展性、问题性、合理性、趣味性和科学性。本次研究的最后阶段，充分把握迷惑性问题，通过合理化的巧妙设计，步步引导，促使师范生认识错误知识，摒弃错误认识。这样的教学，师范生不但不会因为害怕出错而不敢尝试，反而会对师范生在理解这块知识的过程中起到强化作用。

四、预期目标及成果形式

研究报告中重点完成：（1）高中化学常见的四大迷惑性问题；（2）分析完成师范生容易受到迷惑的归因；（3）针对师范生的迷惑性问题，巧设设计教学，帮助师范生有效突破。本研究为师范生的高中化学教学提供参考。成果以研究报告的形式呈现

## 表 6 – 16　项目结题报告

项目名称：高中化学教学中迷惑性问题归因分析及对策研究

一、项目主要研究内容

针对所选课题，确定研究内容及研究方向。

本研究主要关注的是高中化学教学过程中常见的迷惑性问题以及有效突破迷惑性问题的教学策略研究。主要工作如下：

（1）针对当前高中化学知识的分类，将迷惑性问题分为四类，主要包括化学概念、化学用语、元素化合物、基础理论。

续表 6 – 16

（2）通过问卷调查、深入访谈一线教师，了解师范生常见的迷惑性问题。问卷调查师范生，访谈一线教师。

（3）文献资料，对相关研究进行综述；再分析近五年高考化学试题。

（4）结合相关化学教育理论，建构如下教学策略：试误法（试误教学过程的构建）、情境教学法、实验探究法、出声思维法等教学策略，以期改进化学教学，提升教学效益，为高中化学教师教学过程中，迷惑性问题的有效解决提供参考，帮助提升师范生的思维能力、数学素养和个性品质。

二、成果摘要

本研究运用问卷调查法和访谈法探查高中生化学迷惑问题存在情况，并分析了转变迷惑问题的有效教学策略，得到了如下结论：

本研究探查了覆盖高中化学全部教学内容的迷思概念，从化学概念、化学用语、元素化合物、基础理论四个方面对存在的迷惑问题进行了探查，并做了细致的分析和总结。这些资料对于化学教师在教学实践中有很大的借鉴意义。探查之后，通过数据分析表明，化学迷惑问题广泛存在，分布不均匀，越抽象的问题出现迷思的可能性越高，生活中的日常经验和不恰当的类比是迷惑问题产生的主要来源。同时，学习越好的师范生，迷惑问题隐藏越深。

## 目录

续表 6 - 16

三、项目效果自我评价（包括预期目标、最终结果、研究过程、心得体会等）

本研究探查了覆盖高中化学全部教学内容的迷思概念，从化学概念、化学用语、元素化合物、基础理论四个方面对存在的迷惑问题进行了探查，并做了细致的分析和总结。这些资料对于化学教师在教学实践中有很大的借鉴意义。探查之后，通过数据分析表明，化学迷惑问题存在广泛，分布不均匀，越抽象的问题出现迷思的可能性越高，生活中的日常经验和不恰当的类比是迷惑问题产生的主要来源。同时，学习越好的师范生，迷惑问题隐藏越深。

最终结果：通过调查问卷法和访谈法探查高中生化学迷惑问题存在情况。尽管研究得较全面，但由于师范生思维的复杂性和自身能力的不足，使得本文还有一些不足：

（1）问卷调查的取样比较狭窄。本文只调查了 8 个班级（抽取了高一、高二各四个班级进行问卷调查）的师范生，不够全面。问卷的题目不够多，覆盖面不广，访谈的师范生量还不够多，由于时间所限，只针对一些错误率高的题目进行了访谈，而没有对所有题目进行访谈。

（2）迷惑问题转变策略还需进一步实践和提高，要彻底转变师范生的迷惑问题不是短期所能做到的，应该长期坚持，改善教学，本研究中获得的策略还需今后进一步在教学实践中验证。

研究过程：本创新课题主要采用了文献法、问卷调查法、访谈法进行研究。

文献法：通过查阅中国知网、期刊杂志、中国期刊全文数据库、中国优秀硕士、博士学位论文全文数据库、教育资源信息中心，以及百度搜索等工具，检索"迷惑问题""相异构想""前概念""概念转变""研究性学习"查阅相关的中文文献和外文文献。

问卷调查法：大四第一学年在银川市银川九中进行教育实习，针对必修一（物质性质与变化、化学计量与化学用语）、必修二、化学反应原理（化学平衡问题）设计三份调查问卷，关于必修一内容的调查问卷针对高一年级进行，必修二、化学反应原理的内容则针对高二年级进行。

访谈法：实习过程中，就关于高中化学教学中常见迷惑性问题，分别与一线教师，比如曹建军教师、马新闻教师以及卢教师等进行了深入访谈。

心得体会：本创新课题的研究旨在调查高中生在化学知识学习中是否普遍存在化学概念、化学用语、元素化合物、基础理论这四个方面知识的迷惑情况，并通过调查找出迷惑问题产生的原因或来源，为我国新课程改革提供理论和实践依据。

（1）有利于推进新课程改革，提升师范生对化学知识的科学认识。

新课程改革提出的目标是全面提升师范生的科学素养，倡导自主、合作与探究的学习方式，强调在培养基础知识和基本技能的前提上，注重培养师范生分析问题和解决问题的能力。化学课程标准对师范生的知识和技能也提出了新的目标要求，要更加重视科学问题的理解。我们在教学中不仅要让师范生接受正确的科学观念，还要让他们真正理解科学问题，充分关心师范生已有的前概念，帮助他们纠正迷惑性问题，建立起有效的知识框架，这样才能提高他们应用科学知识去分析解决问题的能力，从而全面提升师范生的科学素养。随着新课改的实施，探索迷惑性问题转变的有效教学策略更具有现实意义与理论价值。

（2）有利于教师改善教学策略，实现迷惑性问题的转变。

化学知识体系是由若干化学概念构成的系统。概念的教学有两种：一种是概念的形成教学，另一种是概念转变教学。前者是教师在教学中引导师范生获得科学概念，后者是在教学中矫正师范生原有的迷惑性问题，使师范生掌握更多、科学的概念。长期以来，传统的化学概念教学只重视研究教师的教学过程，忽视研究师范生的概念学习过程。事实上，师范生不是空着脑袋来学习的，他们对化学概念存在着较多的前概念或相异构想，而且这些概念可能与正确的科学概念不同，但是很不容易改变。教师在教学前不仅要备教材内容，也应该"备师范生"，了解师范生头脑中可能存在的迷惑性问题，然后对症下药，采取合理有效的教学策略，帮助师范生转变已有迷惑性区域，使师范生真正建立起科学概念。本人在教学中发现，师范生在高中化学的概念学习中存在很多迷惑性问题，比如电解质溶液、氧化还原、原子结构、化学平衡知识等。而目前国内关于高中化学迷惑性问题的研究并不多，对于概念教学，由于化学概念比较抽象、理解的难度大，所以概念教学一直是个教学难点。因此，本人希望通过做这方面的课题研究，充实高中化学迷惑性问题方面的参考资料，可以为中学化学教材编写提供一定依据，有利于改变教师的教学方式和师范生的学习方式，并找到转变迷惑性问题的有效教学策略，从而在教学中实现迷惑性问题向科学问题的转变

## 六、项目反馈

具体教育实习项目化学习调查问卷见表6-17。

表6-17 教育实习项目化学习调查问卷

| 问 卷 内 容 | 调 查 结 果 |
|---|---|
| 1. 你对实习时所用的教材是否熟悉？（ ） | A 非常熟悉；B 比较熟悉；C 熟悉；D 不熟悉 |
| 2. 你是否熟悉教学教材的课程标准？（ ） | A 非常熟悉；B 比较熟悉；C 熟悉；D 不熟悉 |
| 3. 实习期间你上课的节数为（ ） | A 1～3节；B 4～6节；C 7～10节；D 10节以上 |
| 4. 实习期间，你是否会用自制教具进行辅助教学？ | A 每节课都有；B 有时有，有时没有；C 没有 |
| 5. 你是如何完成自己的教案设计？（ ） | A 根据指导教师的要求，网上查找相关资料完成的；B 根据教科书，自己写教案；C 看网上的视频，再把教案写下来 |
| 6. 实习期间，你每次上课之前都会先自己试讲？ | A 每次上课都有；B 有些时候有，有些时候没有；C 没有 |
| 7. 试教的时候，你是否用到教学设备如多媒体？（ ） | A 每次上课都有；B 有些时候有，有些时候没有；C 没有 |
| 8. 在你的课堂教学中，师范生是否积极对你的提问做出反应？（ ） | A 大多时间师范生积极参与；B 有时候师范生较为积极；C 偶尔 |
| 9. 你在师范生中的威信如何？（ ） | A 很受师范生尊重；B 受大部分师范生认可；C 师范生没把我当教师看 |
| 10. 指导教师是否对你在教学中出现的失误和不足之处进行认真的指导、讲解，使你从中得到提高？（ ） | A 非常认真；B 对突出问题做出指导；C 只做一般性的指导；D 不做指导 |
| 11. 在实习中你与指导教师的交流情况如何？（ ） | A 经常交流；B 偶尔交流；C 有事才问；D 从来不问 |
| 12. 你认为实习指导教师的教学指导能力（ ） | A 很强；B 较强；C 一般；D 较弱；E 很弱 |
| 13. 你实习的带队教师的工作方式（ ） | A 不带队；B 送下去接回来，中间不管；C 送下去接回来，中间巡回指导；D 全程带队 |
| 14. 你实习的班主任有没有放开让你管理班级？（ ） | A 完全没放开；B 没有；C 有点放开；D 完全放开 |
| 15. 实习期间，是否参加实习学校的教研工作？（ ） | A 是；B 否 |
| 16. 你认为你的普通话较实习前（ ） | A 提高很大；B 有所提高；C 一般；D 没有区别 |
| 17. 你认为你的语言表达能力较实习前（ ） | A 提高很大；B 有所提高；C 一般；D 没有区别 |
| 18. 你认为你的三笔（粉笔字、钢笔字、毛笔字）比实习前（ ） | A 提高很大；B 有所提高；C 一般；D 没有区别 |
| 19. 你认为你撰写教案的能力比实习前（ ） | A 提高很大；B 有所提高；C 一般；D 没有区别 |

续表 6 – 17

| 问 卷 内 容 | 调 查 结 果 |
|---|---|
| 20. 你认为你自己的教态较实习前（    ） | A 提高很大；B 有所提高；C 一般；D 没有区别 |
| 21. 你认为你课堂教学能力较实习前（    ） | A 提高很大；B 有所提高；C 一般；D 没有区别 |
| 22. 你认为你多媒体课件的制作能力较实习前（    ） | A 提高很大；B 有所提高；C 一般；D 没有区别 |
| 23. 你觉得你对教育教学知识认识较实习前（    ） | A 提高很大；B 有所提高；C 一般；D 没有区别 |
| 24. 你对实习的教材熟悉程度较实习前（    ） | A 提高很大；B 有所提高；C 一般；D 没有区别 |
| 25. 通过实习你（    ） | A 了解教师工作的，更坚定从教的信念；B 掌握一定的教师职业技能，培养了一定的教育教学能力；C 看到自身的薄弱环节并在今后学习和工作中加以弥补；D 体会到了当教师的辛苦，毕业后不当教师了；E 其他 |
| 26. 你认为你对班级的组织管理以及与师范生间的沟通能力较实习前（    ） | A 提高很大；B 有所提高；C 一般；D 没有区别 |
| 27. 你认为你的教育研究能力较实习前（    ） | A 提高很大；B 有所提高；C 一般；D 没有区别 |

## 思考与交流

　　本学期教育实习项目化学习结束后，请各项目组共同完成优秀作品推荐表（表 6 – 18），总结每个成员所完成的任务，创建的项目作品文件夹截图粘贴在表格中，按标准参考文献格式记录学习过的文献。项目组每个成员需要完成个人学习总结表（表 6 – 19），记录自己在项目化学习过程中所遇到的问题、解决办法、心得体会等。

表 6 – 18    优秀作品推荐表

| 项目名称 | | | | |
|---|---|---|---|---|
| 小组成员 | | | | |
| 学习内容和所完成任务列表 | 见习阶段 | 演习阶段 | 实习阶段 | 研习阶段 |
| 打包文件（作业汇总截图） | | | | |
| 看过的文献、资料（不少于20篇） | 格式参考<br>1. 程振华，马惠莉 . 高职基础化学实训实施"项目化教学"的实践与探索。 | | | |

#### 表 6 - 19　个人学习总结表

| 项目名称 | | | |
|---|---|---|---|
| 姓　　名 | | | |
| 任务完成情况 | 主要负责 | 合作完成 | 所参加的培训活动 |
| | | | |

以下问题要求结合自身训练情况描述，条理清晰。（宋体 5 号，行间距 18 磅）

1. 在教育实习中你遇到哪些问题？你是如何解决的？

见习：

演习：

实习：

研习：

2. 你在实习期间对参与的哪些教研活动比较感兴趣，为什么？在活动中你学习到些什么？

3. 假定让你基于实习，请你给出感兴趣的毕业论文的题目。（不少于 6 个）

# 第七章　信息化教学项目化学习

　　"信息技术与化学教学"课程是高等院校化学专业的一门专业选修课，课程目的在于明确现代教育技术和理论，阐明现代教育技术的功能和应用，要求师范生掌握多种教育技术和方法并应用于中学化学教学。

　　本项目以"信息技术与化学教学"课程为依托，以提高师范生信息化教学技能为核心，提出以项目化学习、模块化教学、作品化任务、多元化评价为设计思路。坚持先进性与可行性相结合、科学性与融合性相结合、系统性和重点性相结合的设计原则。结合项目化学习理论内涵、要素和实施流程，分别从设计原则、设计思路、项目学习活动、实施框架、实施过程、实施计划等对"信息化教学技能"项目化培训进行探索，以适应化学师范专业化发展的需要。

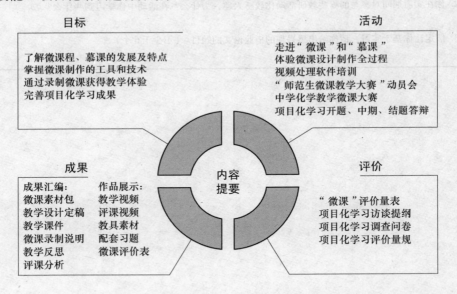

目标
了解微课程、慕课的发展及特点
掌握微课制作的工具和技术
通过录制微课获得教学体验
完善项目化学习成果

活动
走进"微课"和"慕课"
体验微课设计制作全过程
视频处理软件培训
"师范生微课教学大赛"动员会
中学化学教学微课大赛
项目化学习开题、中期、结题答辩

成果
成果汇编：　　作品展示：
微课素材包　　教学视频
教学设计定稿　评课视频
教学课件　　　教具素材
微课录制说明　配套习题
教学反思　　　微课评价表
评课分析

评价
"微课"评价量表
项目化学习访谈提纲
项目化学习调查问卷
项目化学习评价量规

内容提要

## 第一节　信息化教学项目化学习设计

　　信息化教学技能是指为了优化教学，在信息技术环境下运用现代教育理论和信息技术，对教与学的过程及相关资源进行教学设计、整合、开发和评价的技术与能力。本项目是在借鉴东北师范大学和西南大学对师范生信息技术教学技能培养的基础上，通过对部分中学化学教师的信息技术教学水平进行问卷调查和访谈，以及对化学师范生信息技术教学技能的培养现状进行了分析和研究，最终制定出采用项目化学习模式对化学师范生信息技术教学技能的培养方案。主要目的是研究如何培养化学师范生可视化工具在教学设计中的应用、课件的制作与应用、教学视频处理技能与应用、电子白板在化学教学中使用的能力的应用等，从而使化学师范生的信息技术教学技能更符合新课程改革的要求。本章通过分析当前化学师范生教育技术能力培养中取得的成果和存在的问题，主要讨论如何通过项目化训练解决化学师范生教育技术能力培养中的问题。

**一、方案构建**

项目化训练界定为用项目化学习的理念和模式进行能力训练，师范生以小组的方式参与训练项目，借助多种资源和工具，围绕所选择的项目，在真实环境中实践探究，从项目设计到项目作品的制作和展示、评价，在这一系列活动过程中训练各方面的能力和素质。

在师范生教育技术能力培养中利用项目化学习可以充分调动师范生积极主动地学习，为师范生创设与教育教学实践相关的逼真的学习情境，师范生运用相关知识和技能，完成项目的策划、活动探究、作品制作并进行成果的交流与评价，有利于提高师范生综合运用各种现代教育理论和信息技术解决实际教学问题的能力，有利于培养师范生的自主学习能力、自我管理能力和协作学习能力。

（一）设计目的

随着信息化社会的到来，教育信息化的实现，熟悉现代教育理论、掌握现代教育技术技能，将成为未来教师必须具备的素质要求。特别是随着信息技术在教学中的应用不断深入，不仅需要教师改变传统的教育理论及观念、教学策略及模式、教学方法及手段，而且还需要教师学会怎样使用信息技术，以及如何在教学中更有效地借助于技术。面对信息技术的快速发展，探索一条适应基础教育发展需要的教育技术能力培养的有效途径，是师范院校需要迫切解决的问题。

目前，"信息技术与化学教学"课程是师范生教育技术能力培养的主要途径。但现实的教育情况显然难以满足教育发展的需要，在教育技术能力的培养中存在着不尽如人意之处，师范生（或新教师）的教育技术能力较弱，很难适应教育信息化和现代教学改革的要求，与《中小学教师教育技术能力标准》比较还存在一定的差距。调整"信息化教学技能"课程的教学目标、教学内容和教学方法势在必行。而要有效地提高师范生信息化教学技能，构建一个基于项目学习的"信息化教学技能"模式是其关键。

为了解决以上问题，探索出能够切实提高师范生教育技术能力的科学方法与有效途径，宁夏大学化学化工学院尝试"信息化教学技能"教学改革，实施基于"信息化教育技能"项目化培训。通过对化学师范生现代教育技能进行理论研究，借助"微视频教学设计大赛"，在系统化知识和技能框架下，使师范生在毕业前得到基本训练，初步具备现代教育技术的能力，以尽快缩短从事教学工作的适应期。通过编写立体化教材，给师范生提供多维学习途径，满足师范生多样学习需求；通过采用讲座、讨论、案例等教学方法，增强师范生参与性，项目学习采用任务驱动、合作学习等学习方法，增加师范生自主探究，教师应当鼓励师范生开展合作学习，共同完成实践项目。

（二）设计意义

通过课堂观察、问卷调查和访谈等方式进行调研，深入了解当前师范生信息技术教学能力水平，了解师范生信息技术教学能力的训练现状，并深刻剖析其中存在的问题。通过对调查结果的分析发现，当前师范生信息技术能力培养面临的问题如下：

（1）高等院校在师范生教育技术能力培养中缺乏明确的培养目标，影响到师范生接受系统的教育技术能力培养体系，造成师范生难以得心应手地应用现代教育技术促进教育教学。

（2）师范生教育技术能力培养的培训内容陈旧，与社会需求脱节，培训时间短暂，缺少实践动手机会，造成了师范生教育技术能力薄弱。因此，对师范生教育技术能力的培养需要强化实践环节。

（3）师范生教育技术能力培养的教学模式单一，教学方法局限，主要采用课堂讲授和实验室上机操作两种形式进行师范生教育技术能力的培训，教师所采取的教学方法多以讲授法为主，不利于调动师范生的学习积极性，这在一定程度上也影响了师范生教育技术能力的学习。

（4）师范生教育技术能力的评价方式单一，总结性的单一的评价方式无法全面地了解师范生教育技术能力的掌握情况，不能客观体现师范生的教育技术能力，也就无法根据评价结果改善教学，从而影响对师范生教育技术能力的培养。

构建新型的师范生教育技术能力培养模式，以期解决现行的师范生教育技术能力培养过程中的问题。即在项目化学习理念指导下，分析师范生现有的能力、特点等基础上，重新确定了信息化教育技能学习目标，并在教学内容的组织、教学方法与手段选择等方面进行了深入细致的改革。旨在解决师范生信息化教学能力培养中的系列问题：改变了单一的"重理论、轻实践"的课程结构，构建了以能力为导向的课程体系；改变了单一的文字教材形式，编写了高水平的立体化教材；改变了单一的课堂讲授形式，构建了适合信息化教学人才培养的项目化学习模式；改变了单一的教学评价方式，实现了以促进信息化教学能力发展为核心的多元化评价体系；改变了单一的教师分散教研方式，探索了一种项目化学习模式。

结合师范生培养目标与体系，明确了"信息化教学技能"培训的定位，即通过对不同学习情境的不同项目任务的完成，熟悉各种现代教学媒体的基本结构和工作原理，掌握各种教学媒体的操作技能和运用技能，具备教学媒体开发与应用的基本能力，为完成教学基本能力训练打下良好的基础。

从专业能力、方法能力和社会能力三个方面确定"信息教育技能"培养目标。专业能力包括熟练使用各种现代教学媒体，能够设计与制作多媒体教学课件，能够在多媒体教室中开展教学活动等；方法能力包括能够使用网络获取与交流信息，具有一定的信息技术与课程整合能力，掌握在教育教学中可能用到的各种软件的使用方法等；社会能力包括与人沟通交流能力，与时俱进适应环境的能力、创新能力等。

从确定培训需求、明确培训目标开始，分析研究对象，根据培训的总体目标，创设真实的情景，设计相互联系但难度依次增加的任务，开展项目化学习；对学习效果的评价采用过程评价与结果评价相结合、教师评价与师范生自评相结合，课堂评价和课后反思相结合的多元化评价方法，以期望更好地发挥评价的反馈、激励和诊断功能。为了协调并做好培训的组织实施，还需要进行具体组织实施方案的设计，包括实施时间表、分组方法、上机时间分配、实施过程中可能用到的软硬件问题等。在培训设计的每个环节，都要随时进行反思、评价和修改，它们伴随培训过程的始终。

（三）设计方案

以"信息技术与化学教学"课程为依托，以信息化教学技能培养为核心，开展项目化学习。确立以"教学媒体"为载体的项目内容选择导向。即任何一个阶段的教育技术，都是以信息化教学媒体为核心，理论研究和实践应用都应该围绕媒体设计和应用展开。通过对化学师范生信息化教学技能培养进行理论研究，借助"中学化学教学设计微课"大赛，以多种教学模拟和研讨为主要的培养途径，注重获取、设计、制作能力培养。构建信息化教学技能项目化培训。通过免费开放实验室，搭建网络课程平台，提供项目指导资料，激励师范生动机、兴趣，教师指导等系列措施和方法引导师范生自主探究。

项目在分析基础教育课程改革对教师要求的基础上，把握国际教师教育发展趋势，以《中小学教师教育技术能力标准（试行）》等为依据，以解决真实的教育教学问题为导向，以培养师范生信息化教学技能为核心，进行了全方位、综合性的改革研究。构建了以"现代教育技术"课程为核心，以"多媒体技术在化学教学中的应用"等系列选修课为补充的课程体系；研发《化学教学论实验》《可视化教学设计与案例分析》等以文字教材、光盘教材和网络课程为核心的立体化教材；形成了以基于项目的合作学习、基于多媒体光盘的个别化学习、基于微课程的自主学习等为核心的混合教学模式；形成了以课堂观察评价为基础、以小组研究性成果汇编为参照的过程性多元评价体系；探索出以合作备课、集体研讨、动态跟踪为依托的教学质量保证和教师专业能力协同发展机制。

项目的实施体现任务的完整性，师范生学习的项目是一个完整的解决"任务"的过程。每个学习项目的学习过程，均经历任务分析、方案设计、课堂实践、作品演示与教学评价等几个环节，每个环节都对应着一个子任务，每个项目的学习都首先设计好行动方向的"任务书"，然后分组讨论，设计学习方案；在课堂教学中，教师根据师范生实际情况和存在问题进行讲解、示范，师范生通过校内校外演练掌握教学媒体的开发能力与应用能力；通过师范生互评和教师的评价，进一步完善提高。

（四）方案解读

1. 系统设计开发立体化系列教材，创新教材建设

开发了以文字教材、光盘教材和网络课程为核心的立体化教材《化学微格教学》，它秉承"理论讲解科学化、技能训练模式化、案例选取典型化、评价系统多元化"的宗旨，为化学师范生未来发展奠定了理论和实践基础。《化学教学论实验》强调内容设置的合理性，教材教学目标明确、实验内容丰富，在丰富教材内容的同时，拓展实验基础知识。将手持技术及现代教育媒介引入实验教学中，更加体现了实现的精确化、微型化、绿色化等特点。本教材共设走进化学实验室、中学化学基础实验、手持技术基础实验、手持技术探究实验、电子白板在化学实验教学中的应用等共五章内容。"中学化学可视化教学设计与案例"是一门基于化学教学特征和化学教学目标，以学习理论、心理学以及化学学科方法和特征为基础，以提高化学师范生教育理论水平和教学设计能力为主要宗旨，培养师范生教学设计能力为主要目的，将可视化教学设计理念应用于教学设计实践的应用性课程。提供了可视化工具 Inspiration 软件、Novamind 软件和 Chemdraw 软件使用手册，操作步骤清晰、具体，以化学学科为实例，为师范生使用可视化技术提供精细化的指导。

2. 探索实践网络支持的多种教学策略，创新教学模式

探索出以基于课堂教学的参与式学习、基于光盘教材的个别化学习和基于网络课程的自主学习为特色，以课堂教学与网络学习相结合、教师讲授与师范生自学相结合、个别化学习与小组协作学习相结合、课堂讨论与网络探究相结合为主要方式的混合式教学模式。需要提供专门的信息技术公共课辅助平台来让师范生更好地学习信息技术相关知识和技能，让师范生在课下能够通过平台在自己合适的时间进行学习，以弥补课堂学习时间的不足。

3. 倡导多元化过程性评价，创新评价体系

形成了以过程性评价为基础、以个人作品为主要参照，教师、同伴、学习者

本人多主体联合实施的、能力导向的多元化评价机制。以制作作品的形式表达探究活动所得，并考虑充分发挥信息化环境的优势，弥补课堂时间有限的不足，利用信息化技术辅助进行学习成果交流和评价，满足化学师范生专业化发展的需要。

## 二、项目学习目标制定

### （一）可视化教学设计工具的培养目标

可视化教学设计按照大脑思考的方式，以图示的形式呈现思维逻辑的过程，有利于思维的系统性和逻辑性。在可视化理念的指导下，借助可视化工具进行教学设计，转变传统教学设计的表现形式，改善师范生教学设计中系统性不强、逻辑结构不严谨等问题，解放师范生的设计灵感，给予师范生无限创造和表达教学思想的机会。因此，化学师范生很有必要学习并运用可视化教学设计这种全新的设计方法。此项改革将为师范生教学设计能力的培养方法和模式带来新的机遇和挑战。以下是本项目对可视化教学工具的运用能力制定的培养目标。

1. 学习训练阶段的培养目标

通过学习可视化教学理论，了解可视化教学设计的提出、价值、意义、理论和方法。掌握思维导图和概念图等可视化工具的应用领域；熟练操作可视化工具Novamind软件、Inspiration软件。

2. 提高阶段的培养目标

师范生选取中学化学的某节教学内容，能运用可视化工具进行教学设计。能够利用思维导图进行备课，梳理教学目标、学情分析；能将教学思路、教学活动、教学评价等方面实现可视化图示设计。能够利用图示分析师范生的认知结构和能力起点；分析和设计教学内容，梳理教学思路；课堂讲授时用于展示教学内容。通过师范生或师生共同构建概念图或思维导图，帮助师范生梳理不同概念之间的联系，可以用于总结和复习，或是诊断师范生的学习情况。

### （二）课件制作和教学应用的培养目标

目前，多媒体课件已经被广泛地应用到课堂教学中，它是传统教学不可比拟的。它是集文字、图像、声音、动画于一体的，它可以在教学中给师范生营造一种模拟的情境，可以很好地调动学习者学习的积极性和主动性。以下则是本项目对课件制作能力培养制定的目标。

1. 学习训练阶段的培养目标

掌握信息技术的基础知识，建立在学科教学中应用信息技术的意识，掌握信息技术操作技能，掌握信息检索、加工与利用的方法，会利用多媒体课件和设备进行辅助教学，能使用多媒体课件制作工具软件制作简单课件，编排教案、试卷等；熟练掌握一到两种多媒体课件制作工具软件，能独立收集、处理多媒体素材，策划制作完整课件，能够根据不同的课时内容，做出符合本节特色的完整课件。

2. 提高阶段的培养目标

能够熟练使用自制的课件辅助化学课堂教学；能利用网络进行学习和交流，将网络的各类信息应用于多媒体教学工作中；能自主创新，使用新技术新方法探索性地完成一些多媒体课件制作项目，参加省、市乃至全国的多媒体课件制作竞赛；能持续更新信息技术知识技能，具有信息技术的自学能力和适应信息技术发展的能力；具有良好的多媒体等信息技术工具的使用习惯。具有利用信息技术获取、交流、处理与应用教学信息的能力。

（三）视频处理与运用能力培养目标

视频处理是为了培养师范生的视频处理技术以及应用教学视屏辅助化学教学的能力，这项技术的学习与化学微格教学项目化学习紧密联系。对教学视频的处理与运用能力制定的目标如下。

1. 学习训练阶段的培养目标

学习会声会影的基础知识，掌握软件安装技术、学会插入素材、添加转场效果、添加文字、音乐等，视频渲染和导出等，师范生能够使用会声会影软件处理视频。

2. 提高阶段的培养目标

师范生能够使用会声会影软件制作影集，对视频片段进行细微处理；对视频格式进行转化，截取视频片段或图片；学会分析与评价教学视频中的优点与不足。

（四）电子白板运用能力培养目标

交互式电子白板具有许多独特的功能，利用这些功能，教师可以方便地创设各种情境，帮助师范生理解重点、突破难点，在师生互动中提高师范生的综合素养。利用交互式电子白板，使教师在多媒体技术与化学学科教学整合方面上了一个新的台阶。以下是本研究对电子白板的运用能力培养制定的培养目标。

1. 学习训练阶段的培养目标

通过学习电子白板教学技能，师范生能够熟悉电子白板的几种基本模式，并能够掌握基本的操作方法；会在白板模式下打开多媒体课件，并能够熟练地用其进行教学；会对需要批注的地方进行批注及讲解；会使用白板组装化学实验装置；会使用白板模拟或演示有毒、有污染、有危险性、反应缓慢、反应剧烈等常规条件下无法操作或难以观察现象的实验。

2. 提高阶段的培养目标

通过电子白板技能的训练，师范生能够熟练地在白板模式下打开多媒体课件，并能够熟练地用其进行实际课堂教学；能够很熟练地对需要批注或详细讲解的地方进行批注或讲解；能够熟练地使用白板组装化学实验装置；能够熟练地使用白板模拟或演示有毒、有污染、有危险性、反应缓慢、反应剧烈等常规条件下无法操作或难以观察现象的实验。

### 三、项目培训内容

现代教育技术是教育改革和发展的制高点和突破口，教学设计是教师为课堂教学做具体设计的过程，是决定课堂教学质量高低的重要环节。教师通常需要花费一定的时间和精力准备各种教学资源，如图片、声音、视频及动画。如何才能更好更快地获得这些资源呢？如何在教育信息化的大背景下，利用信息技术帮助教师高效完成符合新课程改革要求的教学设计？如何建立个人素材或作品文件夹，把获取的图片、声音、视频等资源分类管理？如何进行资源的获取与组织管理是本次活动的训练内容。通过本活动的培训，掌握如何在教学设计中搜索各类资源，对其进行加工和处理，并根据教学实际的需要，利用多种信息技术完成教学设计。

（一）可视化教学设计制作

1. 可视化理念学习阶段

（1）可视化教学设计的提出来源，目前的研究现状及应用情况；

（2）可视化工具思维导图与其他概念图等相关框架图的联系与区别及各自的应用领域；

（3）可视化教学设计研究领域研究情况以及可视化教学设计的设计方法；

（4）可视化教学设计理念的专题讲座，主要向师范生介绍可视化教学设计的来源、价值、意义、理论和方法。

2. 可视化工具培训阶段

（1）可视化工具介绍：主要向师范生介绍可视化工具 Novamind 软件和 Inspiration 软件在教学设计中的功能和应用方法。

（2）可视化工具培训：主要对 Inspiration 软件和 NovaMind 软件使用方法进行培训。计划安排两个课时培训师范生学会使用可视化工具软件。提供软件学习视频，师范生可通过视频熟练掌握可视化工具的使用方法。

3. 实践应用阶段

（1）进行实践练习。师范生选取高中元素化合物类中的某一节课，运用可视化工具，设计可视化教学设计。基于可视化教学设计的理论和方法指导，结合已有的教学设计可视化的应用实例，设计教学设计中教学目标、学情分析、教学模式设计思路、教学活动、教学评价等方面实现可视化的路径，形成可行性的图示表示方法，可视化教学设计思路 1 可参考图 7-1。

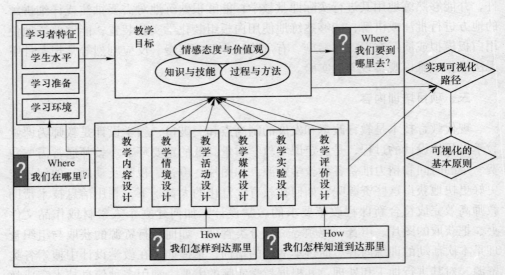

图 7 – 1　可视化教学设计思路 1

（2）可视化教学设计作品展示汇报。每一位师范生向全班同学展示自己的可视化教学设计作品，并简洁概括教学设计的理念和特点，以及教学设计的基本主线。

（3）可视化教学设计作品评价。采用师范生自评和互评的方式，评价每一件可视化教学设计作品，并分别发表其看法，提出进一步改进的措施和建议。

（二）思维导图在同课异构中的应用

1. 思维导图理念学习阶段

思维导图是一种图形工具，它运用线条、符号、词汇和图像，把繁琐的文字信息变成层次分明的图，清晰明了。将思维导图应用到"同课异构"中，教学设计一目了然，有助于集思广益，答难释疑。"同课异构"强调凝聚群体智慧生成和创造新的教学，其目标不仅包括形成不一样的教案，更重要的是解决问题。

2. 思维导图工具培训阶段

首先讲授思维导图的相关理论知识，掌握如何进行思维发散，如何串联各个信息，掌握绘制方法，能够使用软件绘制各式各样的思维导图。然后将思维导图应用到教学技能训练。例如，在集体备课前，师范生根据自己的教学方案先绘制出授课内容的教学思路，每位师范生将自己的教学思路用思维导图在小组进行汇报，主汇报人在讲解过程中，其他成员可以将有异议处或者补充思路在图上标出，待汇报完毕后大家讨论；每位师范生综合集体的意见，对第 1 版思维导图进行修订，确定每个环节的最佳设计，形成具有集体智慧的第 2 版思维导图，在此图的基础上根据自己的教学风格进行两次备课，使授课既有共识，又不失个人特色；授课后的心得体会也可记录在此图上，大家课后讨论，进一步完善教学设计。可视化教学设计思路2可参考图7-2。

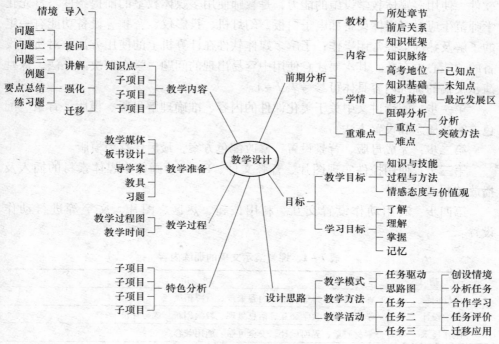

图7-2 可视化教学设计思路2

思维导图是一种有效的思维工具，能将思维可视化，且便于总结记录。经集体研讨，进一步完善了教学设计，引用了多种教学方法，统一教学指导思想，强调教学重点、难点。师范生可将此图作为指导，合理设计教学活动，按照该图的教学设计进行授课。在此图的基础上，师范生可根据个人授课风格，巧妙地运用各种教学方法，在师生互动方面进行个性化的创新，以活跃课堂气氛，提高师范生兴趣，提高教学质量。将思维导图运用到同课异构中，师范生能够积累更多的教学素材和案例，充分进行多种教学案例的比较，可以是和教学名师的教学设计思路进行比较，也可以跟同组其他成员进行比较，最终取其精华，弃其糟粕，完成教学设计。

3. 实践应用阶段

思维导图层次分明、条理清晰，使用思维导图进行集体备课可以帮助理清思路，有利于教师总结、反思和二次备课，值得推广。

（三）课堂演示文稿的制作

1. 训练内容

多媒体课件是在一定的学习理论指导下，根据教学目标设计的，反映某种教学策略和教学内容的计算机软件。它包括文字、图片、声音、视频和动画等多种素材。它不只是各种形式素材的简单集成，而是具有一定智能和交互性的计算机软件。使用多媒体教学设施的能力，是教师使用多媒体教室的前提条件。首先化学师范生应对多媒体设备如电子白板、幻灯机、投影仪、音频等设备功能有一定的了解及熟练掌握常用操作；了解多媒体软件在计算机上的使用方法，对所用设备的功能心中有数。其次要注意使用中容易出现的问题，学会解决的办法，课堂演示文稿的训练内容具体可参考表 7 - 1。

第一步：阅读讲义中关于美化课件的内容，准确理解母版、模版、背景、配色方案的概念和设置方法。

第二步：完成母版、背景设置，修改配色方案，最后保存为模版。

第三步：使用控件实现图片、音频文件、Flash 动画等多媒体素材的插入及播放控制。

第四步：利用动作设置交互。利用按钮、热区、图片、文字等进行动作设置。

表 7 - 1　课堂演示文稿的训练内容

| 一 级 指 标 | 二 级 指 标 |
| --- | --- |
| 课件内容 | 课件选题、科学规范、内容编排、资源拓展 |
| 教学设计 | 学习目标、教学交互、信息呈现、教学创新、练习评价 |
| 制作技术 | 素材质量、界面设计、安全可靠、通用兼容 |
| 操作应用 | 操作使用、导航链接、帮助说明、教学实用 |

2. 成果展示

小组成员相互展示个性化演示文稿模版，交流设计思想和技巧，互相改进。小组成员互相交流应用控件的方法和技巧，各自选择不同的控件完成课件并介绍设计经验。评选小组内交互性演示文稿设计的最佳作品，并与教师和同学分享。教师就 PPT 模板的制作、控件的应用和演示文稿交互的设置操作中的典型问题和关键技巧等进行点评与总结。结合互评与教师的点评，改进与完善自己的学习成果并总结与反思在本任务中所训练的各种技巧。在改进与反思过程中，将训练作品和心得上传，以便与其他同学或教师进修交流。

（四）图片的获取与加工

图片作为教学中应用最普遍的一种素材，不仅能够形成生动、有趣的教学，而且能够有效提高教学质量和教学效率。图片素材在教学中的作用主要有：创设情境、提供事实、引发动机、提供示范、归纳总结，复习巩固等。

1. 训练内容

在本次训练中，掌握多种屏幕抓图工具和软件。运用 Photoshop 软件进行图片编辑、色调调整、图层操作、绘制图形等。

需要依次完成以下任务：使用数码相机等设备及百度、谷歌或数字图像库等途径获取关于化学教学主题的图片。利用屏幕抓图软件或工具获取图像，学会使用 Photoshop 软件对已获取的图像进行加工，主要使用的功能有：大小剪裁、色调调整、文字编辑、图层操作、滤镜使用等。

同学之间相互展示获取的图像，解释主题和教学意图，教师结合部分师范生作品，就师范生在图像的获取和加工过程中出现的典型问题、运用的关键技巧等进行点评和总结。结合互评与教师的点评，改进与完善自己的学习成果并总结与反思在本任务中所训练的各种技巧。在改进与反思过程中，将训练作品和心得上传，以便与其他同学或教师进修交流。

（五）音频、视频媒体的获取与加工

1. 训练内容

在本次培训中，掌握音频、视频软件的编辑操作，运用会声会影软件进行视频、音频的剪辑处理。掌握格式工厂软件对音视频文件格式间的转换方法，能够运用图片、音频、视频制作影集或视频。

需要完成以下学习任务：学会录制音视频文件，并根据需要对音视频进行格式转换。对观摩视频中经典片段运用视频处理软件对视频进行剪辑处理，运用会声会影进行截取视频片段等。针对自己的教学视频添加片头和片尾，制作教师教学镜头、师范生学习镜头、课件和板书镜头三维教学视频，对教学实录进行处理，并输出所要求的格式，将视频作品存入个人学习作品中。此外以小组为单位将平时的学习过程和学习成果制作成影集汇报。进行作品展示，相互比较学习，并解释作品的处理方法和技巧。教师挑选部分优秀作品进行点评，全班讨论给出建议。结合互评与教师的点评，改进与完善自己的学习成果并总结与反思在本任务中所训练的各种技巧。在改进与反思过程中，将训练作品和心得上传，以便与其他同学或教师进修交流。音频、视频媒体的获取与加工的训练内容见表 7－2。

表 7－2　音频、视频媒体的获取与加工的训练内容

| 一 级 指 标 | 二 级 指 标 |
| --- | --- |
| 熟悉基本操作 | 将视频素材添加到会声会影软件中 |
| | 将会声会影中的视频素材添加到视频处理轨道上 |
| | 会建立覆叠轨道 |
| 处理完整视频 | 剪切视频片段、编辑文字、添加片头片尾 |
| | 将经过处理的视频片段连接成完整的视频 |

（六）电子白板的运用能力的培养内容

1. 训练内容

在本次训练中，掌握电子白板的几种基本模式和基本操作方法；能够在白板

模式下打开多媒体课件，并能够熟练地用其进行教学；会对需要批注的地方进行批注及讲解；会使用白板组装化学实验装置；会使用白板模拟或演示有毒、有污染、有危险性、反应缓慢、反应剧烈等常规条件下无法操作或难以观察现象的实验。需要依次完成以下任务：电子白板软件基本功能与操作、基本模式切换、工具箱的使用、资源库的使用、电子白板课件制作。电子白板的训练内容见表7-3。

表7-3　电子白板的训练内容

| 一级指标 | 二级指标 | 三级指标 |
| --- | --- | --- |
| 基本模式切换 | 四种模式之间的切换 | 四种模式的不同之处 |
| 基本功能操作 | 通用工具的基本操作 | 化学学科工具的使用 |
| 演示模拟操作 | 组装实验装置图 | 模拟化学实验 |

# 第二节　信息化教学项目化学习实施

## 一、项目背景

随着社会信息化的不断加快，教育现代化也日益推进，越来越多的现代信息技术涌入到了教育教学领域，信息技术在教育教学中的应用已经成为目前教育改革和发展的重要途径，也成为现代教育技术研究的热点。以多媒体技术为特征的现代信息技术进入化学课堂后显示了其无与伦比的优势，在化学课堂中充分利用现代信息技术对于提高化学课堂教学效果具有很大帮助。多媒体教学采用将声音、图像、文字等集于一体的技术，创设了其他教学手段所不能有的教学情境，使教学内容直观易懂、生动活泼，全面地调动了师范生的各种感觉器官，这样不仅提高了师范生的学习兴趣与积极性，而且使师范生易于掌握知识点。信息技术进入化学课堂是世界所有国家化学教育的共同趋势。教育信息化是教育改革的大势所趋，是实现教育现代化的必然要求。

## 二、项目情境

### 化学师范生微课教学设计大赛通知

本次教学技能大赛采用录制微课视频的形式进行。从现行初高中化学教材中任选一合适内容，录制10min以内的微课视频。微课视频录制的具体技术要求见附件。

参评的微课视频要突出创新，体现现代教育改革理念和信息技术的要求。每个参赛微课视频要配一个与视频文件同名的Word文件，说明微课视频录制依据的教材版本及章节主题、视频设计思路及具体实录内容。

## 三、项目要求

微课视频制作技术要求主要包括音视频录制、后期制作和音视频文件压缩格式要求等基本技术规范。若采用录屏软件等方式进行录制，相关视频比例、采样和压缩要求参照执行。本要求仅作为组织拍摄的技术参考，参与者可结合自身情况进行拍摄和制作。微课视频制作技术要求如表7－4所示。

**表7－4　微课录制要求**

| | 录 制 要 求 |
|---|---|
| 课程时长 | 每门课程总时长 10min 以内 |
| 录制场地 | 录制场地可以是课堂、演播室或礼堂等场地。录制现场光线充足、环境安静、整洁 |
| 课程形式 | 成片统一采用单一视频形式 |
| 录制方式及设备 | （1）拍摄方式：根据课程内容，可采用多机位拍摄（2机位以上），机位设置应满足完整记录全部教学活动的要求 |
| | （2）录像设备：摄像机要求不低于专业级数字设备，推荐使用高清数字设备 |
| | （3）录音设备：使用若干个专业级话筒，保证教师和师范生发言的录音质量 |
| | （4）后期制作设备：使用相应的非线性编辑系统 |
| 多媒体课件的制作及录制 | （1）教师使用的多媒体课件（PPT、音视频、动画等）应确保内容无误，排版格式规范，版面简洁清晰，符合拍摄要求 |
| | （2）恰当运用信息技术，针对不同的主题，选取合适的一种或者多种技术方法，激发师范生的学习兴趣，帮助师范生流畅顺利地进行自主学习 |
| | （3）选择适当的拍摄方式，与后期制作统筹策划，确保成片中的多媒体演示及板书完整、清晰 |
| | 后期制作要求 |
| 片　头 | 片头不超过5s，应包括课程名称、单位名称、主讲教师姓名等信息。 |
| 视频压缩格式及技术参数 | （1）视频压缩采用 H.264 格式编码 |
| | （2）视频码流率：动态码流的最高码率不高于 2000Kbps，最低码率不得低于 1024Kbps |
| | （3）视频分辨率：前期采用标清 4:3 拍摄，请设定为 640×480；前期采用标清 16:9 拍摄，请设定为 1280×720 |
| | （4）视频画幅宽高比：分辨率设定为 640×480，请选定 4:3；分辨率设定为 1280×720，请选定 16:9 |
| 音频压缩格式及技术参数 | （1）音频压缩采用 H.264 格式编码 |
| | （2）采样率 48KHz |
| | （3）音频码流率 128Kbps（恒定） |
| | （4）必须是双声道，且经混音处理 |

### 四、第一轮行动：选定项目

本次活动的目的在于鼓励师范生积极参加微课大赛，活动主题在于使师范生理解什么是微课、微课设计和制作。活动包含 7 个环节，具体可参考表7－5。

表7－5　师范生微课大赛辅导策划

| 主题 | 师范生微课大赛辅导 | |
| --- | --- | --- |
| 活动 | 教师活动 | 师范生活动 |
| 环节1 | 在学院网站和公告栏宣传此次宣讲会，增加宣传力度 | 关注、浏览 |
| 环节2 | 讲座：教师如何设计微课程；<br>宣告比赛主题、要求、时间、流程以及成绩评定标准 | 记录 |
| 环节3 | 说明参加此次大赛的目的和意义，分析咱们的优势和劣势，鼓励大家积极参与 | 记录 |
| 环节4 | （1）理论培训：<br>备课：围绕10min微课选择课题和教学内容，注意选题尽可能为重点、易错点、难点，教学内容完整，教学容量适当。<br>讲课：注意内容安排、讲述方式、实验设计和操作。多媒体课件设计和板书设计。<br>（2）提供参考选题 | 整理选题清单：每人至少选定4个参赛选题 |
| 环节5 | 邀请往届参赛师范生进行经验分享 | 提问交流 |
| 环节6 | 由指导教师介绍参赛经验。将参赛选手进行分组：思维导图组、概念图组、手持实验组、实验设计和探究组<br>通知培训计划、地点和时间 | 结成小组，分配指导教师 |
| 环节7 | 总结：<br>锻炼第一，认真准备；<br>敢于创新，勤于观察；<br>勇于对比，善于总结 | 反思心得体会 |

### 五、第二轮行动：项目实施

本次活动的目的在于训练师范生如何进行微课教学设计、微课设计课用到的信息化教学工具。活动包含 7 个环节，具体可参考表7－6。

**表7-6 师范生微课大赛辅导活动安排**

| 主 题 | 如何设计微课程 | |
|---|---|---|
| 活 动 | 教师培训内容 | 师范生活动 |
| 环节1 内容选择 | 讨论选题，确定初方案 | 说明基本设计思路 |
| 环节2 现代教育技术应用 | 思维导图理论和在教学中的应用 | （1）在教师的指导下手绘思维；<br>（2）利用软件绘制可视化教学设计思路；<br>（3）作品交流，评价反思；<br>（4）修改思路 |
| | 概念图理论和教学设计实践 | （1）软件绘制—教学设计思路；<br>（2）作品交流，评价反思；<br>（3）修改思路 |
| | （1）熟悉手持实验软件；<br>（2）展示往届参赛作品和教学案例设计 | （1）操作手持实验仪器；<br>（2）尝试设计实验方案；<br>（3）作品交流，评价反思；<br>（4）修改思路 |
| | （1）案例分析：演示实验改进；<br>（2）利用探究实验突破教学难点，促进知识有效地迁移 | （1）尝试设计实验方案；<br>（2）作品交流，评价反思；<br>（3）修改思路 |
| | 多媒体课件的制作：背景、布局、动画 | 练习 |
| 环节5 结构规划 | 如何设计微课结构：<br>（1）目标结构；<br>（2）内容结构；<br>（3）过程结构；<br>（4）实施结构 | （1）确立微课程的功能和应用类型；<br>（2）在学情和教学重难点分析的基础上，从知识体系中筛选出核心的知识点建构微课程 |
| 环节6 生成信息化教案 | 在信息环境下，如何借助现代教育媒体、资源、方法编写教案 | 构建教学模式，设计教学互动，组织教学内容，撰写脚本文字 |
| 环节7 试讲录课 | 微格教室录制 | 将设计好的微课程应用到实践，获取课堂教学和课外学习的反馈情况，对微课程单元的内容进行修订完善 |

## 六、第三轮行动：作品制作

本次活动的目的在于训练师范生如何进行微课制作，活动包含录制、制作、生成3个环节，具体可参考表7-7。

表7－7　师范生微课大赛作品制作辅导

| 主　题 | 如何制作微课程 | |
|---|---|---|
| 活　动 | 教师活动 | 师范生活动 |
| 环节1 录制 | （1）教师近景；（2）教室全景；（3）师范生景；（4）课件 | |
| 环节2 制作方法 | （1）录频软件；（2）摄像机；（3）会声会影软件 | 练习会声会影处理视频，添加片头、片尾、镜头转换、片段剪辑 |
| 环节3 生成 | 格式工厂软件转化格式 | 储存为MP4格式 |

## 七、具体实施过程

### （一）多媒体课件制作的培训的实施过程

**1. 软件的学习和使用**

了解并学习课件制作，能够根据给定的材料，按照要求制作PPT课件。每个小组四个人中，每两个人选择相同的教学内容。小组成员根据各自的教学设计，制作出符合本节课特点及适合自己讲课风格的课件，在教师、学长学姐及同学的建议下，结合自己的教学思路及在不断练讲过程中发现的问题，不断修改与完善。

**2. 应用与评价**

小组的每个成员都扮演教师，班里的其他同学扮演师范生，指导教师扮演听课教师的角色，通过模拟课堂教学，用课件辅助教学讲授自己设计的课。在讲完课后，首先自己对自己所讲的课从各个方面进行自我评价，其中包括对课件的评价，对课件的评价从课件内容、教学设计、操作技术及操作应用四个方面进行评价。然后再由同学、学长学姐、指导教师对本节课各方面进行详细而严格的评价，其中也包括对课件的评价，并提出改进意见和建议。

**3. 再次修改**

通过模拟课堂教学后进行自我反思，结合教师及同学们的评价及提出的意见和建议，对课件进行最终修改。

**4. 课堂教学实施**

在修改与完善的情况下，将自己做好的课件用于实际化学课堂教学的辅助教学，已达到最优化的教学效果。在这个过程中，学科指导教师会进行听课，从中发现新的问题，并及时给予评价。

**5. 反思与提高**

通过自己在实际课堂教学过程中发现的问题，以及教师在听课后给出的意见和建议，对课件做最终的修改，并将以上各环节中的评价以评价量表呈现出来。

**6. 最终考核**

实习最终上交一份自己在实习期间完成的教学设计、课件、相关的教学视频或照片、实习总结等，再由学院教师将上交的作业与实习点的评价效果结合起来进行评价与打分。

（二）教学视频的培训的实施过程

**1. 录制视频**

结合微格教学课程中的技能训练，编写技能训练教案，经过不断修改与完善后，在微格教室模拟化学教学课堂，演练教学过程，并进行视频录制。

**2. 视频处理方法学习**

在视频处理方法学习时，首先介绍视频处理软件，主要用到的视频处理软件有会声会影和格式工厂两种软件，会声会影用来处理视频，由于经过会声会影处理得到的视频是 AVI 格式的，所占的储存空间比较大，需要用格式工厂转化成 RMVB 格式。在介绍软件的使用方法时，采取边示范边讲解的方式。例如，如何添加视频素材，如何编辑文字，如何加片头片尾，如何剪辑视频中不完美的片段等。

**3. 处理视频**

在教师的讲解与演示完视频的处理方法后，开始处理之前录制的自己的讲课视频，在处理的过程中，会遇到各种各样的问题，教师需要耐心进行指导。最后，在教师的讲解与指导下，再将自己处理好的视频转化为 RMVB 格式。

（三）电子白板培训的实施过程

**1. 理论知识学习**

邀请专家做"电子白板在化学教学中的应用"讲座，讲授电子白板的发展史、其强大的功能体系及在教学中的重要地位。

**2. 电子白板基本功能的培训**

在微格教室，教师现场边演示边讲授白板的基本操作及功能，每讲完一个功能，都叫几个师范生上讲台，重复教师的操作，从而达到掌握的目的，没有实际操作过的同学，课后在已掌握操作的同学的帮助下练习使用白板，从而保证每个师范生都能熟练地使用电子白板。

**3. 课堂教学应用**

通过备课、说课、模拟课堂教学等环节，检验电子白板应用能力。

**4. 实际教学应用**

在实际课堂教学中，熟练地运用电子白板讲课，在需要的时候进行模式间的切换，对重点内容或练习中的突破点进行批注，在讲实验时在板面上给师范生示范不易组装的实验装置，模拟一些不能在课堂上演示的实验过程，如危险系数比较高的实验，由于设备条件、药品条件、反应条件等不易满足需要的实验，还可以模拟一些重要的与教学联系紧密的化工生产过程等。

# 第三节　基于"信息化教学技能"项目化培训的评价

根据项目学习目标和培训内容，采取过程性评价和全面收集评价信息的方式，评价方案中的评价主体应秉持多元化的原则。让多主体参与到培训评价中，对师范生的学习过程综合分析，从多视角、多侧面判断每个师范生的优点和不足，从而提出改进建议，促进师范生的学习。除了师评外，教师还要给予学习者自我评价和小组成员互评的空间，通过自评和组评的过程提高师范生的积极性和评价能力等。

## 一、评价细则

### （一）可视化教学设计

从概念图可以用形象直观的图示来表达教学设计的流程，教师借助概念图辅助教学设计，有助于教师理清概念间的关系，理清教学内容之间的关系，并根据教学内容的内在结构设计合理的教学计划。同时，概念图帮助教师进行学习资源与学习过程的设计，用来组织学习资源，达到信息综合和有效组织的效果。可视化教学设计评价细则具体可参考表7-8。

表7-8　可视化教学设计评价细则

| 评　价　项　目 | 第一次 | 第二次 | 第三次 | 第四次 |
|---|---|---|---|---|
| 利用可视化理念梳理教学设计思路，包括教学目标、学情分析、教学模式、教学方法 | | | | |
| 为教学的重复使用和修改提供完整的模板，教案可以很容易进行修改，以便应用到不同班级 | | | | |
| 能够激发师范生学习兴趣，符合师范生心理特征和认知规律，有利于师范生的高级思维的培养 | | | | |
| 教学内容合理，教学重点突出 | | | | |
| 概念图主题词选择符合教学内容 | | | | |
| 概念图绘制美观大方 | | | | |
| 概念图内容丰富，层级关系明确合理 | | | | |
| 能够发挥记忆和联想的功能 | | | | |
| 教学设计完整、有深度，能够考虑到教学实施过程中的潜在问题，提出相互可供选择的教学策略 | | | | |

### （二）多媒体课件制作与使用

多媒体教学既有传统教学所不能比拟的优越性，也有传统教学所没有的负面影响，只有做到多媒体与教学科学有机地结合，才能发挥其最大效能。课件制作的好坏涉及的因素很多，需要有一个简明、科学的观察框架作为具体观察的"抓手"或"支架"，否则将会使观察陷入随意、散乱的困境。制作技术、操作应用构建一级指标，借鉴课堂评价理论分别从不同视角建立二级指标，结合课件内容的选材、信息呈现等形成三级指标，从而构建出多媒体课件的评价细则，多媒体课件制作与使用评价细则具体可参考表7－9。

表7－9　多媒体课件制作与使用评价细则

| 考核内容 | | 考核标准 |
| --- | --- | --- |
| 一级指标 | 二级指标 | |
| 课件内容 | 课件选题 | 选题有价值，具有典型性，突出重点，主次分明，能解决教学中的重难点问题 |
| | 科学规范 | 内容科学严谨，文字、符号、单位和公式等符合标准，具有一定的学科领先性 |
| | 内容编排 | 内容编排逻辑合理，符合学习者的认知规律 |
| | 资源扩展 | 提供丰富的与课件内容密切相关的多种资源及出处 |
| 教学设计 | 学习目标 | 有明确的学习目标和教学基本要求 |
| | 教学交互 | 提供充分的交互机会并能调动学习者积极性 |
| | 信息呈现 | 媒体选择恰当，能激发和维持学习者的学习兴趣 |
| | 教学创新 | 界面和内容具有启发性，设计出令师范生感兴趣的教学形式，鼓励师范生对教学内容进行再创造，促进师范生创新能力的提高 |
| | 练习评价 | 根据教学目标，提供不同层次的课堂练习以及合理的反馈信息 |
| 制作技术 | 素材质量 | 图片视频清晰，音效质量高，动画生动准确，技术指标高，媒体格式符合有关技术标准 |
| | 界面设计 | 界面设计简洁，色彩协调，布局合理，美观大方，风格统一 |
| | 安全可靠 | 课件能正常、可靠运行，各功能按钮能正常工作，没有链接中断或错误，没有明显的技术故障 |
| | 通用兼容 | 能顺利安装和卸载，平台通用性强，可移植 |
| 操作应用 | 操作使用 | 操作方便，使用简单 |
| | 导航链接 | 导航明确清晰，设计合理 |
| | 帮助说明 | 对于自主学习型课件，需要有明确清晰的指导说明 |
| | 教学实用 | 能解决教学中的实际问题，教学实用效果好，通用性强，易推广，易维护 |

（三）视频录制与后期制作

在进行化学教学技能的训练时，将师范生分为10个小组，一个小组有4人，每两个小组相互合作，每个小组4个人的教学视频，进行处理，之后评价小组的成员每人负责一个教学视频，将评价结果以非量化的形式，制作成评价课件，再在班里公开评价。

项目结束时，每个人要将自己的教学视频连同其他作业一起上交给学院进行考核评价与打分，每个项目小组将4个人的教学视频或照片以及与指导教师的合影综合制作成视频，并选择一个代表进行项目汇报，最后将汇报视频再做处理，上交到学院教务处，进行综合考核，考核标准可参考表7－10。

**表 7 - 10　视频录制与后期制作评价细则**

| 序号 | 评价指标 | 评价内容 |
|---|---|---|
| 1 | 教学目的 | 选题紧扣教学大纲，目标明确，针对教学重点、难点发挥了教学媒体优势 |
| 2 | 教学内容 | 选用的素材符合科学性，对问题的分析、判断、推理符合逻辑性，实验演示清晰、操作规范 |
| 3 | 教学方法 | 内容组织结构和表现风格符合师范生心理特点和认知规律，画面生动活泼、有吸引力，教学语言简明扼要，有启发性，节奏适宜 |
| 4 | 制作技巧 | 画面主体突出，镜头组接流畅，图像色调纯正、清晰稳定，图像和字幕工整、声画同步，动画运用合理 |

## （四）电子白板在教学应用

电子白板在教学应用过程中的评价包括教学理念和目标、教学内容和过程、电子白板的应用、技术指标、教师素质等方面，电子白板在教学应用评价细则具体可参考表 7 - 11。

**表 7 - 11　电子白板在教学应用评价细则**

| 一级指标 | 二级指标 | 评价细则 |
|---|---|---|
| 教学理念和目标 | 教学理念 | 对所授内容的教学理念认识、理解准确，教学理念新 |
| | 教学目标 | 教学目标能够体现学科特点并符合师范生实际，教学目标的确定符合新课程改革精神 |
| 教学内容和过程 | 教学内容的组织与处理 | 教学内容的系统化、生活化、情境化与师范生的认知水平的统一。重点、难点的确定是否有依据，内容的拓展是否围绕教学内容 |
| | 教学方法 | 教学方法的选择契合教学目标、教学内容和师范生的认知水平，有充分的依据。 |
| | 教学程序 | 教学程序中环节、结构、层次、过渡等要素设计合理。图示和演示内容丰富，设计合理，信息量大 |
| 电子白板应用 | 电子白板应用 | （1）对电子白板技术应用的基本描述，教学实际对其需求；<br>（2）电子白板技术有效的应用方式，信息技术整合的角度；<br>（3）合理处理内容，支持师范生自主、合作、探究式学习；<br>（4）有效融入教学各环节，互动作用明显；<br>（5）全面典型地表现出教师应用电子白板的全貌，教师独立应用电子白板技术娴熟、规范、自然；<br>（6）符合教学实际，无表演痕迹，具有良好的示范性 |
| | 作用与效果 | 电子白板应用发挥功效，教学系统和环境的变化。结合目标，辅助解决教学问题，对教学质量的影响 |
| 技术指标 | 音频、视频 | 音频、画面清晰，无技术问题，能完整、简洁地表现应用的全过程，与阐述的内容互相印证，有示范性 |
| | 美观流畅 | 课件制作美观、播放流畅 |
| 教师素质 | 语言表达 | 完整表述内容，语言清楚，语调、语速适中有节奏感，语意准确、层次清楚、逻辑性强 |
| | 体态仪表 | 仪表端庄大方、动作适度、面部表情有亲和力，现场表现具有示范性 |

## 二、项目反馈

具体信息化教学项目调查问卷见表 7 - 12。

表 7 - 12 信息化教学项目调查问卷

| 问卷内容 | 调查结果 |
| --- | --- |
| 1. 您在大学期间有没有进行过多媒体教学的训练?（ ） | A 经常训练；B 不常训练；C 偶尔训练过几次；D 没有训练过 |
| 2. 多媒体教学和传统教学相比你更倾向于?（ ） | A 多媒体课堂教学；B 传统课堂教学；C 两者相结合 |
| 3. 采用多媒体授课的教师在停电或多媒体出现故障时，一般会采取什么措施?（ ） | A 停课；B 改用黑板常规授课；C 草草应付一下就下课了 |
| 4. 您在教学中使用多媒体的频率为（ ） | A 每节课都用；B 日常课使用；C 公开课或教研课使用；D 从不使用 |
| 5. 导致您多媒体使用困难的原因是（ ） | A 设备陈旧；B 资源有限；C 个人对多媒体技术掌握有限 |
| 6. 您认为多媒体给您的教学带来哪些帮助?（ ） | A 能更加形象直观地表现教学内容，创造感官教学环境；B 可以模拟物质结构和化学反应机理等，有利于突破化学教学重点、难点；C 模拟一些有毒或有危险而且不便于进行演示的化学实验，使得教学环节更容易进行；D 在优质课大赛中使用多媒体技术，可以增色加分 |
| 7. 您认为多媒体教学对师范生的学习有哪些帮助?（ ） | A 图、文、声并茂，使课堂生动活泼，提高了师范生学习积极性；B 信息量大，可以学到更多知识；C 有利于课程重点、难点内容的理解和掌握；D 有利于优秀教学资源的利用与共享；E 多媒体教学可以节省大量时间，提供更新更多的知识 |
| 8. 您认为以下多媒体在化学教学中使用最频繁的是哪些?（ ） | A 计算机和多媒体教学课件；B 投影仪；C 电子白板；D 录音机、收音机等音响设备；E 电视；F 互联网 |
| 9. 您认为目前化学教师的多媒体教学有何不足之处?（ ） | A 没有充分利用多媒体设备，多媒体教学仅是"教材搬家"；B 多媒体教学只是使用现代化手段，进行"填鸭式"的灌输，"穿新鞋，走老路"；C 注意力全部转移到课件内容上无暇听课，还会造成师范生做笔记的困难；D 教师的机器操作技术欠佳，延误教程；E 课件制作缺乏新意，内容过于死板，形式比较单一，全是 Word 文档或幻灯片，过于单调；F 信息量太大，在课上不能完全接受，并且师范生难以及时消化；G 速度过快，思维跟不上；H 多媒体教学导致师生的课堂交流时间少了，师范生无法及时反馈信息 |
| 10. 您希望今后（ ） | A 沿用传统教学；B 继续优化多媒体教学；C 发展网络教学；D 教学技术中亟待改进的其他方面，如_____ |

## 思考与交流

　　本学期信息化教学项目化学习结束后，请各项目组共同完成优秀作品推荐表（表7－13），总结每个成员所完成的任务，创建的项目作品文件夹截图粘贴在表格中，按标准参考文献格式记录学习过的文献。项目组每个成员需要完成个人学习总结表（表7－14），记录自己在项目化学习过程中所遇到的问题、解决办法、心得体会等。

表7－13　优秀作品推荐表

| 项 目 名 称 | | | |
|---|---|---|---|
| 小组成员分工 | | | |
| 学习内容和所完成任务 | 可视化教学设计 | 多媒体课件制作与应用 | 视频录制及处理 |
| | | | |
| 打包文件（作业汇总截图） | | | |
| 看过的文献、资料（不少于8篇） | 格式参考<br>1. 程振华，马惠莉．高职基础化学实训实施"项目化教学"的实践与探索。 | | |

表7－14　个人学习总结表

| 项 目 名 称 | | | |
|---|---|---|---|
| 姓　　名 | | | |
| 任务完成情况 | 主要负责 | 合作完成 | 所参加的培训活动 |
| | | | |

以下问题要求结合自身训练情况描述，条理清晰。（宋体5号，行间距18磅）

1. 你对信息化教学技能的认识有哪些？

2. 你在制作信息化教学设计时所遇到的技术上的困难有哪些，你是如何解决的？

可视化教学设计：

教学课件制作：

视频录制及处理：

3. 你对自己制作的信息化教学设计的评价是什么？

4. 请在你们小组推选出一份代表作品，给出推荐理由，与全班同学分享

# 参 考 文 献

[1] 萨莉·伯曼. 多元智能与项目学习—活动设计指导 [M]. 夏惠贤，等译. 北京：中国轻工业出版社，2004.

[2] 赵希文，杨海. 大师范生项目学习的理论与实践 [M]. 杭州：浙江大学出版社，2013.

[3] 马军. 高职项目化课程体系研究 [M]. 北京：北京理工大学出版社，2011.

[4] 吴晓红，刘万毅. 化学教学论实验 [M]. 北京：冶金工业出版社，2013.

[5] 吴晓红，刘万毅. 化学微格教学 [M]. 北京：冶金工业出版社，2014.

[6] 吴晓红，刘万毅，黄金莎. 中学化学可视化教学设计与案例 [M]. 北京：冶金工业出版社，2015.

[7] 闫寒冰. 信息化教学评价——量规实用工具 [M]. 北京：教育科学出版社，2003.

[8] 王磊. 创新人才培养：化学探究活动开发与指导 [M]. 南京：江苏教育出版社，2013.

[9] 刘景福. 基于项目的学习模式（PBL）研究 [D]. 南昌：江西师范大学，2002.

[10] 张心瑜. 教育领域中项目方法的历史渊源 [J]. 科协论坛（下半月），2010，9：145～147.

[11] 杨洁. 多元智力理论视野下的项目学习 [D]. 上海：上海师范大学，2004.

[12] 杨荣米. 中学化学教学中基于项目的学习模式的理论探索与实践研究 [D]. 南昌：江西师范大学，2005.

[13] 吴莉霞. 活动理论框架下的基于项目学习（PBL）的研究与设计 [D]. 武汉：华中师范大学，2006.

[14] 张爽. 基于项目的探究性学习模式研究 [D]. 大连：辽宁师范大学，2006.

[15] 章雪梅. 基于项目的学习：VCT 设计模板与案例研究 [J]. 电化教育研究，2009，3：101～103.

[16] 孔凡士，刘秀敏. 基于 VCT 的项目学习构建策略探究 [J]. 现代教育技术，2009，9：37～39.

[17] 高志军，陶玉凤. 基于项目的学习（PBL）模式在教学中的应用 [J]. 电化教育研究，2009，12：92～95.

[18] 杨晓丽. 基于项目的学习在初中信息技术课堂中的应用研究 [D]. 金华：浙江师范大学，2009.

[19] 杨贵. 基于项目学习的大学《计算机文化基础课》教学设计 [D]. 呼和浩特：内蒙古师范大学，2007.

[20] 侯晓芳. 基于项目的学习（PBL）在中学信息技术课中的应用研究 [D]. 呼和浩特：内蒙古师范大学，2007.

[21] 倪冰. 基于项目的学习理论在课程教学中应用的研究 [D]. 上海：华东师范大学，2007.

[22] 姬娅会. 基于项目的学习模式在《教学设计》课程中的应用研究 [D]. 临汾：山西师范大学，2015.

[23] 罗九同. 基于项目学习的翻转课堂有效性及其影响因素探究 [D]. 上海：华东师范大学，2015.

［24］吴刚．工作场所中基于项目行动学习的理论模型研究［D］．上海：华东师范大学，2013.

［25］刘景福，钟志贤．基于项目的学习（PBL）模式研究［J］．外国教育研究，2002，11：18～22.

［26］许华红．基于项目的学习文献综述［J］．教师博览（科研版），2014，5：8～10.

［27］杨龙琦．基于设计的项目学习模式构建与应用［D］．沈阳：沈阳师范大学，2013.

［28］赵以涛．基于项目的学习在《多媒体技术与应用》教学中的应用研究［J］．中国校外教育，2012，6：132.

［29］魏尊杰，夏昕，郑凌．基于项目学习的培养模式探讨［J］．中国校外教育，2012，21：113，115.

［30］瞿少成，黄俊年，周彬．基于项目的学习过程建模与研究［J］．华中师范大学学报（自然科学版），2012，5：550～554.

［31］单小彪，黄文涛，王丽丽．基于项目学习的本科教学实践与经验［J］．中国校外教育，2012，27：68～69.

［32］吴昭．项目学习中角色结构模型的构建［D］．上海：上海师范大学，2012.

［33］刘景福．PBL：自主学习的新模式［J］．宁波大学学报（教育科学版），2007，5：57～60.

［34］高霞．化学微格教学技能评价体系的开发和应用［D］．银川：宁夏大学，2014.

［35］姜言霞．化学微格教学的研究与实践［D］．济南：山东师范大学，2004.

［36］孙婕．以培养化学师范生教学技能为主线的微课程设计研究［D］．银川：宁夏大学，2015.

［37］雷宇，张文华，彭慧．"中学化学实验研究"课程教学模式研究——渗透微格教学原理的探究教学模式［J］．化学教育，2012，7：44～46.

［38］杨爱君．高师教育实践课程研究［D］．西安：陕西师范大学，2012.

［39］龙云开．培养化学师范生利用思维导图进行教学设计的研究［D］．长沙：湖南师范大学，2012.

［40］宁靖姝．专家型—新手型中学化学教师课堂教学设计与实施的个案比较研究［D］．长春：东北师范大学，2010.

［41］马艳．概念图在高中化学教学设计中的应用［D］．大连：辽宁师范大学，2010.

［42］张瑜．基于手持技术培养化学实验探究能力的教学设计［D］．天津：天津师范大学，2015.

［43］刘星辉．化学教师实验教学能力提高的实践研究［D］．临汾：山西师范大学，2015.

［44］谢祥林，张莉君，唐敏．"化学教学设计"课程教学模式构建［J］．化学教育，2014，24：48～50.

［45］王磊，胡久华，刘克文，等．北京师范大学"中学化学教学设计与实践"课程及发展［J］．化学教育，2015，8：9～15.

［46］毕华林，姜言霞，亓英丽．实践取向的高师"中学化学教学设计"课程建设的思考［J］．化学教育，2015，16：44～46.

［47］姜言霞．化学微格教学的研究与实践［D］．济南：山东师范大学，2004.

［48］黄金莎，吴晓红．以"同课异构"训练师范生教学能力自我诊断［J］．教育与教学研究，2014，11：27～29.

［49］杜正雄，李远蓉，杜杨．高师"中学化学教学设计"课程改革与教学实践探索——以西南大学为例［J］．乐山师范学院学报，2014，12：123～126.

［50］李国华．同课异构与集体备课"嫁接"的方式与作用［J］．教学与管理，2010，1：36～39.

［51］陈瑞生．同课异构：一种有效的教育比较研究方式［J］．教育实践与研究（小学版），2010，1：8～10.

［52］上官光毅．开展"同课异构"，促进数学分层数学有效实施的研究［D］．长春：东北师范大学，2012.

［53］肖若茂．"同课异构"——教师专业成长的一种有效途径［J］．中国科技信息，2008，5：253～254.

［54］刘恭祥．开展"多人同课异构"微格教学评价，促进地理教师专业化发展［J］．福建教育学院学报，2008，3：66～68.

［55］张桂清．基于高中化学教师教学能力发展的"同课异构"研究［D］．南昌：江西师范大学，2013.

［56］孙德芳．同课异构：教师实践知识习得的有效路径［J］．天津师范大学学报（基础教育版），2012，3：22～24.

［57］程瑞，田万惠．运用同课异构 创设问题情境——培养和提高实习生教学研究意识和能力的途径探索［J］．内蒙古师范大学学报（教育科学版），2012，8：99～102.

［58］李允．"同课"缘何"异构"——"同课异构"的理据分析［J］．中国教师，2009，15：37～39.

［59］江正玲．化学"同课异构"析"异""同"［J］．化学教学，2009，11：30～33.

［60］刘湛梅．"同课异构"校本教研的有效性初探［D］．呼和浩特：内蒙古师范大学，2012.

［61］张彦春．师范生教学能力培养之"同课异构"模式［J］．教育与教学研究，2011，8：15～17.

［62］李允．同课异构的"异""同"分析［J］．天津师范大学学报（基础教育版），2014，2：35～38.

［63］朱桂凤，孙朝仁．研究"同课""异构"的五种视角［J］．上海教育科研，2014，10：64～67.

［64］吉桂凤．思维导图令同课异构更出彩［J］．江苏教育研究，2013，34：54～58.

［65］蓝艺明．辩课：促进教师专业发展的有效平台——"有效计算教学"辩课式教研活动策划与实施案例［J］．广州广播电视大学学报，2014，6：60～63.

［65］赵永胜，朱莉．提高教研活动实效性的有效手段——辩课［J］．化学教育，2014，3：53～56.

［66］邵军．"辩课"：促进教师专业发展的有效平台［J］．中小学教师培训，2010，8：17～19.

［67］胡振汉．辩课的"要"与"不要"［J］．教育科研论坛，2011，1：67～68.

［68］杨海燕．辩课，"变"在何处［J］．教学与管理，2011，5：28～29.

［69］梅云霞．"辩课"的内容、特点及实施途径［J］．教育理论与实践，2011，26：54～55.

［70］王铁青，郑百苗．辩课：传统评课模式的范式突围［J］．河北教育（教学），2010，9：8～9.

［71］邵军．有效"辩课"，我们需要怎样的视角［J］．河北教育（教学），2010，9：10～12.

［72］叶立新，张斌．辩课的实践与反思［J］．教学月刊（小学版），2011，Z1：12～14.

［73］陈忻华．教育实习与师范生专业发展研究［D］．苏州：苏州大学，2009.

［74］张海燕．微格教学模式新探［J］．辽宁师范大学学报，2003，26（4）.

［75］吴晓红，仇建伟．师范生教育实习中常见问题及对策分析［J］．宁夏大学学报（人文社会科学版），2006，6：158～159.

［76］李文婷，吴晓红，黄金莎．高师"化学教学论实验"课程项目化学习的教学实践探索［J］．化学教育，2015，2：42～45.

［77］黄金莎，吴晓红，李文婷．"可视化"理念指导下的化学教学设计——以"金属铝的化学性质"为例［J］．化学教学，2015，2：44～47.

［78］吴晓红，李文婷．化学教学论实验课项目化学习的调查与分析［J］．宁夏大学学报（人文社会科学版），2014，6：189～192.

［79］吴晓红，王仁琪．高师《化学教学论实验》有效教学初探［J］．新课程研究（上旬刊），2011，3：26～27.